建筑师便携速查手册

[美] 朱莉娅·麦克莫罗 著
蔡晓林 译

清华大学出版社
北京

内容简介

这是一本细致入微的独特的建筑汇编书，全书分为“材料”“结构和系统”“标准”“概要”4大部分，共包含26章，涵盖了诸多建筑师日常工作所需的图表、图解、人类尺度、建筑标准和规范及一般数据，内容详尽而全面，为即将或正在从事建筑行业社会实践的人员提供了丰富的知识和有益的指导。简而言之，对于建筑师、建筑系学生以及任何一位建筑项目的参与者而言，这是一本适合放置于办公桌上或手提包中，可随时查阅的、陪伴你工作每一天的第一手工具书。

图书在版编目（CIP）数据

建筑师便携速查手册/（美）朱莉娅·麦克莫罗（Julia McMorrough）著；蔡晓林译. —北京：清华大学出版社，2018

书名原文：Architecture Reference+Specification Book

ISBN 978-7-302-49179-8

Ⅰ.①建…　Ⅱ.①朱…②蔡…　Ⅲ.①建筑设计-手册　Ⅳ.①TU2-62

中国版本图书馆CIP数据核字（2017）第318486号

责任编辑： 周莉桦　赵从棉
封面设计： 陈国熙
责任校对： 赵丽敏
责任印制： 杨　艳

出版发行： 清华大学出版社
网　　址：http://www.tup.com.cn, http://www.wqbook.com
地　　址：北京清华大学学研大厦A座　　邮　　编：100084
社 总 机：010-62770175　　邮　　购：010-62786544
投稿与读者服务：010-62776969, c-service@tup.tsinghua.edu cn
质量反馈：010-62772015, zhiliang@tup.tsinghua.edu.cn

印 装 者：北京博海升彩色印刷有限公司
经　　销：全国新华书店
开　　本：145mm×210mm　　印　　张：8.625　　字　　数：416千字
版　　次：2018年4月第1版　　印　　次：2018年4月第1次印刷
定　　价：58.00元

产品编号：061783-01

建筑师便携速查手册

建筑师每日须知

[美] 朱莉娅·麦克莫罗　著
蔡晓林　译

目录

i

引言

建筑设计是集多领域知识、交流合作、生产制造于一体的复杂活动，即使对于一项很小的工程也是如此。建筑师们通常会使用自己的“语言”，这些“语言”包括建筑专业术语和传统的手绘、模型以及图表。此外，一座建筑的落成还需要遵从数不清的规范，有能力的建筑师必须博学并具备以下知识：建筑规范、人类尺度、制图标准、材料性能以及相关的建筑技术。伴随着学习教育和长久的工作实践，建筑师会熟悉很多问题，但即使是经验最丰富的建筑师，也需要利用很多庞杂而详尽的资料——从规范手册到图表标准，从材料库到制造商目录。

本书是一本独特的汇编书，它为建筑师、建筑系学生以及任何一位建筑项目的参与者提供了基本的知识。全书涵盖了诸多建筑师日常所需的表格、图表、图解、人类尺度、建筑标准和规范及一般数据。该书不是为了替代建筑师经常查阅的其他资料，而是提供了一本可放在办公桌上或手提包中，随时查阅的第一手工具书的选择。

第一部分“材料”，提供了最常见建筑材料的详细目录，包括木材、砌块、混凝土、金属及各种室内装修材料。第二、三部分为“结构和系统”及“标准”，论述了建筑实践的主要方面。主题包括基本的测量及几何知识、建筑绘图类型和惯例、建筑要素、人类尺度、停车、建筑规范、可达性、结构和机械系统，以及建筑构件。第四部分“概要”，提供了专业术语表、建筑史上重要建筑的史表。最后，鉴于如此简明扼要的一本书无法涵盖所有内容，所以列出了一份参考资料目录，以指导读者去求教这些最有帮助的出版物、机构组织、网站。

对于每个项目而言，建筑师必须考虑到众多的外界作用力，这些作用力不仅仅限于设计和建造的规范和标准。但这些规范和标准不应被视作对个人的限制，实际上，有关它们的知识以及具体个人创造性地运用这些规范和标准的知识，能够使这些规范和标准释放出更大的价值。

材料 1

在设计过程中，建筑师经常用泡沫板模型来快速认识和研究形式或空间。通常在未选定建筑材料或未制定预算之前，泡沫（或木头、纸板）模型有一种引人注意的简单性。在这时选用任何建筑材料仍是有可能的。除了首要的建筑预算方面的考虑，还有很多因素影响着建筑结构表皮和室内装修材料的选择。有些材料在一定的区域内有比较稳定的可用性，或是在当地建筑业中该种建材更适合于特定的构造方式。另外一些材料有较长生产交付时间，但对于一些项目，因受时间因素制约，会将这些材料排除在外。同样，不同的气候对材料也有不同的要求，而且建筑的方案、大小和相应的规范要求也作用于材料的合适度与建造方法。

下面列出了许多建筑中常用的基本材料。限于篇幅不能介绍更多的新型材料，但更多地考虑到建筑的实用性、造价及环境问题，建筑师们正寄希望于非标准的建筑材料（织物、塑料和气凝胶）或对常见产品的非常规使用（混凝土屋顶瓦、聚丙烯玻璃块及可回收利用的绝缘棉布）。

第1章 木材

木材因其轻质、坚固、耐用的特性而成为一种应用广泛的理想建筑材料。木材主要分为两类——软木和硬木，并不需要标明相关硬度、软度、强度或耐久性。

常用木材术语

板尺： 木材体量的测量单位，相当于305mm × 305mm × 25.5mm。

书形夹： 将厚木锯成薄片而形成的样式，其两半可以像书本一样打开，并沿其边缘胶结以得到一个带有互成镜像的木理纹板。

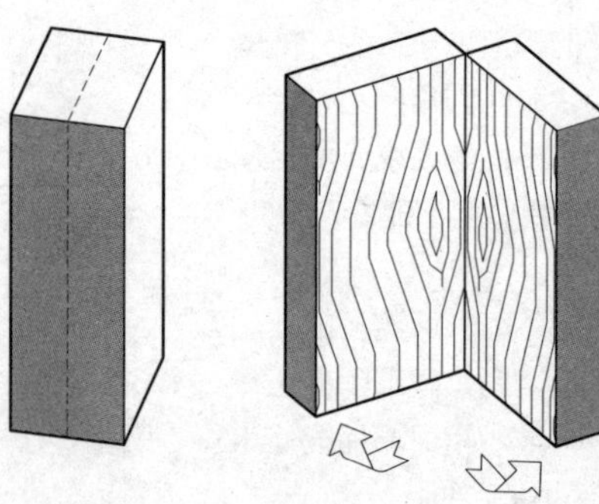

树结： 由于树的异常生长而形成的不规则木纹。

山纹： 木板长度方向上的V形纹理。

裂纹： 木纤维间的分隔，顺应木纹但未通过整个横截面。在木材干燥过程中由于拉伸或压力而产生的开口。

尺寸稳定性： 木片抵挡变化不定的湿度的能力。尺寸稳定性差的木材易在潮湿环境中膨胀或在干燥环境中收缩。

早材/晚材： 在气候变化不大的地区，树木的生长速度基本保持稳定并且质地变化很小。然而在有季节性的气候变化的区域，树木的生长速度因季节变化而不同。生长的变化过程造就了树木生长轮的颜色和质地。

木纹： 木材表面的图案由生长轮、射髓、树结和不规则纹理组合产生。其中的样式包括交错木纹、弯曲木纹、虎斑木纹、波浪木纹、琴背木纹。

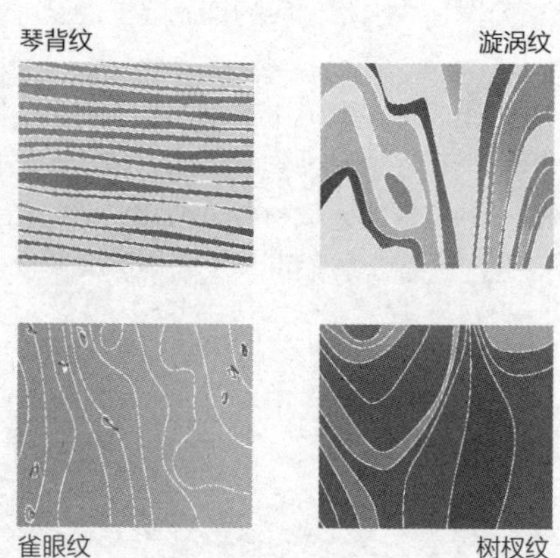

木理： 一块木料上木纤维的尺寸、走向及外观。

树脂窝：在木材一定部位因积累过多的树脂或树胶而形成。

硬度：木材抵抗刻痕的能力。详见詹卡木材硬度测试法。

硬木：落叶乔木（叶子在冬天掉落的树木）所产的木材。橡木和胡桃木占硬木产量的50%。

芯材：树木最里层已失活且更加坚硬的部分。它通常比边材颜色更深、质地更密、更结实、更不易透水。好的全芯材木料很难得到，并且，根据木材种类，通常木料都兼有芯材和边材。

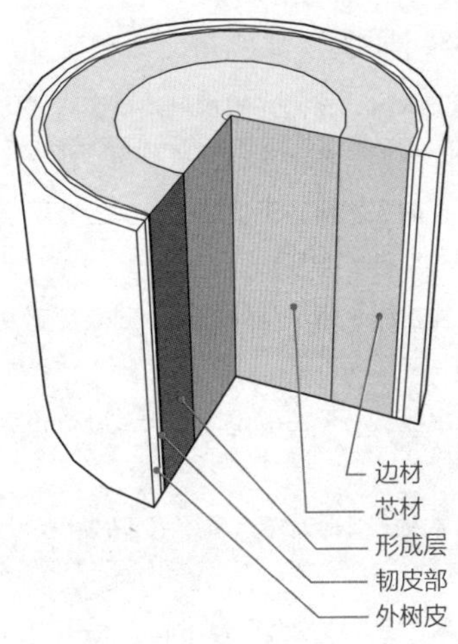

詹卡硬度测试：将直径为11mm的钢球深入木片一半的深度，对这一过程中所施加的作用力的磅数进行测定以反映木材硬度的一种测试。

含水率：木板中水的重量与烘干后木材重量的百分比。

形变性：参见尺寸稳定性。

弦切：在原木皮层和生长轮之间以小于30°角对木材进行切割。

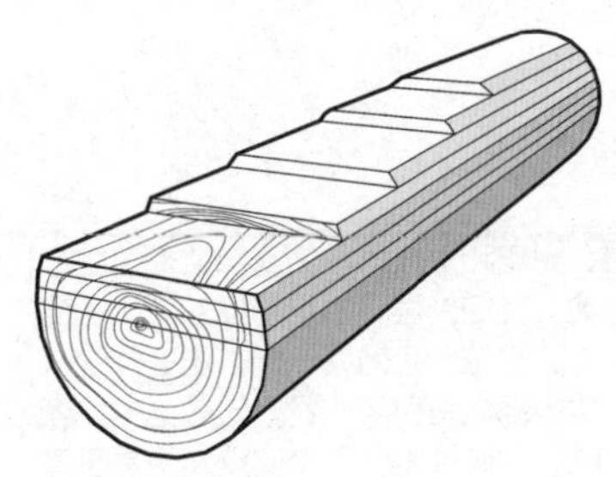

胶合板：由数层单板粘接成的大片木板，每层的木纹都和前一层垂直相交。通常采用奇数层，并使相邻层单板的纤维方向互相平行胶合而成。

加压处理的木材：经化学防腐剂处理过的，能够有效防止腐烂和虫蛀的木材。在压力作用下，防腐剂渗透到木材结构内部。

四分刻切：在原木皮层和生长轮之间以60°～90°角对木材进行切割。

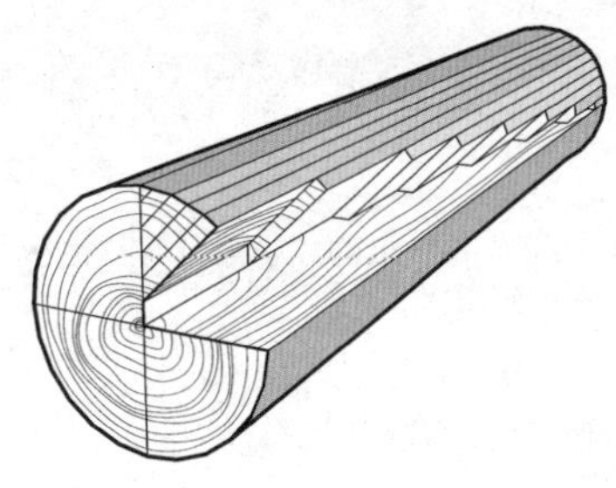

径切：在原木的皮层和生长轮之间以30°～60°角对木材进行切割。

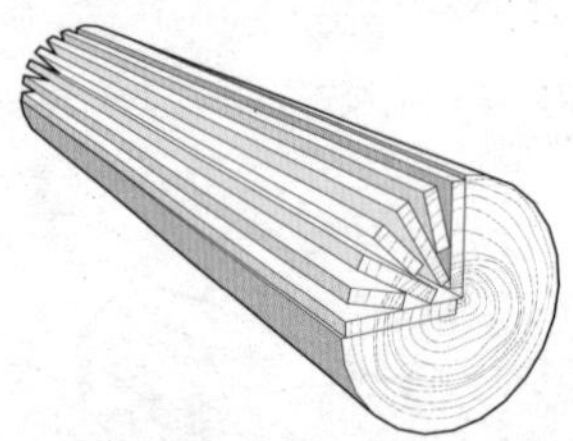

边材：树皮和形成层及韧皮部的薄活层之间的能生长的外层，并且韧皮部位于它的一侧，芯材位于它的另一侧。这些能生长的外层内部含有树液导管。与芯材相比颜色较浅、耐久性差、不密实以及更易于渗透。边材随着时间的增长颜色变暗，会形成芯材。芯材和边材一起构成了树的木质部。

软木：针叶（常绿）树的木材。

开裂：沿着木质纤维一层层裂开，经常在木板尾部发生。

着色剂：用于改变木材颜色的物质。

通直木理：纹路与一块木材的轴线相平行的木纤维。

龙骨：用于承担荷载或做立柱墙，尺寸为50mm×100mm或50mm×150mm的木材。

质地：描述木材纤维的大小与分布：粗糙、一般或平滑。

翘曲：在木板刨平后进行的弓弯、翅弯、扭曲，通常在干燥过程中进行。

软木木材

木材类型*

粗木料
锯过、修整过的木料及边角料，表面粗糙并且有标记。

刨光木料
用刨子刨光后的粗木料。

S1S：一面刨光
S1E：一棱刨光
S2S：二面刨光
S2E：二棱刨光
S1S1E：一面一棱刨光
S1S2E：一面二棱刨光
S2S1E：二面一棱刨光
S4S：四面刨光

加工木料：将刨光的木料均整、样式化、搭叠或是将这几种方式进行任意结合。

工厂加工木料：工厂加工木材主要用于门侧框、线脚和窗框。

结构木料：用于房屋构架、混凝土支模和夹衬板。

单木板：小于25mm厚，102~305mm宽的木料。

厚木板：超过25mm厚，152mm宽的木料。

原木：宽与厚均大于127mm的木料。

*引自美国商务部软木木材标准

软木料尺寸

mm

标称尺寸[1]	实际尺寸，干木材[2]	实际尺寸，生木材[3]
25	19	20
32	25	26
38	32	33
51	38	40
64	51	52
76	64	65
89	76	78
102	89	90
114	102	103
127	114	117
152	140	143
178	165	168
203	184	190
229	210	216
254	235	241
279	260	267
305	286	292
356	337	343
406	387	394

[1]标称尺寸是指在所指的工件上，以方便的尺寸，将其分为木材和其他材料的近似尺寸。

[2]干木材是指含水率小于19%的木材。

[3]生木材是指含水率大于19%的木材。

软木的分级是基于木材外观、强度和刚度。尽管许多协会在全国范围建立了自己的分级标准，但它们都必须符合美国商务部制定的木材标准。分级因素往往是很难被界定的，因为它涉及强度分析和视觉分析，在给定的等级标准下允许有5%的浮动。

2×6龙骨的尺寸变化

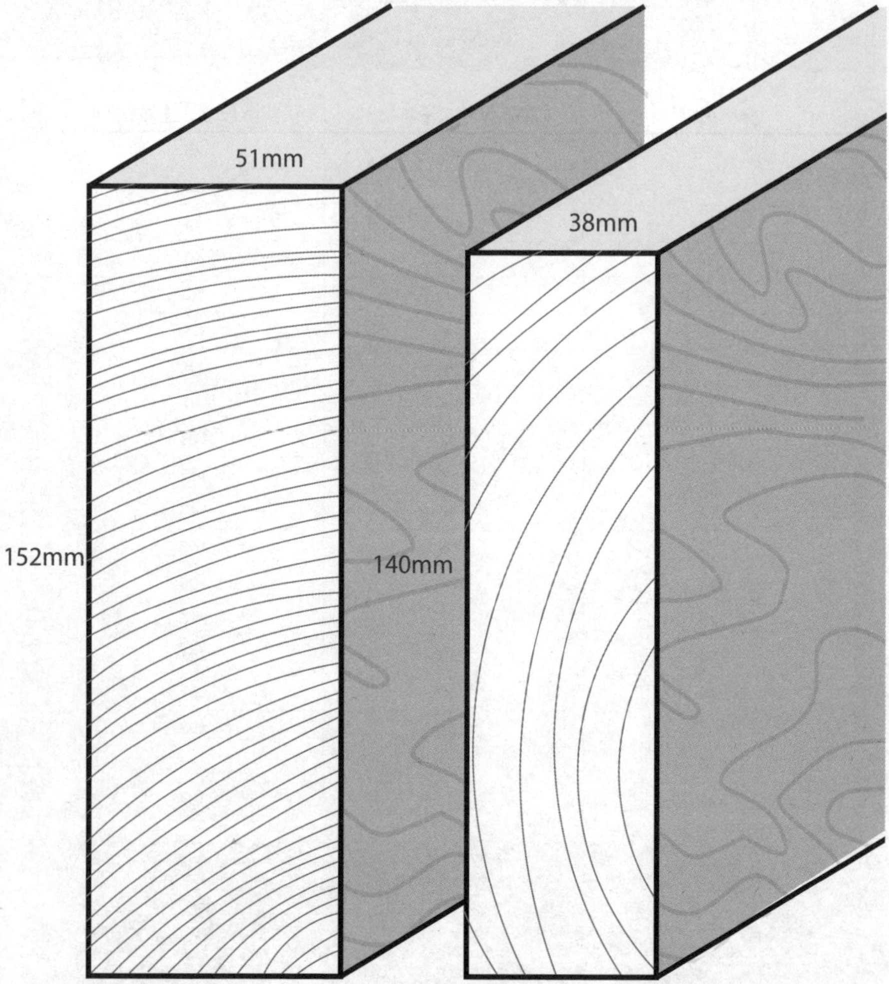

51mm

38mm

152mm

140mm

2×6老龄木

通常情况下，老龄木密度更大，更粗壮，尺寸稳定性更好。在掠夺式砍伐之前，因为它们在更为浓密的森林中争夺阳光，因而老龄木生长得更为缓慢，这导致它们的生长轮在每英寸厚度上有更多的圆环。

2×6种植木

相比之下，由于拥有更加充沛的水源、肥料与阳光，养殖木材生长得更大、更快。然而，更快的生长速度导致木材密度相对较小。

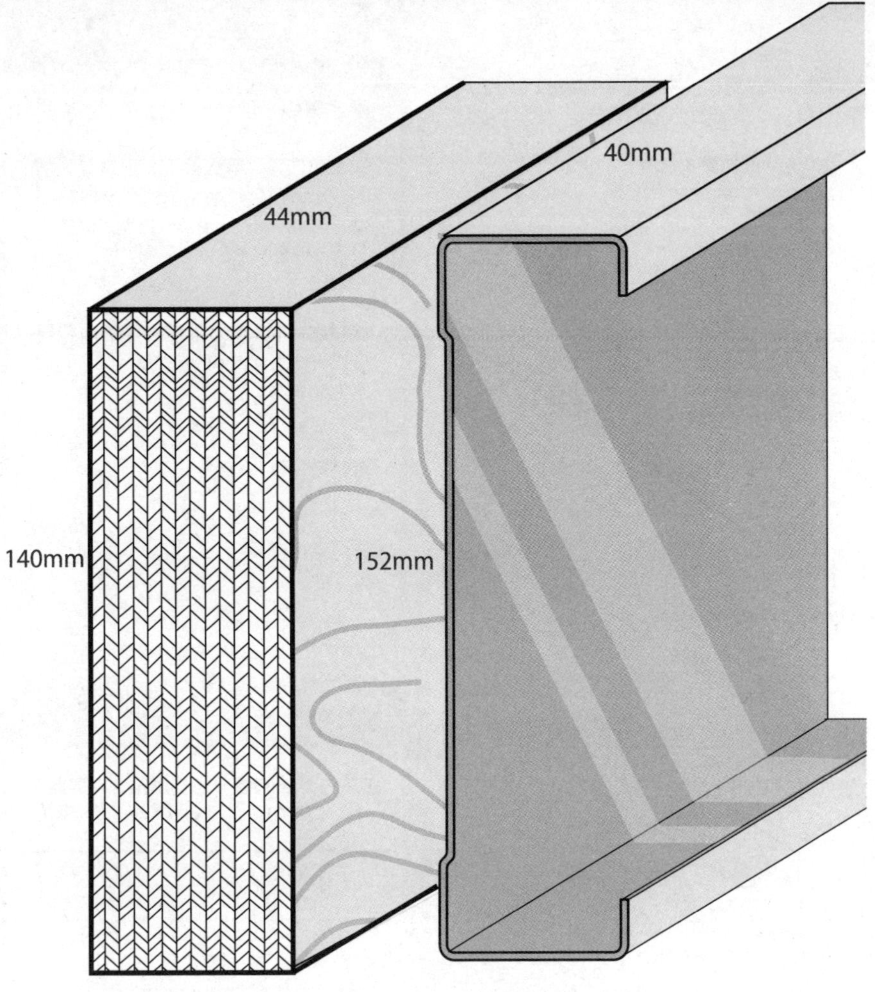

单板层积材

LVL——种植和胶合

通常听到的是它的专利名称Microllam（惠好公司），LVL木材由多层薄单板像三明治一样胶结在一起制成，很像胶合板，这种沉重且密度大的木构件，可以抵御扭曲和收缩，主要设计用作承重结构。

金属龙骨

尽管比木框架更贵，金属龙骨却更坚固，尺寸稳定性更好。

板尺

大多数木料是用板尺来度量和出售的（一板尺等于144 in^3），计算方法如下：

$$\frac{厚度 \times 表面宽度 \times 长度}{144}$$

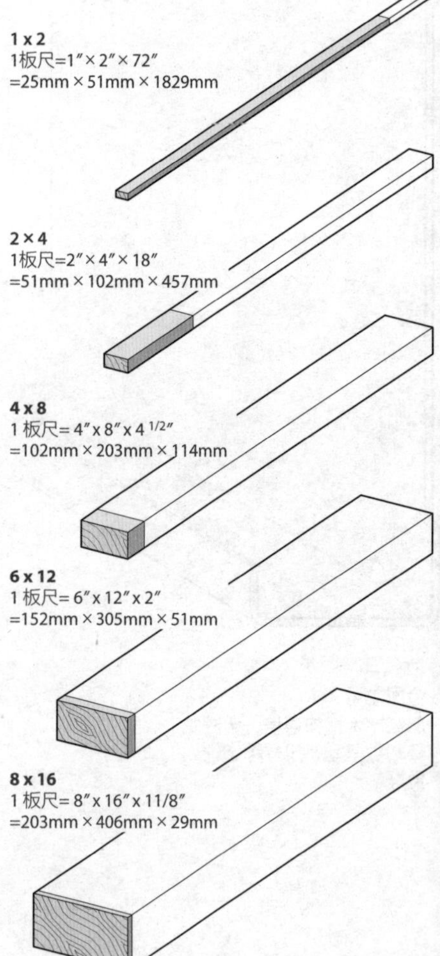

硬木

硬木等级

一等和二等：等级最高，通常是天然的或用调色机喷漆。木板至少152mm宽，2448~4877mm长，最差表面的无瑕率不低于83.3%。

选材级，普1级：最差表面的木板至少76mm宽，1219~4877mm长，无瑕率为66.66%。

选材级，普2级

选材级，普3级

硬木木料厚度

四开	大致尺寸/mm	一侧抛光（S1S）/mm	两侧抛光(S2S)/mm
	10	6	5
	13	10	8
	16	13	11
	19	16	14
4/4	25	22	21
5/4	32	29	27
6/4	38	35	33
8/4	51	46	44
12/4	76	71	70
16/4	102	97	95

*硬木厚度常用“四开”计：4/4=25mm，6/4=38mm，诸如此类。

曝光耐久性

室外： 完全防水胶和最低的C级的饰面板，适用于永久暴露在室外的应用。

暴露等级1级： 需要全面防水胶结，最低为D等级的饰面板，适用于长期暴露在室外的应用。

暴露等级2级： 中等防潮性能的胶结即可，适用于间歇会有高湿度的环境。

室内： 有室内防护效果即可。

	饰面板等级
N	**特殊程序制作的优质板，所有芯材或边材都有平滑的表面，没有明显的瑕疵，不超过6次的修整，木纹和颜色彼此相配，且木纹互相平行，每个面板102mm×203mm。最好用于天然精修。**
A	表面平滑且可以喷漆，对于小船、雪橇或刳刨机类型的修复允许不超过18道制作过程，其和纹理平行。也可应用于要求不高的天然精修。
B	实心表面，可带有垫片、圆形修复孔和交叉木纹，包紧树结的大小不超过25mm，带有微小的裂纹也是可以的。
C楔形块	C形饰面板的改进型板，带有的裂纹不超过3.5mm宽，结疤和钻眼孔最大为7mm×12mm，带有一些破碎的木纹、合成的修复也是可以的。
C	如果树节和节孔的整个宽度在规定的范围内，其最大为38mm，可以是合成或是修复的木材。如果不影响强度、裂度和缝合，也允许有无色颗粒状瑕疵。它是一种等级最低的室外装修材料板。
D	树节和节孔在横向木纹大于14mm并且在限定的分裂和缝合范围内也可以允许。仅限用于室内暴露等级1级（Exposure1）和暴露等级2级（Exposure2）的面板。

胶合板

胶合板的质量等级由美国胶合板协会（American Plywood Association, APA）划定，并通常取决于板前部和后部饰面板的质量（A-B,C-D等）。饰面板的等级划分依据是天然未修正木材的表面特征、尺寸大小以及在生产过程中允许修整的次数。

典型的胶合板构造

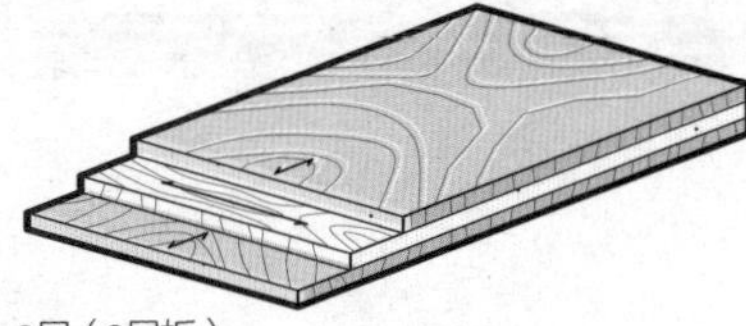

3层（3层板）

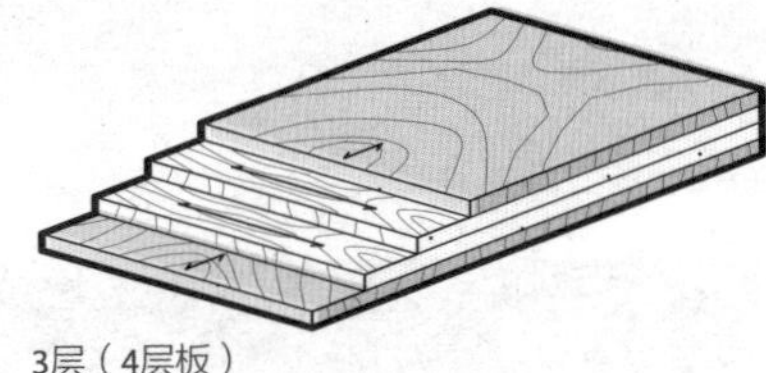

3层（4层板）

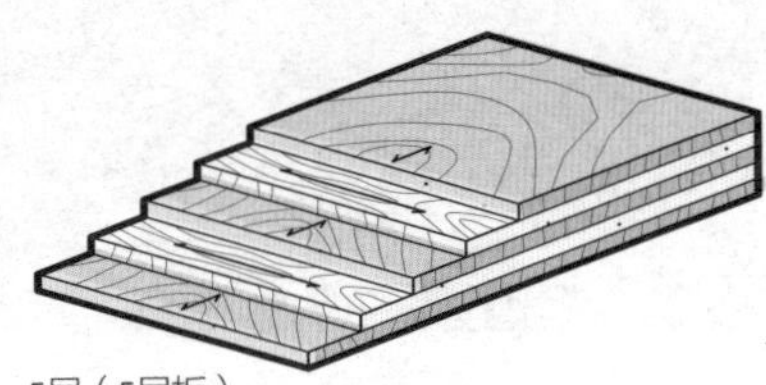

5层（5层板）

5层（6层板）

木材种类及特点

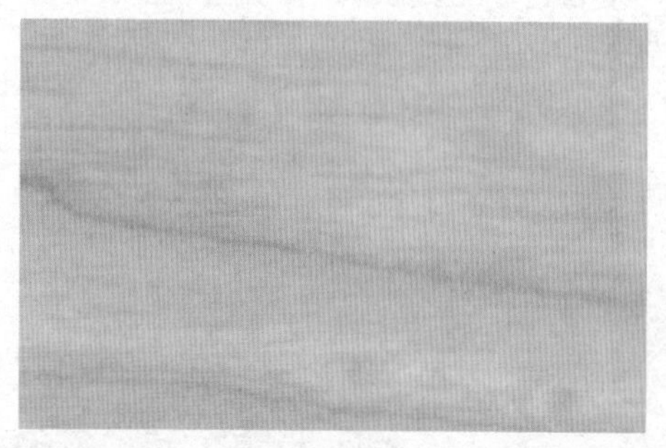

美国白蜡（fraxinus Americana）			
硬度		硬	
主要装修用途		修边，细木加工	
颜色		米色到浅褐色	
涂料	不常用	透明度	优

桦木（betula alleghaniensis）			
硬度		硬	
主要装修用途		修边，镶板，细木加工	
颜色		白色到深红色	
涂料	不常用	透明度	好

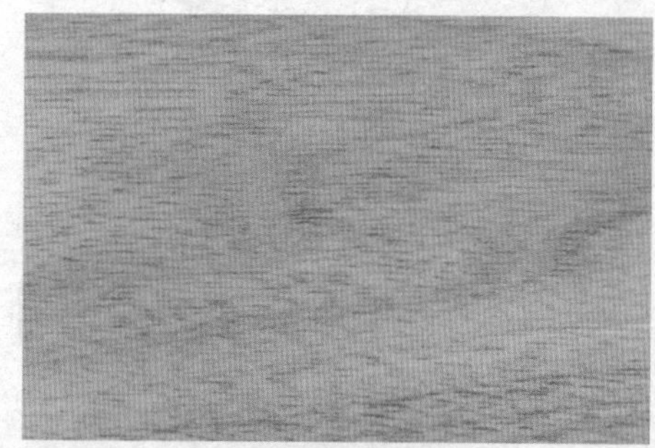

灰胡桃（juglans cinerea）			
硬度		中等	
主要装修用途		修边，镶板，细木加工	
颜色		浅褐色	
涂料	不常用	透明度	优

美国西部红侧柏（thuja plicata）			
硬度		软	
主要装修用途		修边，室内外镶板	
颜色		红棕色、近乎白色	
涂料	不常用	透明度	好

栗木（castanea dentate）			
硬度		中等	
主要装修用途		修边，镶板	
颜色		灰褐色	
涂料	不常用	透明度	优

桃花心木（sweitenia macrophylla）			
硬度		中等	
主要装修用途		修边，门窗框，镶板，细木加工	
颜色		深金褐色	
涂料	不常用	透明度	优

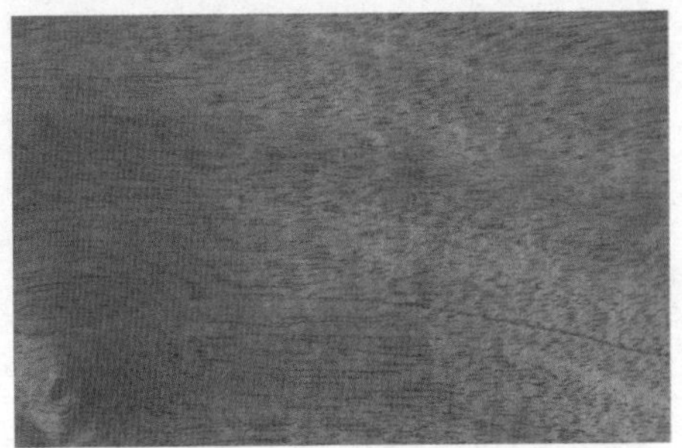

枫木（acer saccharum）			
硬度		非常硬	
主要装修用途		修边，镶板，细木加工	
颜色		白色到红褐色	
涂料	不常用	透明度	好

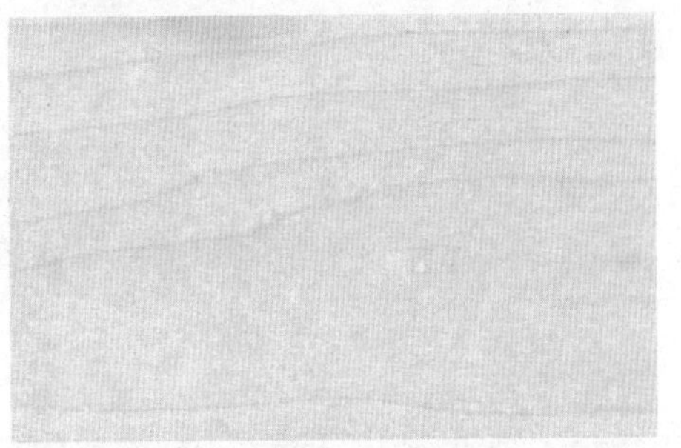

橡木　英格兰褐（quercus robur）			
硬度		硬	
主要装修用途		胶合镶板，细木加工	
颜色		皮革褐色	
涂料	不常用	透明度	优

木材种类及特点

橡木　红色（quercus rubra）			
硬度		硬	
主要装修用途		修边，镶板，细木加工	
颜色		红棕色到褐色	
涂料	不常用	透明度	优

橡木　白色（quercus alba）			
硬度		硬	
主要装修用途		修边，镶板，细木加工	
颜色		灰褐色	
涂料	不常用	透明度	优

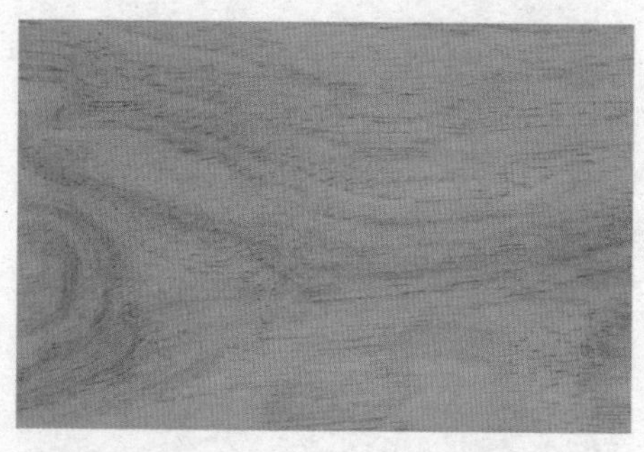

胡桃木（carya species）			
硬度		中等	
主要装修用途		修边，镶板，细木加工	
颜色		红褐色/棕条纹	
涂料	不常用	透明度	好

松木　东部或北部　白色（pinus strobes）			
硬度		中等	
主要装修用途		修边，镶板，细木加工	
颜色		乳白色到粉色	
涂料	不常用	透明度	好

花梨木（dalbergla nigra）			
硬度		非常硬	
主要装修用途		胶合镶板，细木加工	
颜色		杂红/褐色/黑色	
涂料	不常用	透明度	优

柚木（tectona grandls）			
硬度		硬	
主要装修用途		修边，镶板，细木加工	
颜色		茶黄色到深褐色	
涂料	不常用	透明度	优

胡桃木（juglans）			
硬度		硬	
主要装修用途		修边，镶板，细木加工	
颜色		巧克力褐色	
涂料	不常用	透明度	优

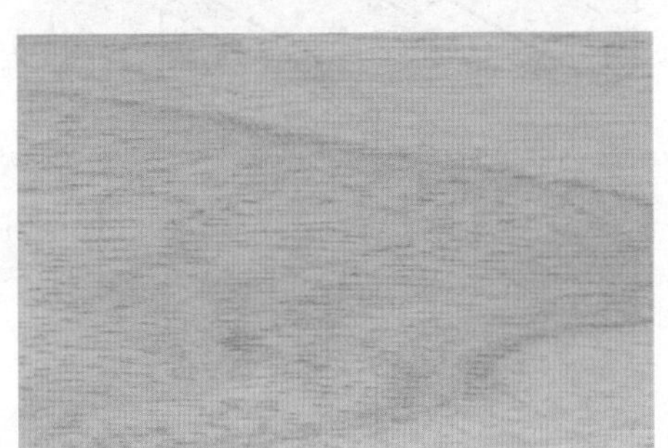

斑马木（brachystegea fleuryana）			
硬度		硬	
主要装修用途		修边，镶板，细木加工	
颜色		深褐色底金色条纹	
涂料	不常用	透明度	优

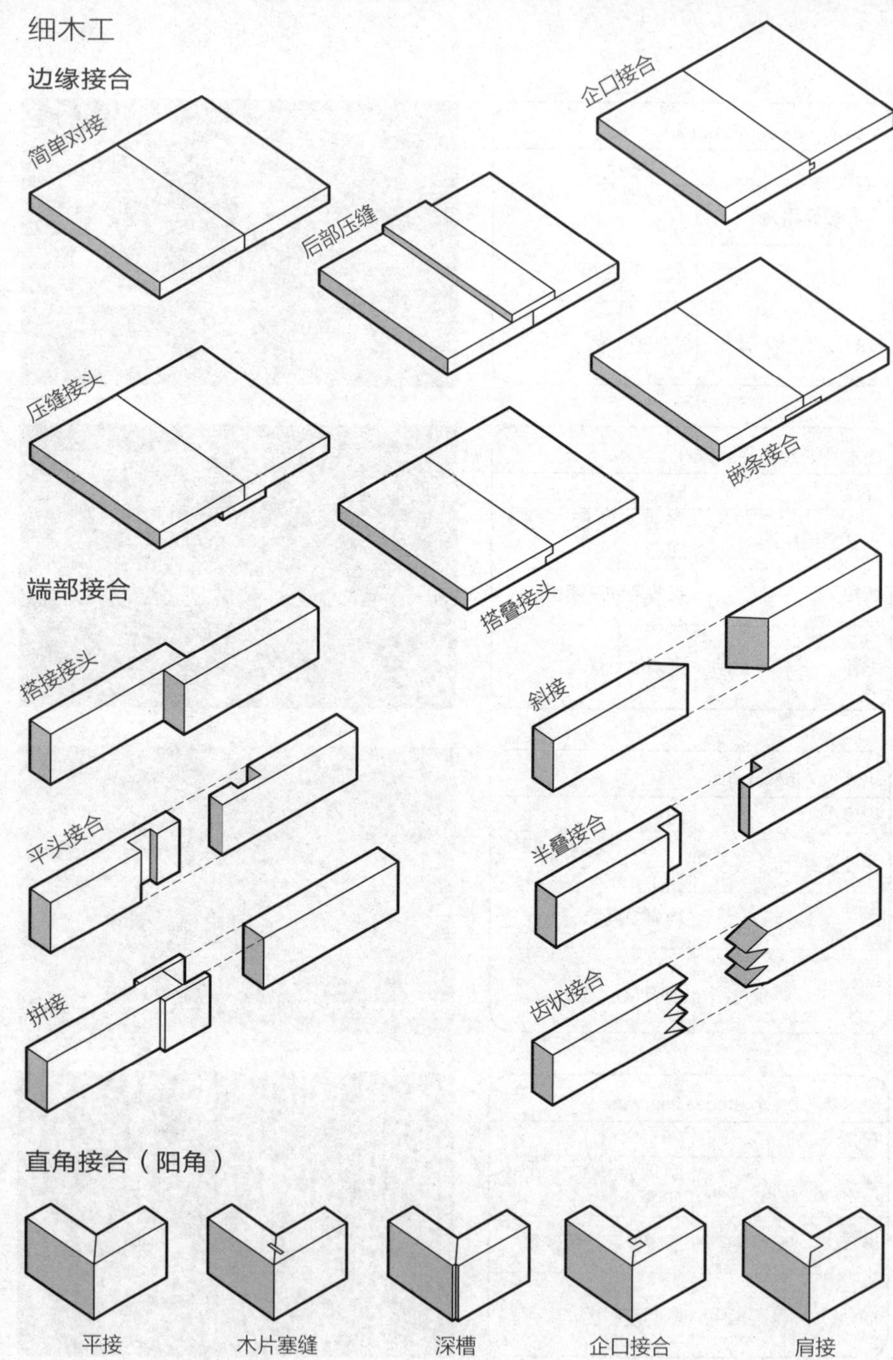
细木工
边缘接合
简单对接
企口接合
后部压缝
压缝接头
嵌条接合
搭叠接头
端部接合
搭接接头
斜接
平头接合
半叠接合
拼接
齿状接合
直角接合（阳角）
平接
木片塞缝
深槽
企口接合
肩接

直角接合

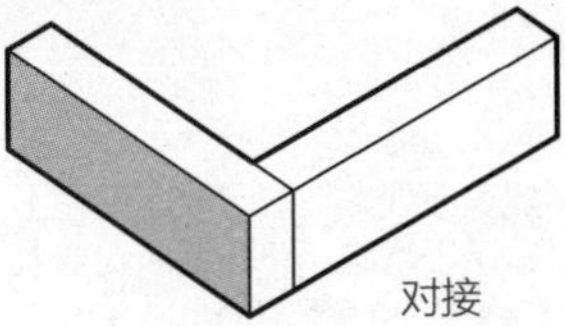

对接

直角接合（楔形榫）

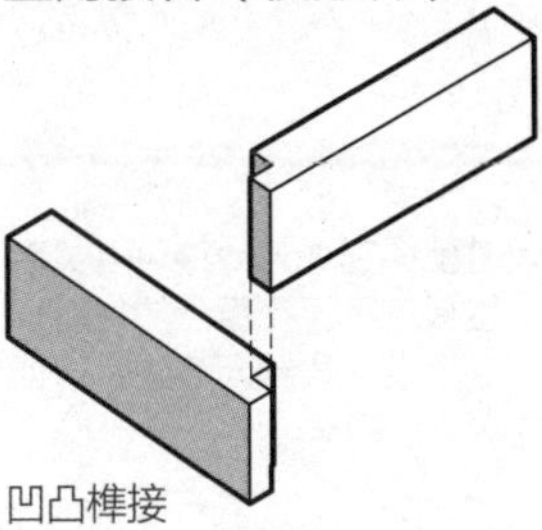

凹凸榫接

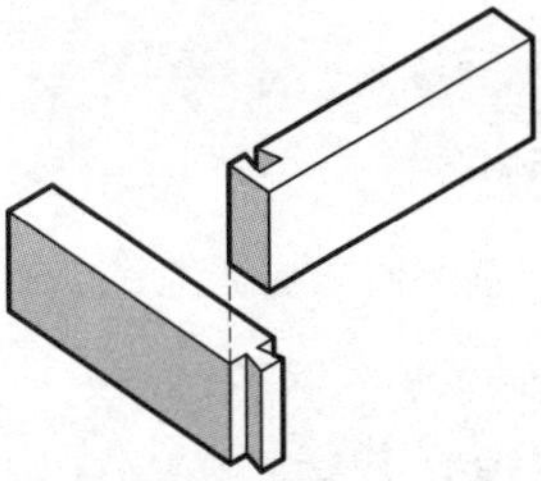

楔形开榫槽

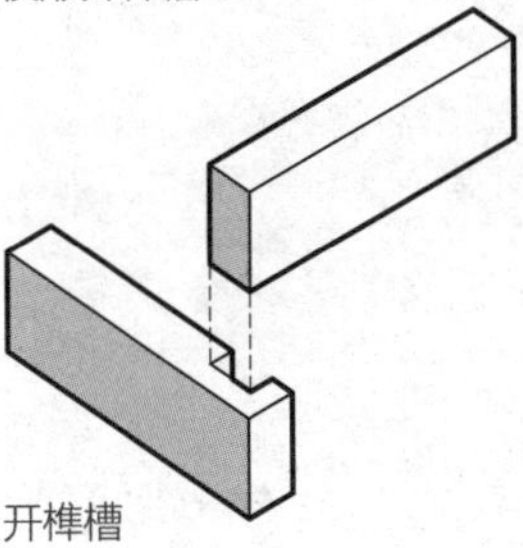

开榫槽

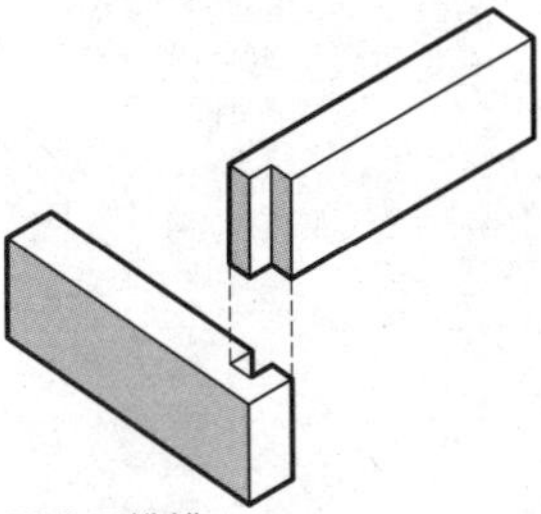

凹凸开榫槽

直角接合（榫卯连接）

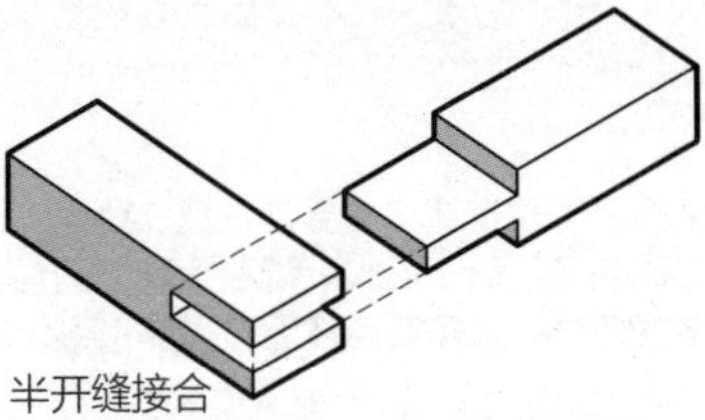

半开缝接合

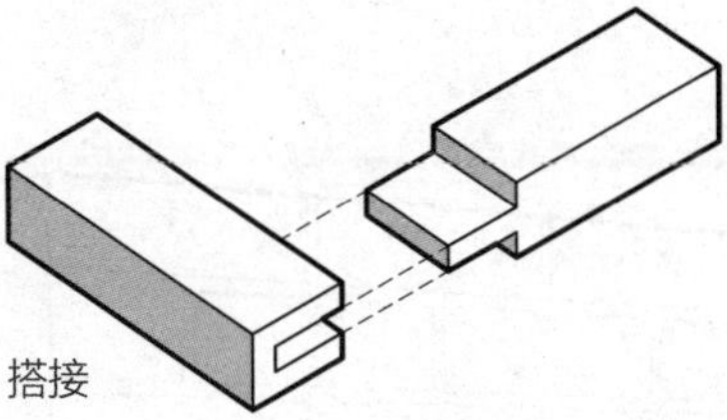

搭接

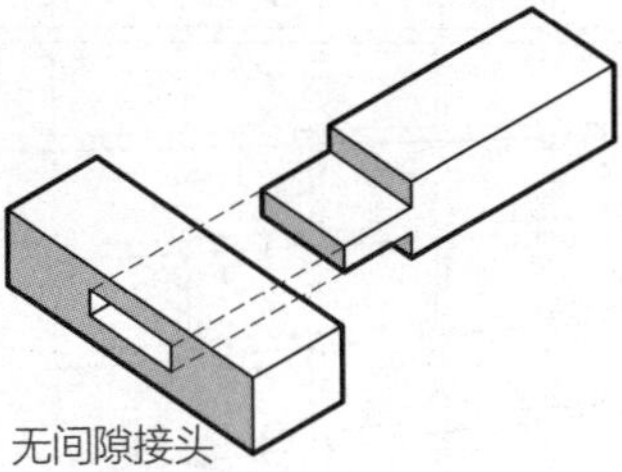

无间隙接头

直角接合（搭接）

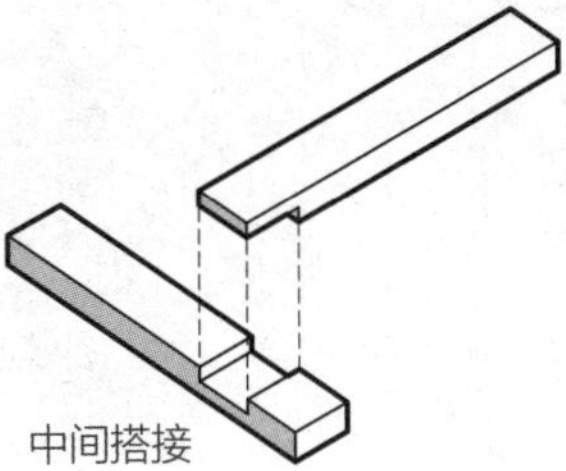

中间搭接

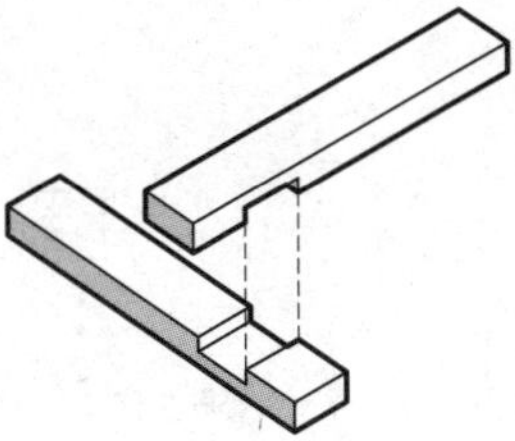

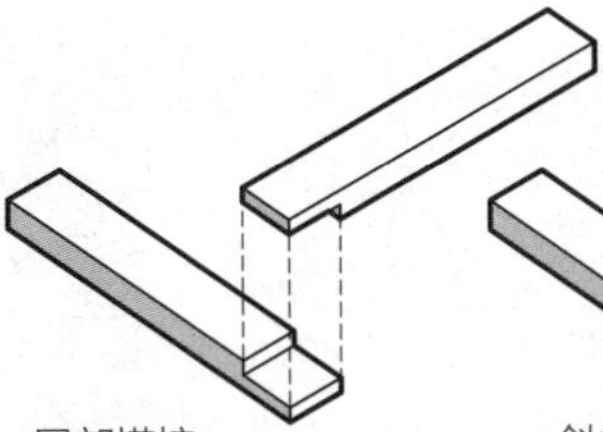

尾部搭接

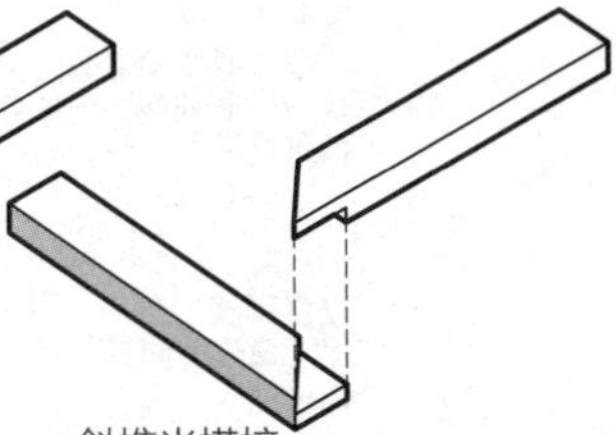

斜榫半搭接

第2章　砌体和混凝土

砌块

砌体建筑的建造比过去更加快速、坚固，而且更加高效，但在基本建造原理上与旧时相比变化不大。砌块包括砖、石块、混凝土块，因为它们都由泥土制成，所以适用于基础、路面铺装和嵌入地下的墙体。大多数砌体因其强度和耐久性而成为防火、防止空气和水侵蚀的理想材料。

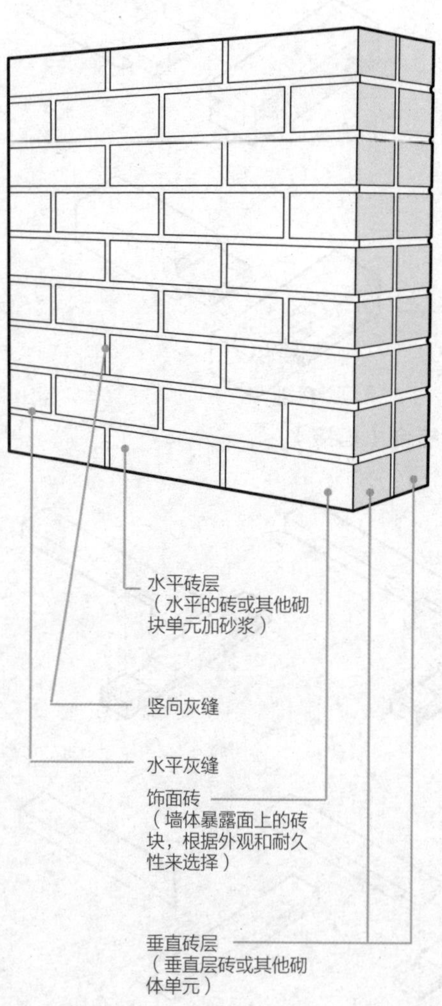

砖块

单块砖的小尺寸使得它成为一种可以灵活运用在墙体、楼板甚至天花板上的材料。砖块是由泥土在高温下烧制而成的，这使得它有很好的耐火性能。

砖材等级（楼体与墙面）

SW：恶劣气候环境，易吸水

MW：温和气候环境，风化程度中等

NW：忽略环境影响

砖材类型（面砖）

FBS：室内外的裸露墙体的常用砖材；在建筑师未特别指定时，这是最常用的类型和默认的选择。

FBX：用于室内外裸露墙体有特殊用途的部分，即需要高标准的机械性能、小范围的色彩变化以及微小的尺寸调整的地方。

FBA：用于室内外裸露墙体有特殊用途的部分，即在尺寸、颜色和纹理上无统一要求的地方。

造砖

开采与储藏：
开采出泥土并保证有可供几天使用的充足原材料储存，以保证任何天气状况下生产的连续进行。泥土的主要类型有三种：地表黏土、页岩和耐火黏土。

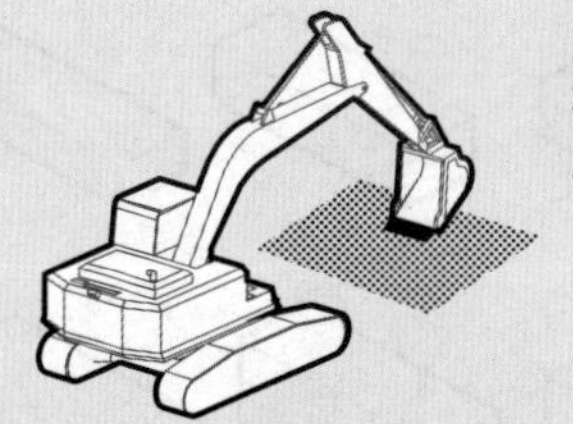

准备工作：
将黏土捣碎并研磨成粉。

成型工艺

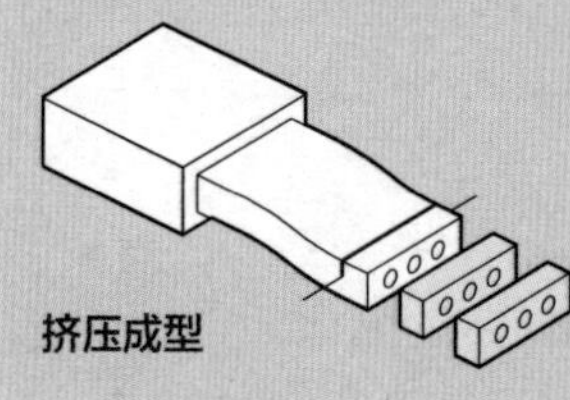
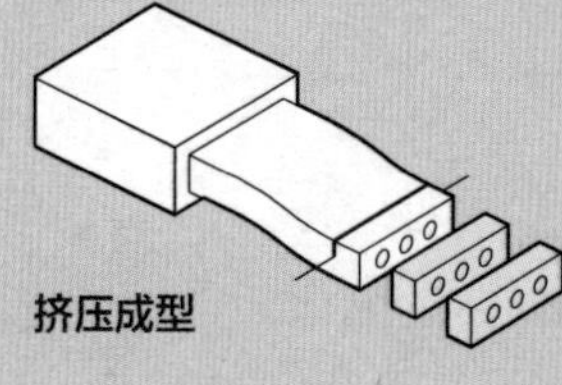

挤压成型

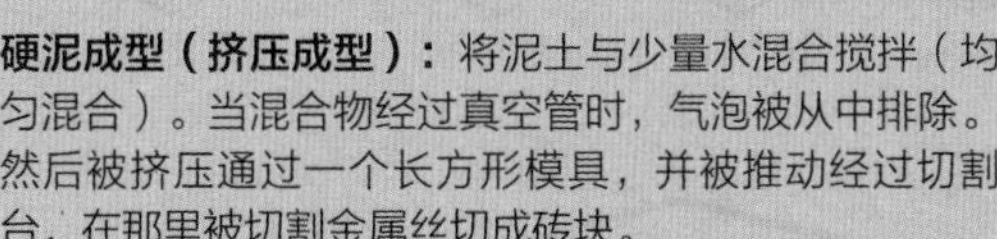

硬泥成型（挤压成型）：将泥土与少量水混合搅拌（均匀混合）。当混合物经过真空管时，气泡被从中排除。然后被挤压通过一个长方形模具，并被推动经过切割台，在那里被切割金属丝切成砖块。

软泥成型（模压成型）：将湿泥压进长方形模具。水或沙被用作介质防止泥土粘在模具上。水刮的砖块有光滑的表面，将模具在被填满前浸入水中制成；沙刮后，砖块表面质地粗糙，制造时在砖块成型前用沙子撣模具。

干压成型：将泥土和少量的水混合，然后在钢模具中机压成型。

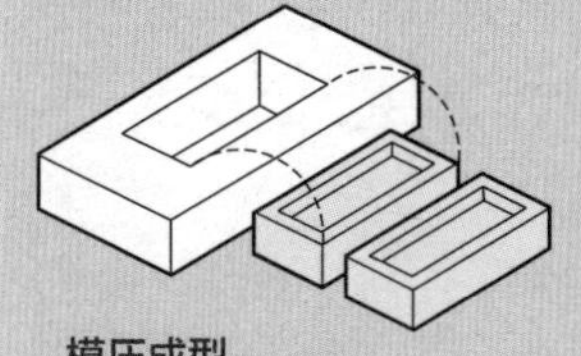

模压成型

烘干工艺

成型的砖块置于低温窑中风干1~2d。

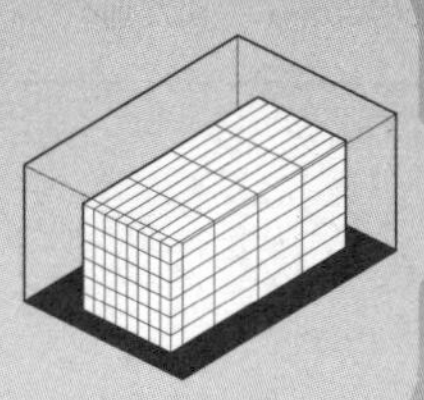

烧制工艺

将砖块放入间歇窑中烧制、冷却、移出。在连续隧道窑中，砖块在导轨车上通过隧道，在那里，砖块在不同温度下焙烧，并最终烧制完成。烧制要持续40~150h。

水分蒸发和脱水：从黏土中除去剩余的水分。
氧化和玻璃化：氧化温度需达到982℃，玻璃化温度需达到1316℃。
镶色烧砖法：调整火候以形成砖块上不同的颜色。

可在烧制初期或进行特殊的额外烧制时对砖块进行上釉。

块砖

尺寸的对比

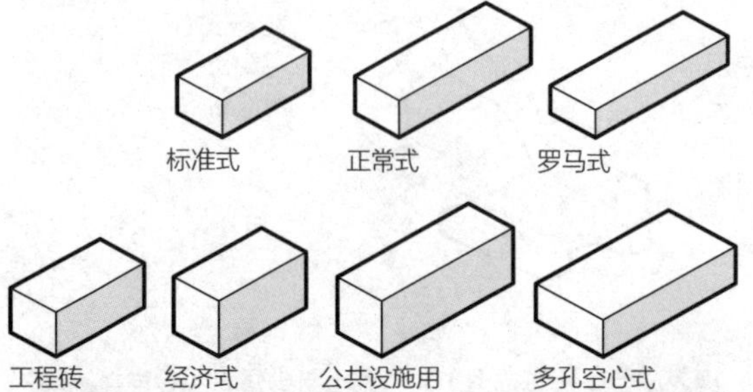

砖的标称尺寸是根据砖的实际尺寸（长度、厚度和高度）与黏结它们的砂浆缝尺寸得出的。习惯上，砂浆缝宽度宜为10mm和13mm。

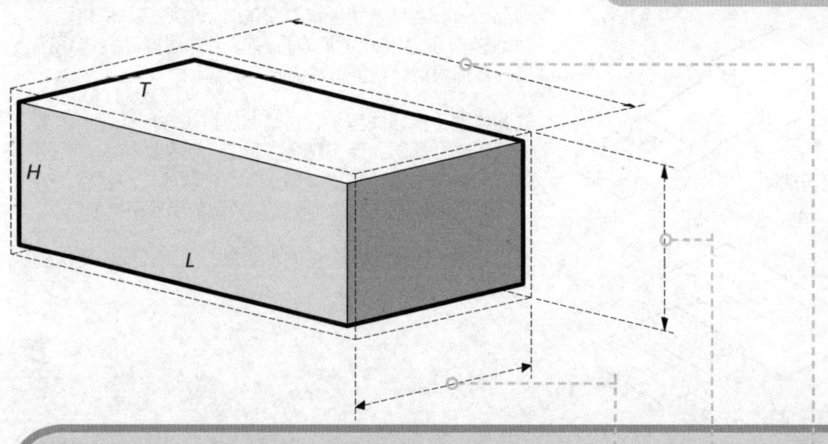

标准尺寸

单元类型	灰缝宽度/mm	砖块厚度*T*/mm	砖块高度*H*/mm	砖块长度*L*/mm	竖直砖层*C*/mm	额定厚度*T*/mm	额定高*H*/mm	额定长度*L*/mm
标准式	10 13	92 89	57 56	194 191	3*C* = 203	102	68	203
正常式	9.5 12.7	92 89	57 56	295 292	3*C* = 203	102	68	305
罗马式	9.5 12.7	92 89	41 38	295 292	2*C* = 102	102	51	305
标准工程用砖	9.5 12.7	92 89	71 68	194 191	5*C*=406	102	81	203
经济式	9.5 12.7	92 89	92 89	194 191	1*C* = 102	102	102	203
公共设施用	9.5 12.7	92 89	92 89	295 292	1*C* = 102	102	102	305
多孔空心式	12.7	140	54	292	3*C* = 203	152	68	305

首选的国际标准砌块尺寸

标称高度（*H*）×长度（*L*）	垂直砖层（*C*）
50 mm x 300 mm	[2*C* = 100mm]
67 mm x 200 mm 67 mm x 300 mm	[3*C* = 200mm]
75 mm x 200 mm 75 mm x 300 mm	[4*C* = 300mm]
80 mm x 200 mm 80 mm x 300 mm	[5*C* = 400mm]
100 mm x 200 mm 100 mm x 300 mm 100 mm x 400 mm	[1*C* = 100mm]
133 mm x 200 mm 133 mm x 300 mm 133 mm x 400 mm	[3*C* = 400mm]
150 mm x 300 mm 150 mm x 400 mm	[2*C* = 300mm]
200 mm x 200 mm 200 mm x 300 mm 200 mm x 400 mm	[1*C* = 200mm]
300 mm x 300 mm	[1*C* = 300mm]

可接受的灵活替换长度

200 mm	(100 mm)
300 mm	(100 mm, 150 mm, 200 mm, 250 mm)
400 mm	(100 mm, 200 mm, 300 mm)

排列方向

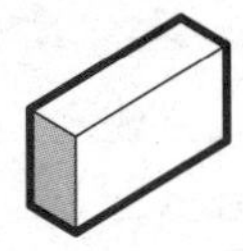
竖砌砖

丁砖

立面

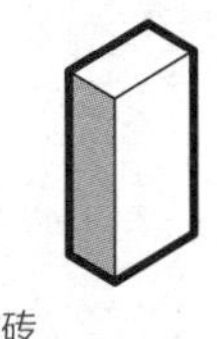
立砖

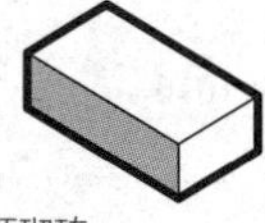
顺砌砖

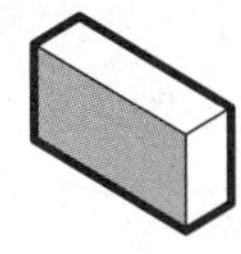
大面

砌筑类型

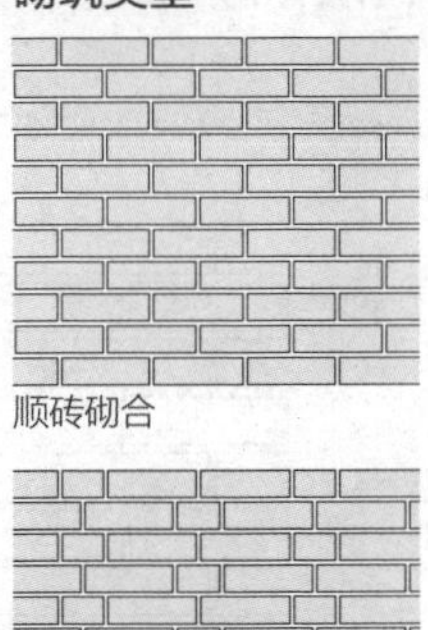
顺砖砌合

二顺一丁砌合

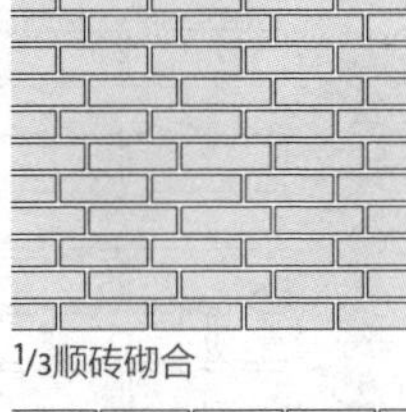
1/3顺砖砌合

对缝砌法

普通砌合

一顺一丁砌合

砖层标准模块

层数	标高
42	2845
41	
40	
39	2642
38	
37	
36	2438
35	
34	
33	2235
32	
31	
30	2032
29	
28	
27	1829
26	
25	
24	1626
23	
22	
21	1422
20	
19	
18	1219
17	
16	
15	1016
14	
13	
12	813
11	
10	
9	610
8	
7	
6	406
5	
4	
3	203
2	
1	

层数	标高
84	5690
83	
82	
81	5486
80	
79	
78	5283
77	
76	
75	5080
74	
73	
72	4877
71	
70	
69	4674
68	
67	
66	4470
65	
64	
63	4267
62	
61	
60	4064
59	
58	
57	3861
56	
55	
54	3658
53	
52	
51	3454
50	
49	
48	3251
47	
46	
45	3048
44	
43	
	2845

砂浆

利用砂浆将砖块黏结在一起，减缓砖块间的震动并将不规则的砖块表面抹平，同时也兼做防水密封层。砂浆由普通水泥、熟石灰、惰性骨料（通常是砂子）和水组成。以下是砂浆的四种基本类型：

M：高强度（用于砌块等级不高，或受严重霜冻及高侧面荷载压力、高压缩荷载的部分）

S：中高强度（砌块承受普通荷载的压力，但要求有较强的抗弯强度）

N：中等强度（砌块等级达标，大部分时候采用）

O：中低强度（作为室内非承重墙或隔墙使用）

砂浆接缝

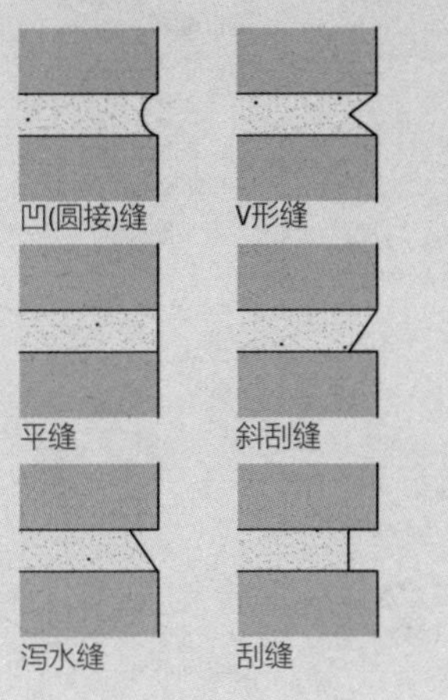

颜色

砖块有多种质地和样式，同时砖块和砂浆也可以有多种颜色（尤其是定制生产的时候）。砖块与砂浆颜色的相互协调是一种得到不同品质墙面效果的有效方式。例如，通过砂浆颜色与砖块颜色的匹配能够形成墙面的整体性。类似地，深色的砂浆能够使墙面整体上显得较暗，浅色的砂浆则使墙面颜色显得较浅。全比例的样品模型能够有助于颜色的协调性测试。

混凝土砌块

混凝土砌块（又称CMU）也可作为砖块、大尺寸空心砖和大尺寸实心砌块使用。空心砖的内腔可加入水泥浆和钢筋，使其作为承重墙结构中的承重部件，既可单独使用也可作为外包材料的支撑体。与砖块类似，混凝土砌块也有额定的尺寸和与其相适应的灰缝宽度。203mm的砌块额定高度相当于3块砖的高度。

典型的标准尺寸（宽度×高度×长度）（单位为in，括号内单位为mm）

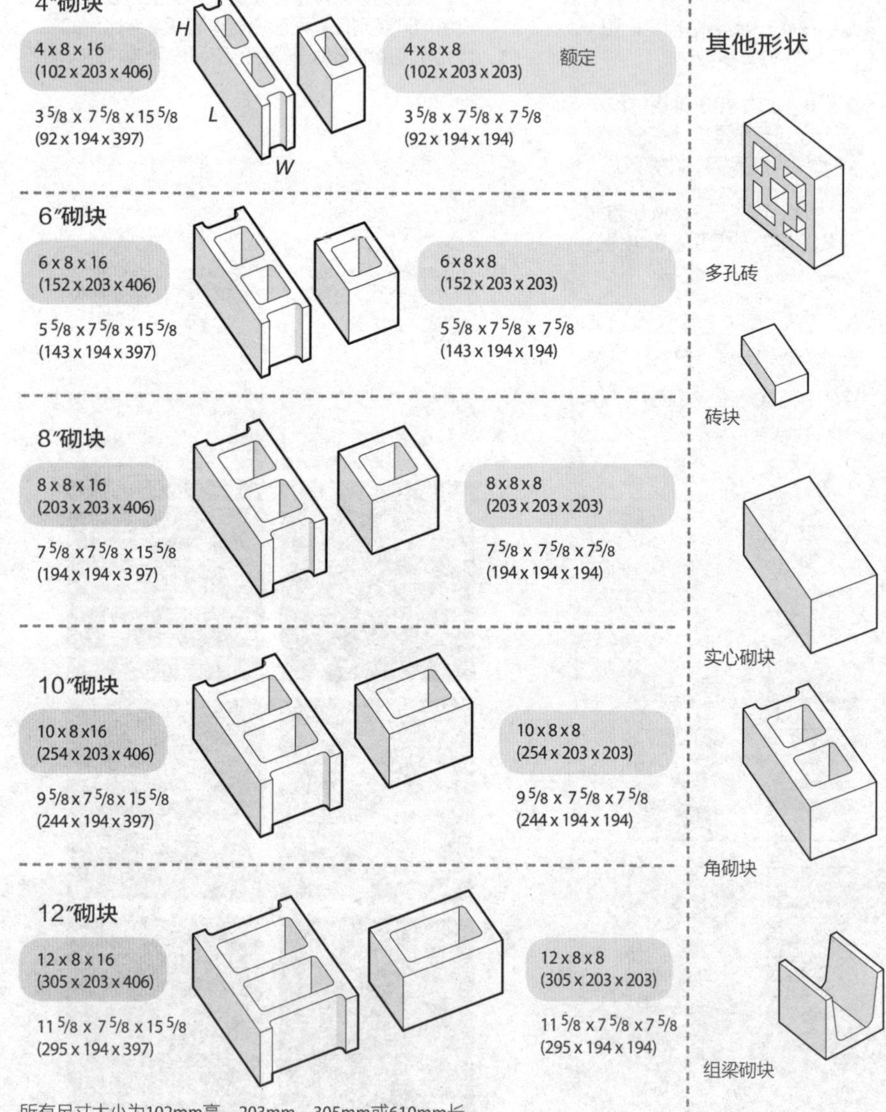

所有尺寸大小为102mm高，203mm、305mm或610mm长。

混凝土砌块制作

混凝土砌块的制作过程是将坚硬的混凝土混合物放入模具并振捣，然后将湿的砌块从模子中移出并进行蒸汽养护。

混凝土砌块的耐火等级取决于混凝土中的骨料的类型和砌块的大小。

混凝土砌块的等级

N： 可用于高等级或低等级。

S： 仅用于高等级；适用于不外露墙体；如果用于室外，墙体必须有防风化层保护。

混凝土砌块的类型

I： 控制水分，用于砌块易冷缩造成裂缝的地方。

II：不控制水分。

混凝土砌块的质量

正常： 由密度大于2000kg/m³的混凝土制成。

中等： 由密度为1680~2000kg/m³的混凝土制成。

轻质： 由密度不高于1680kg/m³的混凝土制成。

装饰性混凝土砌块

为适用于多样的墙体表面，可制成不同形状、不同表面肌理和不同颜色的混凝土砌块。混凝土砌块也可根据众多的装饰要求定制设计。

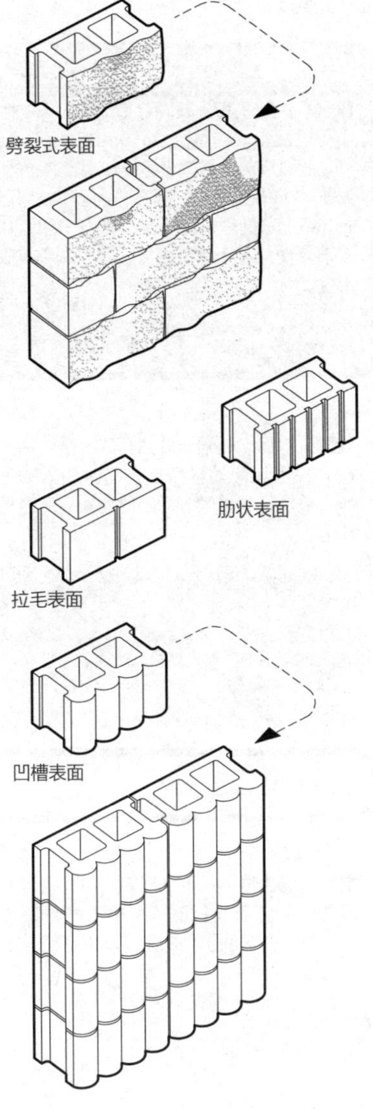

混凝土

混凝土是由骨料（砂子和砾石）、硅酸盐水泥和水混合而成的。因这些原料随处可见，因而使混凝土成为遍布世界的建筑材料。它与钢筋进行适当的结合，几乎就成为了最坚不可摧的结构，通常也不易燃烧和被腐蚀。混凝土几乎可以被塑造成任何形式。

组成成分

骨料：由砂子和砾石混合组成。砾石的大小可以从尘埃到直径为65mm的砂石，但不能超过浇筑构件厚度的1/4（也就是说，对于100mm厚的板，砾石的大小不能超过25mm）。圆形的砾石是首选。采用大块砾石可使混凝土造价更低，同时减小其收缩性。

硅酸盐水泥：化学成分为石灰、硅、铝、铁、少量其他配料和在粉磨时加入的石膏。根据不同地区的适用性会有确切的材料配比。

有五种基本类型的硅酸盐水泥。

水：清洁且无杂质。

空气：混合物中成千上万的气泡成为某些混凝土中的第四种成分。空气使得混凝土质量更轻并更能承受冻融，从而适用于严寒气候。

水泥的种类

水泥没有统一的国际标准。美国的水泥需符合ASTM C-150标准。其他一些国家也采用这一套标准。

类型Ⅰ：标准的；一般用途。

类型ⅠA：标准的；与I型水泥用途相同但需加气的加气水泥。

类型Ⅱ：在要求中等抗硫酸盐时使用的水泥；适用于桥梁和打桩；同样适用于有热量积累问题的情况。

类型ⅡA：与II型水泥用途相同但需加气的加气水泥。

类型Ⅲ：具有高早期强度的速硬水泥。适用于冬季作业和紧急作业。

类型ⅢA：与III型水泥用途相同但需加气的加气水泥。

类型Ⅳ：要求硬化速度慢、低水化热时使用的水泥；用于温度变化量和温度变化率不计的情况。

类型Ⅴ：要求强抗硫酸盐能力时使用的水泥；用于水分含量高、土壤碱性高的情况。

现浇混凝土框架

现浇混凝土是在施工现场浇筑完成的。它可以被浇筑成任何模板所能支出的形状；然而投入到支模、加固、浇筑、等待混凝土养护和脱模的工作量和时间，使得现浇混凝土的施工比预制混凝土和钢结构都要慢。

混凝土浇筑

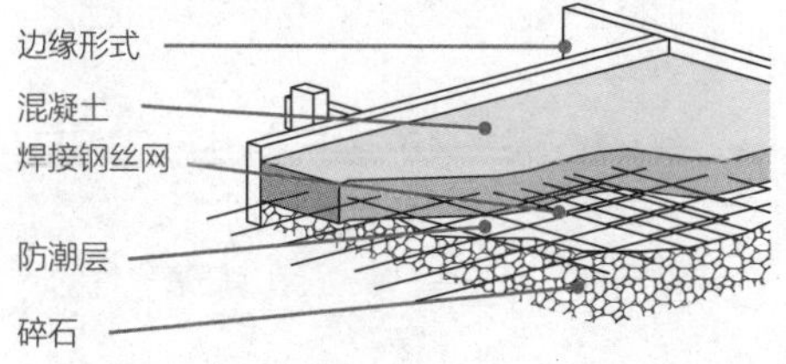

楼板

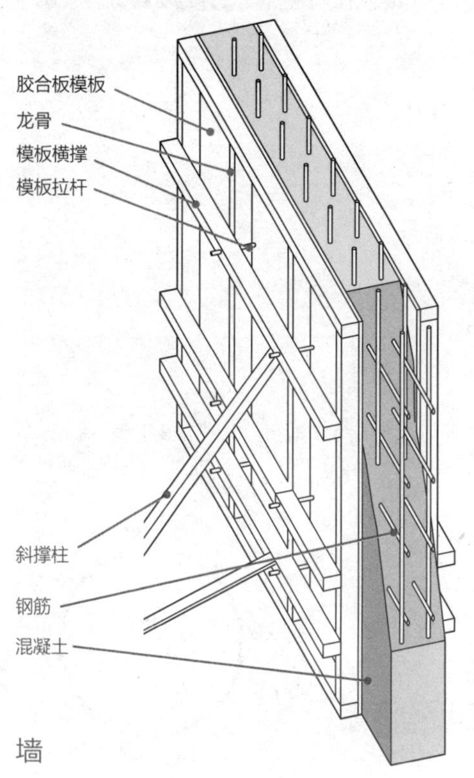

墙

现浇混凝土利用焊接金属网或钢筋条（钢筋）来防止混凝土开裂或不均匀沉降并增强刚度。通常使用从3#到18#的钢筋（直径在3mm内），它的尺寸、间距和数量取决于柱、楼板、梁的大小和性质。

浇筑楼板、地面板、平板、墙体、柱、横梁、主梁都会用到模板，通常采用胶合板，也可以是金属板或纤维板。在一个项目中采用标准化制作的梁柱有助于减少制模成本，因为此时模板可被重复使用。

为了使木板在浇筑和养护过程中始终围拢在一起，可将拉杆通过小孔插进模板中并利用紧固件在适当的地方固定；模板固定好后将拉杆突出的部分折断。

混凝土浇筑的墙或板需要每隔一定距离设置伸缩缝，在混凝土养护前伸缩缝可作为形式的一部分或是形成表面肌理。分隔缝并不是连续的，作为一个在受力后结构上容易发生位移和开裂的面，它可以减小其他地方开裂的可能性。

浇筑与养护

因为混凝土是被浇筑的，所以必须做好养护工作，以免受到过度振动或垂直下落物体的冲击而导致混合成分彼此分离（导致骨料下沉、水分和水泥上升）。因此，垂直运送时需使用跌水井，如果混凝土从制作地点运送到施工地点有很长距离，需要在混凝土车中不停搅拌，运输过程不能在模具中。

作为一种水泥和水的化学结合，混凝土的养护是通过水化作用完成的；在这个阶段，必须保持潮湿，完全养护好大约需要28d。想要混凝土表面保持潮湿，可以在它的表面洒水，或是用养护化合物，或是在表面放置保湿板。

添加剂

为形成多种期望的效果，需要在混凝土中加入一些其他成分。

加速剂：加快风干速度（用于寒冷天气条件养护缓慢时）。

加气剂：增加潮湿混凝土的可塑性，有助于减小冻融损伤，并可用于产生轻质、隔热的混凝土。

高炉矿渣：类似于粉煤灰的作用。

着色剂：染色的色料。

防腐剂：减少钢筋的腐蚀。

纤维掺和剂：用短切玻纤、铁或聚丙烯纤维作为加强剂。

粉煤灰：增强湿混凝土的可塑性，同时加强混凝土强度和抗硫酸盐的特性，减少透气性，降低温度以及需水量。

火山灰：增强混凝土的可塑性，在风干时降低内部温度，减少由硫酸盐引起的再生。

缓凝剂：减缓风干速度，为使用湿混凝土的工作争取更多的时间。

硅石烟：用于生产高强度、低透气性的混凝土。

超塑剂：用高等级的减水剂使硬混凝土变为流体，便于不同地点的浇筑。

减水剂：在混合水分很少的情况下，仍有很强的可塑性。

钢筋

如没有加固筋，混凝土几乎起不到任何结构作用。幸运的是，混凝土和钢筋在化学性能上能够共存，并且在温度作用下有相似的伸展性。

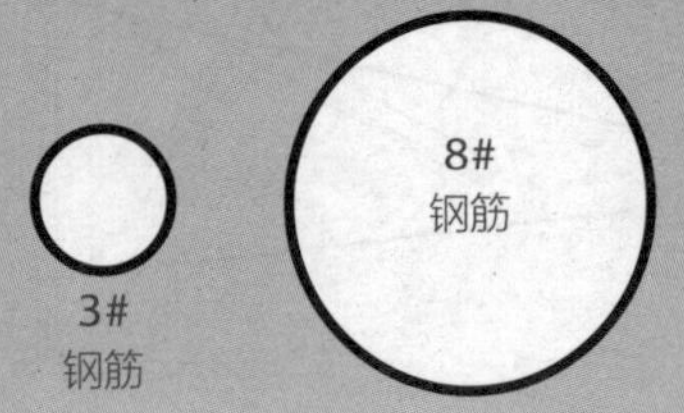

表面装修

可用多种方式对混凝土进行修整，使其适用于几乎任何空间的任何墙面。

清水混凝土：混凝土保留浇筑脱模后的样式，通常带有模板肌理的印记。

喷砂混凝土：对混凝土表面进行不同程度的喷砂处理，直到表面暴露出连续水平的水泥、砂子和骨料。

化学缓凝：将化学药品喷涂在混凝土表面使其露出骨料。

机械处理：通过工具压印、锤击、钻凿以及剥落表皮制作各种各样的表面外露肌理。

抛光：重型混凝土抛光机在使用或不使用抛光剂时将混凝土表面打磨得具有高光泽度。

密封：丙烯酸树脂有助于防止混凝土剥落（由于不适当排水或通风和结冰/解冻的损坏引起的碎片或剥落）、起灰、风化（由于混凝土外表面的溶解无机盐被吸干而变白，并留在混凝土表面上）、色斑、除冰盐和磨损。

颜色

带有颜色的混凝土能够为设计提供更多的可能性，大致由两种方法制成。

整体着色：将染料添加剂加到湿混凝土中或是在制作地点拌入混凝土中，在任何一种情况下，染色剂都能在混凝土中均匀混合，因为混凝土的量比较大，颜色仅限于土色系和粉彩色。一旦进行养护，混凝土就被密封，提供保护层，并增加混凝土色彩的光泽。

干振染料凝固：染料凝固剂撒到新浇筑的混凝土上，并通过镘刀涂抹在表面上，凝固剂使混凝土表面稠密并耐久，因为染料集中在混凝土表层，必须加大振捣力度，在养护进行到颜色加重时将其密封。

所有的天然材料，一定是会发生颜色变化的，原始混凝土的颜色决定着变化的范围。

钢筋：钢筋有下面几种尺寸：3#、4#、5#、6#、7#、8#、9#、10#、11#、14#、18#。8#的尺寸为标称直径1″,比它细的取号码数的八分之一。比如3#为3/8″（9.52mm）。9#及以上的尺寸要比公称直径1″略粗。

焊接钢筋网：焊接钢筋网是由钢筋制成的钢筋网或是由圆形钢筋（51~305mm）制成的钢筋网笼，以此形成的轻质体系用于厚板中或是预制构件中，质量大的体系则用于墙体和结构板中。

第3章　金属

在很多工程及建筑类型中，金属都发挥着巨大的作用，如从结构钢筋到金属管道，从石膏板隔墙墙筋到作为涂料的金属氧化物等。金属在自然界中的存在形式多为氧化物矿石，它是从开采的矿石中提取精炼，经过分理和提纯而来。金属分两大类：黑色金属（即铁及其合金）和有色金属（黑色金属以外的，不含铁）。黑色金属一般比较坚硬，矿藏更丰富，而且易于提炼，但容易生锈。有色金属则易于使用，而且大多数有色金属表面有一层氧化膜，可使其免受腐蚀。

改变金属性能

大多数纯金属和自然状态下的金属强度不高，为使其适用于建筑和其他功能，它们的性能要进行几种改变，改变方式则依据对金属的功能要求而定。

合金

金属与其他元素融合（通常是其他金属元素）来制成合金。例如，铁和少量的碳元素融合就能生产出钢。一般地，合金的硬度比合金中主要金属元素的硬度都高，除了可以提高硬度和可塑性之外，合金还有一层自我保护的氧化膜。

热处理金属

回火：钢被中速加热和缓慢冷却以制成强度更大、硬度更高的金属。

退火：钢或铝加热到很高温度后缓慢冷却，使金属软化以利于操作。

冷加工金属

在室温条件下，将金属轧薄、敲平或是拉伸，通过改变其晶体结构，使其更加坚固，但同时脆性也会增强。冷轧金属与退火金属性能正好相反。

冷轧：使金属在滚轴之间挤压变薄。

拔丝：从小孔中对钢材进行拉拔，制出钢丝和钢索，用于预制混凝土，其结构强度是普通钢筋的5倍。

镀层金属

阳极处理：将带有颜色的密实氧化膜电镀到铝金属上以改善外观。

电镀：将铬金属和镉金属电镀到钢表面上，以避免氧化，并改善外观。

镀锌：将锌金属镀在钢上以避免钢材腐蚀。

其他镀层：镀层包括油漆、涂料、粉末、含氟聚合物和搪瓷。

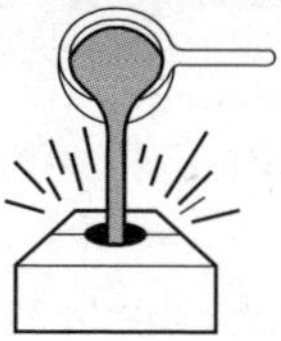
浇铸

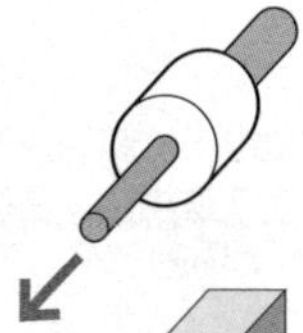
拔丝

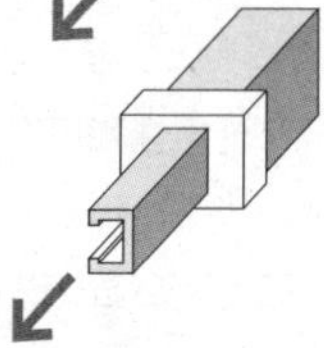
拉伸

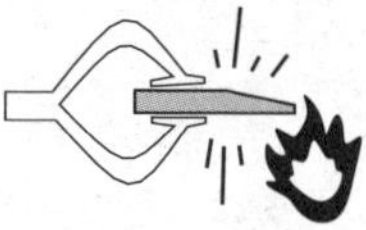
锻造

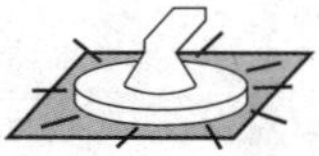
抛光

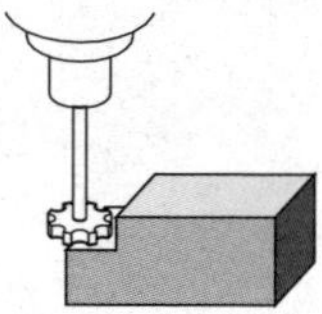
机械加工

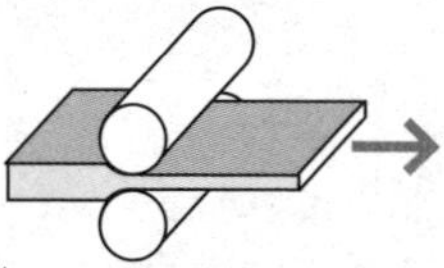
轧制

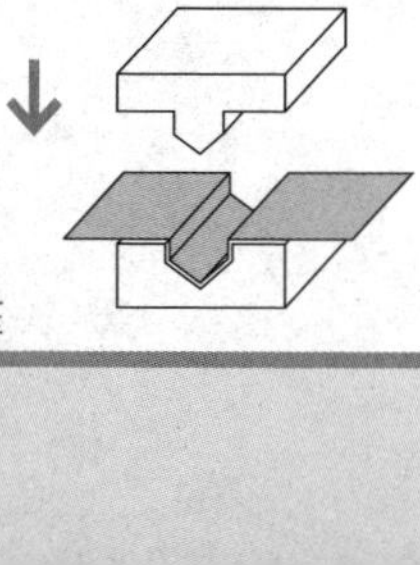
模压

制作工艺

浇铸：将金属熔液注入模具中，制出的金属产品很脆，但可以形成多种形状。例如水龙头或五金器具。

拔丝：从逐渐缩小的孔中将金属拔丝处理。

拉伸：将热（但未熔）金属在钢模中挤压，制出某种形状的长金属片。

锻造：将金属加热，达到一定程度后，然后按照期望的形状进行弯曲。通过施加作用力于金属提高其结构性能。

抛光：用抛光机将金属表面磨平并抛光。

机械加工：金属材料被裁切以达到想要的形状。这一过程包括打孔、铣削（利用铣床）、车削（做成圆柱形）、锯开、剪切和冲压。金属薄片壳用切割机切开并用弯板机压弯成型。

轧制：将金属在碾压机上挤压。热轧不同于冷轧，热轧不会提高金属的强度。

模压：将金属板置于模具中挤压，以赋予其形状和纹理。

金属连接

焊接：用在高温下形成的气焰或是电弧，将两种金属焊接在一起，同时焊接部位的金属液与焊接棒上的多余熔液一起流动。焊接部位的强度与焊接用金属的强度一样高，焊接可用于构造工作中。

铜焊和锡焊：在低温操作的模式中，两种金属不是直接焊接在一起，而是通过一种熔点较低的金属将二者焊接在一起。青铜或黄铜用于硬焊，铅锡合金用于锡焊。作为结构点太脆弱；硬焊和锡焊都适用于水泵管道和屋面的焊接。

机械加工：金属同样也可以被钻孔或打孔，通过螺丝、螺栓或铆钉相连接。

连锁与折页：金属板可通过这两种方式连接。

金属类型

黑色金属

铸铁：易碎、抗压强度高、能够减振；适用于格栅和楼梯部件，但因易碎，不适合做结构。

韧性铸铁：通过铸造、二次加热和缓慢冷却形成的可塑性很高的铁；用途与铸铁类似。

低碳钢：含碳量较低的普通结构用钢。

不锈钢：由铁和其他金属形成的合金，其他金属主要是镉和镍，抗腐蚀性能强。当抗腐蚀性能要求特别高时，采用钼（可从海水中提炼）。尽管与软铁相比，不锈钢难以定型和加工，但是用途广泛，可用于防水板、顶盖、紧固部件、锚固部件、五金器皿和装修，装修范围从表面无光泽的到有光泽的都可以采用。

钢：含碳量低的铁碳合金（碳元素可以增强强度，同时降低了延展性和可焊性）。用于结构构件、墙筋、接头和紧固部件以及装修中。

熟铁：质软而易于加工，抗腐蚀性能强。要求的等级不高时采用。多数铸成棒、管、板或是装饰物。如今，其他金属（例如钢）已经基本将它取代。

合金钢

铝：表面硬度高。

铬和镉：耐腐蚀。

铜：抗大气腐蚀。

锰：提高强度和抗磨损。

钼：与其他金属元素结合使用，提高抗腐蚀性能以及抗拉强度。

镍：提高抗拉强度以及抗腐蚀性能。

硅：提高强度以及抗氧化性能。

硫：使软铁易于加工。

钛：防止不锈钢的有效腐蚀。

钨：与钒元素和钴元素结合使用，提高硬度和耐磨性能。

铝合金序列

可锻合金		可铸合金	
序列	**合金成分**	**序列**	**合金成分**
1000	纯铝	100.0	纯铝
2000	铜	200.0	铜
3000	锰	300.0	硅和铜和（或）锰
4000	硅	400.0	硅
5000	锰	500.0	锰
6000	锰和硅	600.0	无
7000	锌	700.0	锌
8000	其他成分	800.0	锡
		900.0	其他成分
第一位数是虚位号，第二位数是合金修改号，第三、四位数是任意指示符。		第一数是虚位号，第二、三位数是任意指示符，小数点后的数，如果为0，则代表锻造，如果为1或2，则代表铸模。	

有色金属

铝：纯铝有很好的抗腐蚀性能，但质软且强度低。制成铝合金则能达到很高的强度和硬度，密度是铁的1/3，可以冷轧或热轧、铸造、拉伸、模压、锻造或是冲压。当把铝板或铝箔磨光成镜面饰物，会有较强的反光性能和热反射性能。用于幕墙体系、管道、防雨屋面、门窗框、格栅、护墙板、五金器具、金属丝以及其他金属的外包层。铝粉可以添加到金属喷漆中，它的氧化物可作为砂纸的研磨材料。

黄铜：铜、锌或其他金属的合金，抛光打磨后有较好的光泽；多用于挡风雨条、装修和五金配件。

青铜：铜和锡的合金，有抗腐蚀性能；用于挡风雨条、五金器皿和装修中。

镉：类似金属锌，通常电镀于钢上。

铬：非常坚硬，在空气中不易腐蚀；类似于金属镍，经常用于合金中，以达到明亮而有光泽，电镀性能极佳。

铜：延展性好，而且耐腐蚀、耐冲击、抗疲劳，是电和热的良导体。能铸造、拉伸、挤压、热轧或冷轧。和其他金属一起使用，广泛用于合金中，同时也可用作电线、防水板、屋面和管道的材料。

铅：密度大、耐腐蚀、质软而易于操作；常与其他金属一起使用制成合金，提高硬度和强度。薄铅片或铅板适用于防水卷材、隔音材料、减震材料和防辐射材料。用于屋面、挡水板，或作为铜板外皮（即包铅铜）。含铅的蒸气和粉尘毒性大，故不常用。

锰：强度高且质量轻，作为合金使用，用于增强合金的强度和耐腐蚀性。常用于航空产业中，对于结构而言造价太高。

锡：质软而柔韧，用于镀铅锡钢板中（80%的铅，20%的锡）。

钛：密度小而强度高。用于大多数合金中，它的氧化物已经取代了许多涂料中的铅元素。

锌：在水中和空气中都有很好的耐腐蚀性，但是易碎且强度低。主要用于镀锌钢中，避免生锈，也可以电镀其他金属，制作挡风雨条、屋顶、五金器皿和铸模。

电化学效应

电化学效应就是在下列条件下发生的金属之间的相互腐蚀：存在两种不同活性的金属、两金属间的介质和一个能够使金属原子从低活性金属向高活性金属转移的电解池。充分了解金属材料在电化学反应中的特性可以最大限度地减少金属腐蚀。电化学元素序列表中的金属排序是按照从一般金属（电池中的阳极，易于腐蚀）到贵金属（电池中的阴极，不易腐蚀）排列的。一般地，两种金属元素在周期表中的排序离得越远，活性强的金属更易受到腐蚀。因此，在金属搭配使用时应尽可能选择周期表中相近的金属元素。

基于合金的构成成分的变化和条件的不统一，合金金属间排列顺序也会发生变化。详细情况请咨询生产商。

电势序

+ 阳极
镁、镁合金
锌、锌合金、锌片
锌（热浸）
镀锌铁皮
铝（非硅铸合金），镉
铝（可锻合金、硅铸）
铁（可铸、可锻），碳素钢和低合金钢
铝（可锻——2000系列）
铅（实心、铝片），铅合金
锡板，锡铅焊剂
铬片
高纯度黄铜和青铜
黄铜和青铜
铜，低纯度黄铜和青铜，银块，铜镍合金
镍、钛合金，蒙乃尔高强度耐蚀铜镍合金
银
金、铂
阴极 −

左侧列表中只是列出了大致的信息，并未考虑金属的阳极指数。金属的阳极指数（V）能更准确地评价金属与其他金属的相容性。

精确的阳极指数应咨询金属生产商。

金属规格和密尔

金属板的厚度在很长时间里都是由ga.表示的，这好似一种基于质量的表达方法（最初是由于征税的原因），但不能准确地表示板厚。这样，对于一张低碳钢板和一张镀锌钢板可能有相同厚度规格，但是实际的厚度却不相同。随着规格数字的增加，板也变得很薄。板厚超过6mm或是大约为3ga.时，都可视为平板。

大多数钢材生产商更倾向于使用密耳（mil）[①]。这种直观的单位系统可允许以钢板的实际厚度来定义密耳这一名称。

ga.[②]与mil之间没有严格的换算关系。仅为了使它们之间相互参照，下面列出了常见的密耳尺寸和特定的标准量度之间的关系。

[①] 1mil=0.001in

[②] ga.即gauge的意思，北美标准ga.是北美的一种关于直径的长度计量单位。

厚度量度表

mil	ga.	标准钢/mm	镀锌钢/mm	铝/mm
	3	6.073		5.827
	4	5.695		5.189
	5	5.314		4.620
	6	4.935		4.115
	7	4.554		3.665
	8	4.176		3.264
	9	3.797	3.891	2.906
118	10	3.416	3.510	2.588
	11	3.030	3.132	2.304
97	12	2.657	2.753	2.052
	13	2.278	2.372	1.829
68	14	1.879	1.994	1.628
	15	1.709	1.803	1.450
54	16	1.519	1.613	1.290
	17	1.367	1.461	1.151
43	18	1.214	1.311	1.024
	19	1.062	1.158	0.912
30, 33	20	0.912	1.006	0.813
	21	0.836	0.930	0.724
27	22	0.759	0.853	0.643
	23	0.683	0.777	0.574
	24	0.607	0.701	0.511
18	25	0.531	0.627	0.455
	26	0.455	0.551	0.404
	27	0.417	0.513	0.361
	28	0.378	0.475	0.320
	29	0.343	0.437	0.287
	30	0.305	0.399	0.254
	31	0.267	0.361	0.226
	32	0.246	0.340	0.203
	33	0.229		0.180
	34	0.208		0.160
	35	0.191		0.142
	36	0.170		

33mil是结构墙体，冷加工处理的钢框架所需的最小材料尺寸

20ga.的材料经常有以下两种厚度：

30mil用于非结构干式墙体的墙筋；

33mil用于结构墙体的墙筋

18mil是非结构墙体冷加工处理的钢框架所需的最小材料尺寸

轻钢框架

金属龙骨通常是由标准尺寸的冷轧不锈钢制成，也用做承重或非承重构件，用于地板和屋顶框架。墙筋设置在顶部和底部的轨道内，间距大约为406mm或610mm。金属墙筋和石膏墙板大大降低了可燃性，并且可以比木壁骨墙建得更高。每隔一定间距敲出洞口以便墙筋桥接和通过管道布置电线。

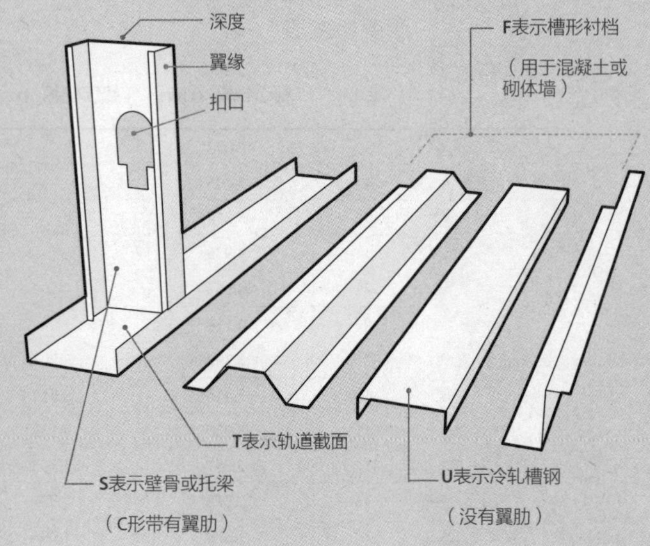

钢立筋制造商协会（SSMA）设计的轻型钢框架表示方法如下：腹板深（用1/100″表示）+S, T, U或是F标示+翼宽（用1/100″表示）+最小的金属板厚度（用mil表示）。

例如：编号250S 162-33钢部件表示的是腹板宽为250/100″的钢筋，其翼宽为162/100″，金属板厚为33mil。

常见金属龙骨大小

非承重墙筋
深度/mm：41，64，92，102，152
厚度/mil：18，27，30

非承重幕墙墙筋
深度/mm：64，92，102，152
厚度/mil：30，43，54，68
翼宽/mm：35

结构C形墙筋
深度/mm：64，92，102，152，203，254，305
厚度/mil：33，43，54，68
翼宽/mm：41

结构墙筋/托梁
深度/mm：64，92，102，152，203，254，305
厚度/mil：33，43，54，68
翼宽/mm：51

薄板厚度（实际尺寸）

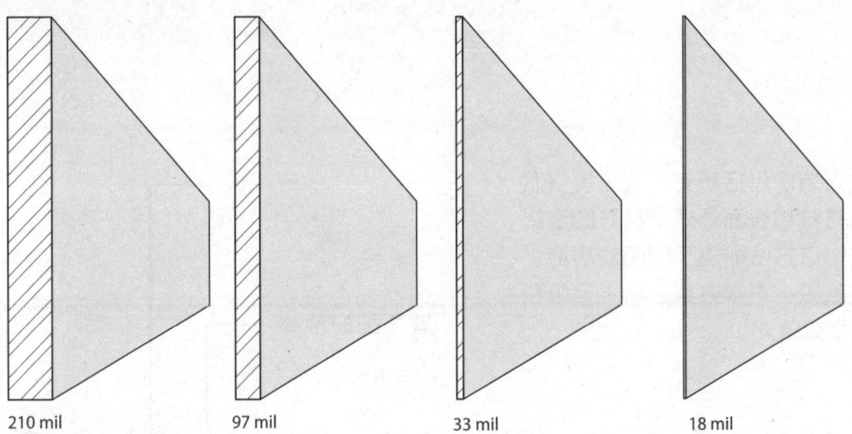

金属屋顶接缝

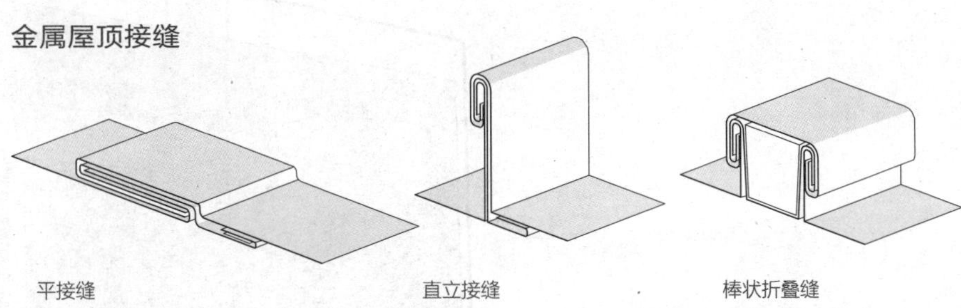

形式和板材

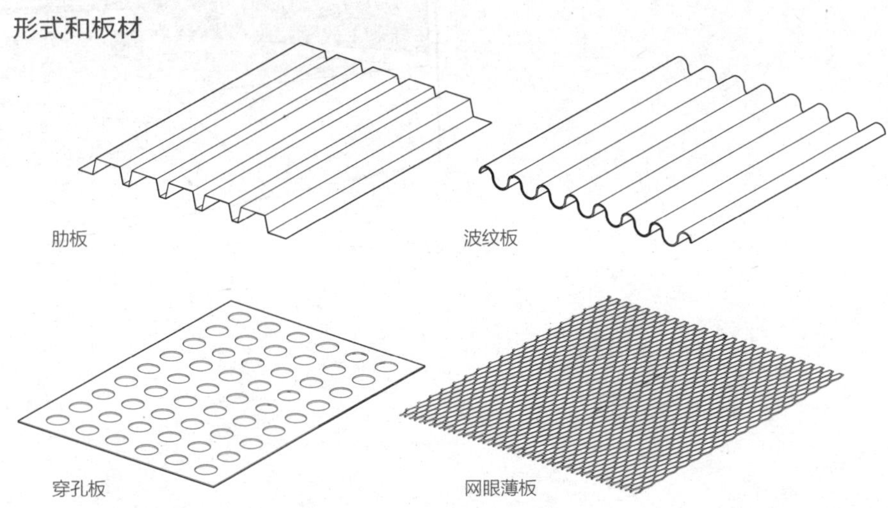

第4章　装修

室内装修包括所有看得见摸得着的材料和表面处理。材料的选择和构造方法取决于空间的功能、人流量、声学效果、耐火等级和美学效果。

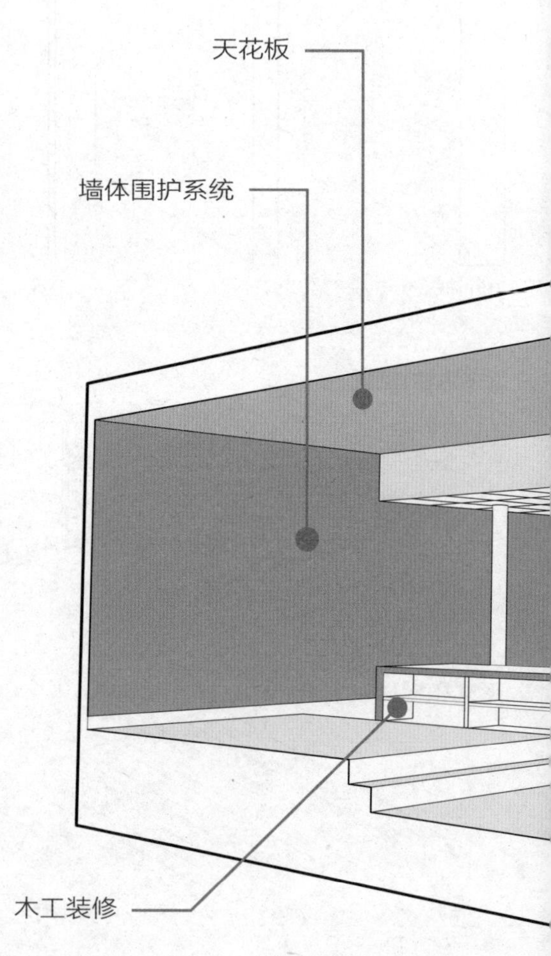

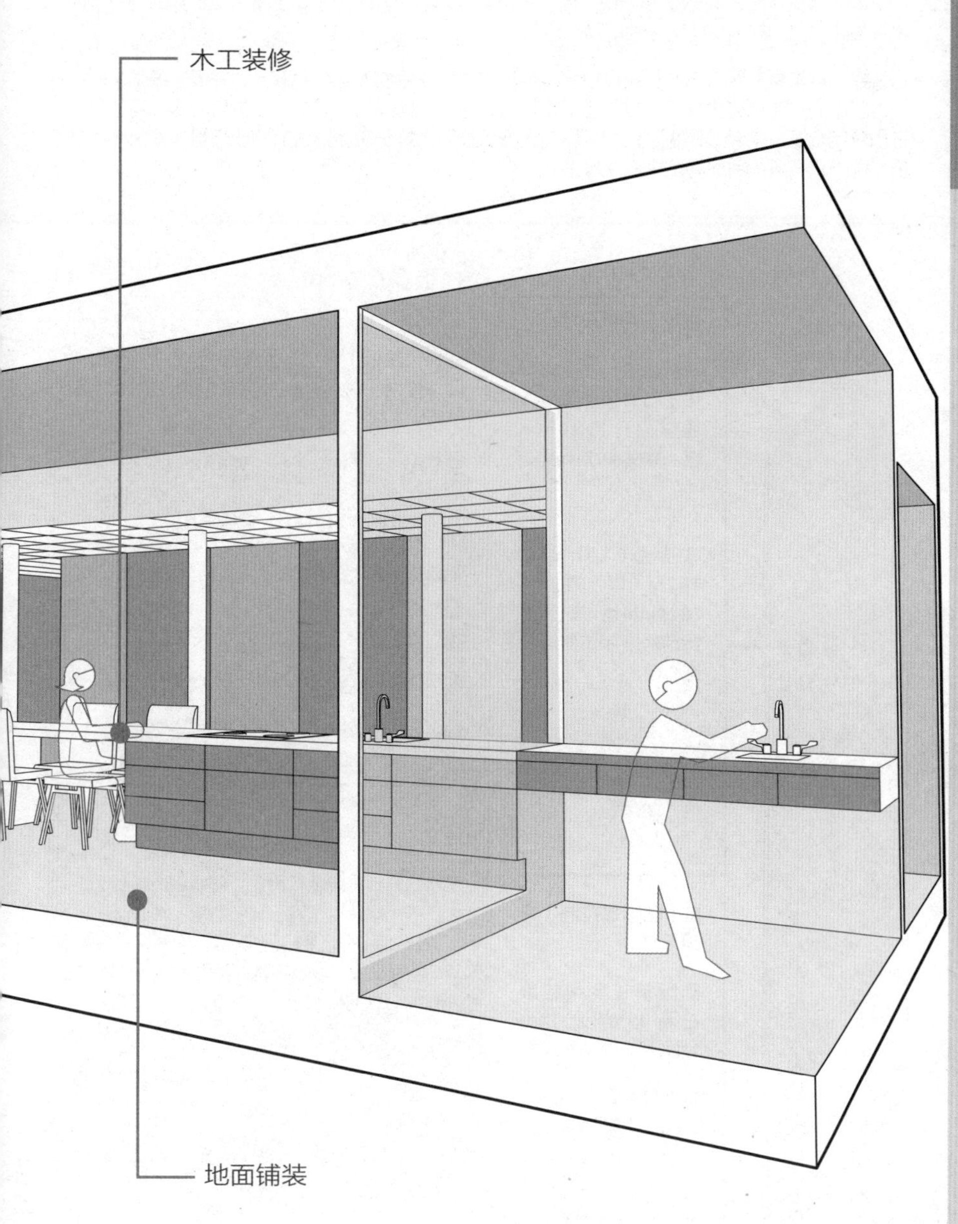
木工装修
地面铺装

墙体系统

石膏板

石膏板也称石膏墙板(gypsum wallboard, GWB)、干墙、灰泥板和石膏灰胶纸夹板（注册商标品牌名）。与抹灰相比,石膏板价格低廉，因为它所需劳动力少，时间短，也不需要过多的制作技能。尽管如此，它却有很好的耐火性能和隔音效果。

石膏是一种天然矿物，石膏板可以由水、淀粉和其他成分放入泥浆中混合，并置于纸张之间，通过相互之间产生的化学作用制成。当石膏板遇火时，其内部的水分会以水蒸气的形式释放出来，在水分完全蒸发前起着阻火层的作用；当石膏板被完全烤干后，残留的物质仍扮演着阻火层的角色，以防止石膏板后面的结构构件起火。

常用石膏板尺寸：

石膏板的尺寸变化取决于石膏板的类型。通常为：1220mm宽，2439~4877mm高。

宽度为610mm和762mm以及高度为1829mm也可以作为特定的预制装修板和空心板。

SI（国际单位制）常用尺寸

国际单位制中标准石膏板的大小为1200mm×2400mm。

其他尺寸有600mm、800mm以及900mm。

镶板类型

背板（垫板）：当需要多层板时，作为基本层（内层）使用，能够提高耐火性能和隔音效果。

空心板：稍厚一点的板（为电梯运输设计），厚度为25.4mm或50.8mm，用于围合烟囱管道、紧急疏散楼梯、电梯井和其他竖井中。

背箔板：能阻隔蒸汽，用作室外墙体和隔热材料。

预制装修板：板表面有各种装饰，如喷漆、贴纸或是塑料胶片，在不进行精装修时使用。

普通板：大多数情况下采用的板材类型。

X形板材：在空心内部，用短的玻璃纤维将煅烧的石膏残留物固定在原位置，以提高耐火等级。

耐水石膏板（绿色板材）：耐水板中有一层防水纸（浅绿色以区别于其他墙体）和防潮内核（同样适用于X形板材）。可作为潮湿地区中基础的铺面砖和非吸水材料使用。

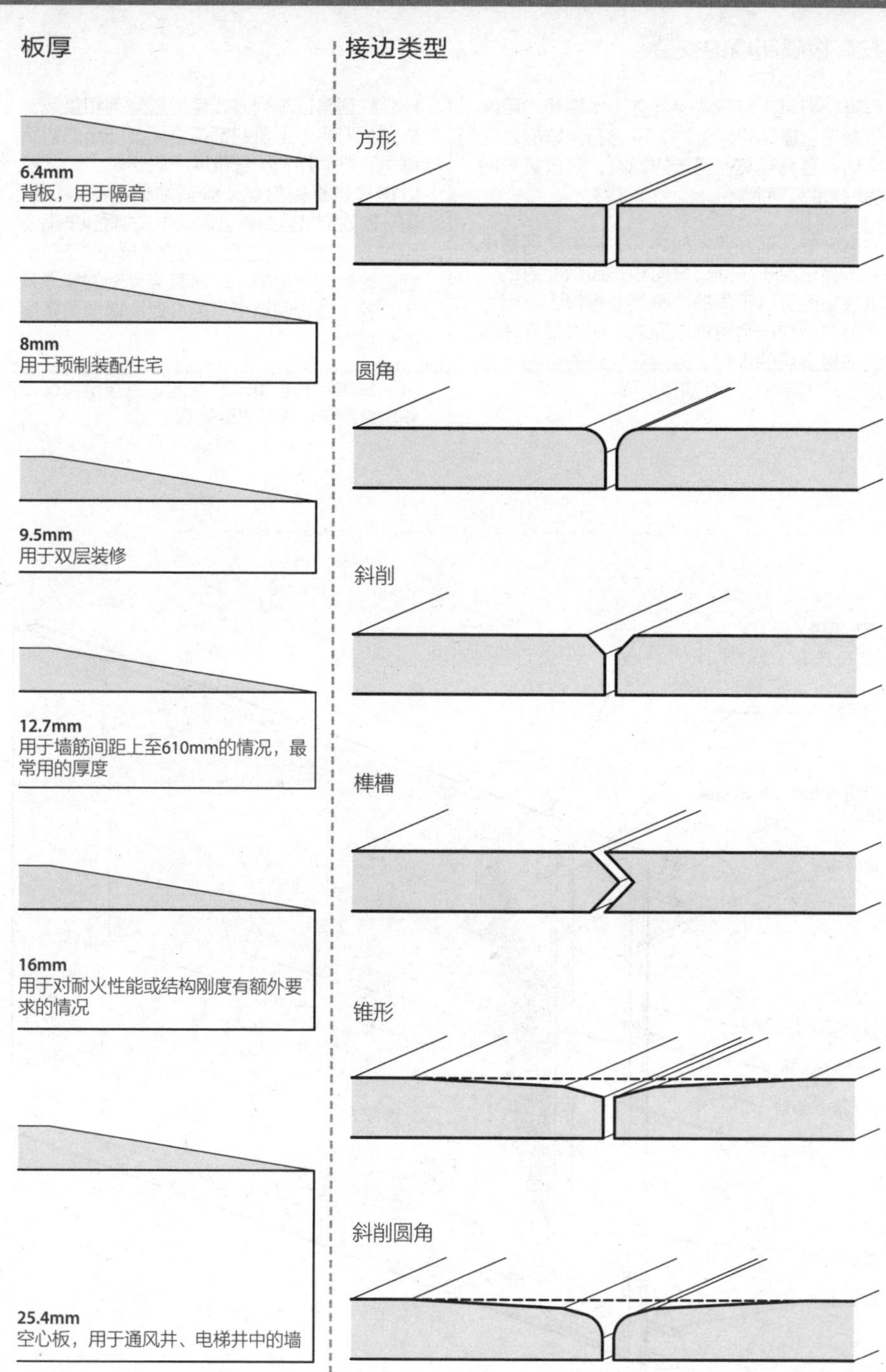
板厚
6.4mm
背板，用于隔音
8mm
用于预制装配住宅
9.5mm
用于双层装修
12.7mm
用于墙筋间距上至610mm的情况，最常用的厚度
16mm
用于对耐火性能或结构刚度有额外要求的情况
25.4mm
空心板，用于通风井、电梯井中的墙
接边类型
方形
圆角
斜削
榫槽
锥形
斜削圆角

石膏板隔断墙的安装

石膏墙板是用钉子或螺丝置于木墙骨和用螺丝置于金属墙骨之上的，不论石膏墙板是双层结构还是受其他因素的影响，其放置方向随墙骨的不同而不同。

通常来说，最好使木板之间的端拼达到最小（木板已经于表面、背面和长边缘面糊纸，木板之间又以不同的边缘类型相接），因为木板之间的结合更难以完成。如果要安装两层或更多层的木板，为应对额外的强力，各层木板之间的结合处应该交错。

结合处通常以下列方式使用密封剂和接条：先用瓦刀将一层密封剂抹进逐渐细小的边结缝里，然后用加固纤维网条附于其上，之所以这样做是因为在一些逐渐细小的边结缝里，密封剂被强力挤进网条中去填充V形槽。经过一夜的干燥之后，更多附着的密封剂使结合处变得平顺，以使其与周围的墙面齐平。各个墙板制造商可能会建议增加更多层的密封剂。

钉孔或螺钉孔也填满密封剂，且整个墙面在粉刷之前经过最后光砂处理。

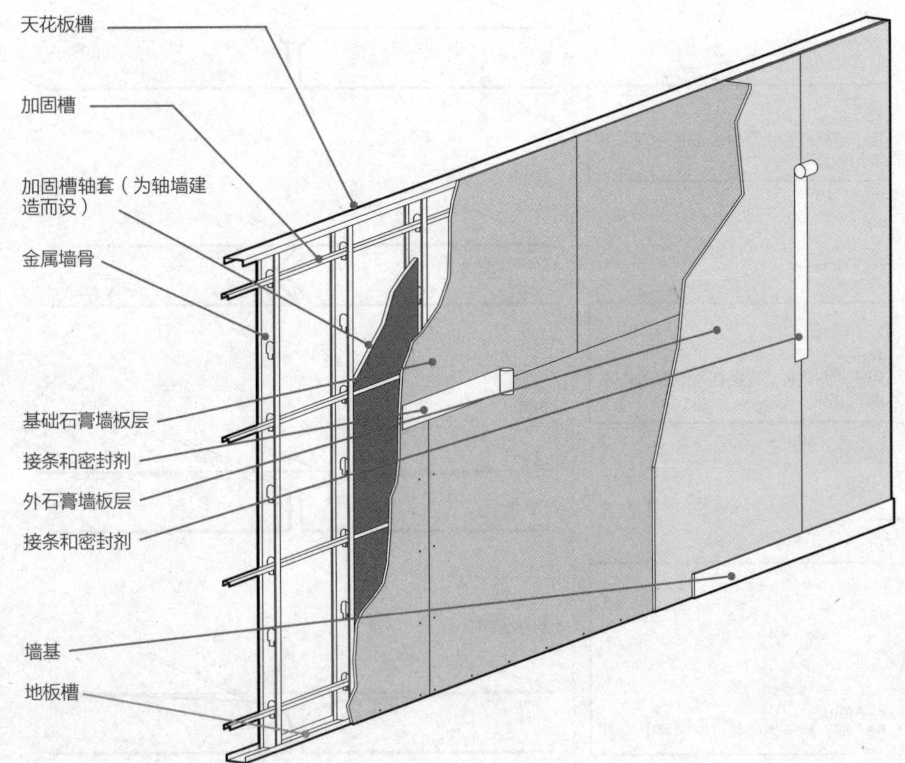

常见的石膏隔板墙装置

92mm STC（墙体标准传声等级）：40~44：（1层厚度为10mm的石膏墙板在41mm厚的金属墙骨的任何一边；表层为13mm厚的石膏墙板）

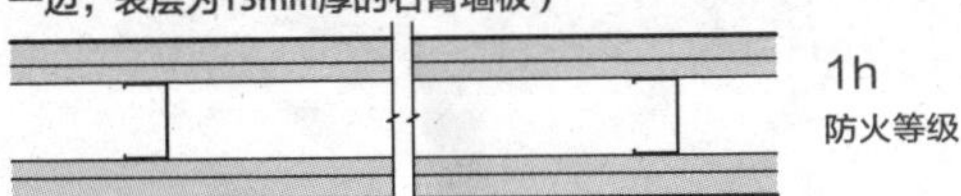

1h
防火等级

124mm STC：40~44（1层厚度度为16mm的X形的石膏墙板在92mm厚金属墙骨的任何一边）

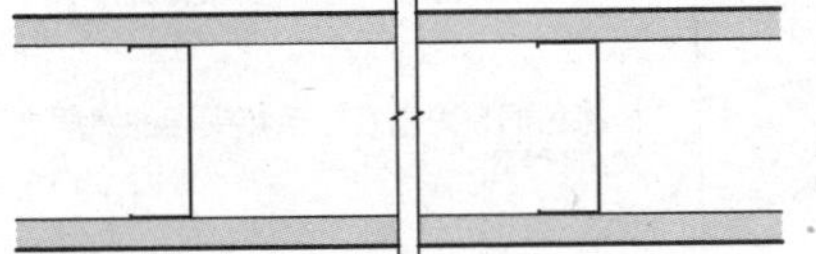

1h
防火等级

140mm STC：45~49（1层厚度为16mm的X形的石膏墙板在92mm厚金属墙骨的任何一边；一个表层厚度为16mm的应用薄状化合物的石膏墙板；89mm厚的玻璃纤维绝缘材料填入墙腔内）

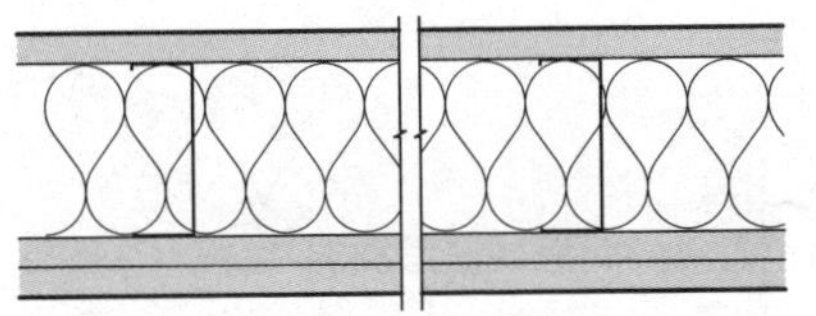

1h
防火等级

159mm STC：55~59（2层厚度为16mm的X形的石膏墙板在92mm厚金属墙骨的任何一边；一个表层厚度为6mm的应用薄状化合物的石膏墙板；38mm厚的玻璃纤维材料填入墙腔内）

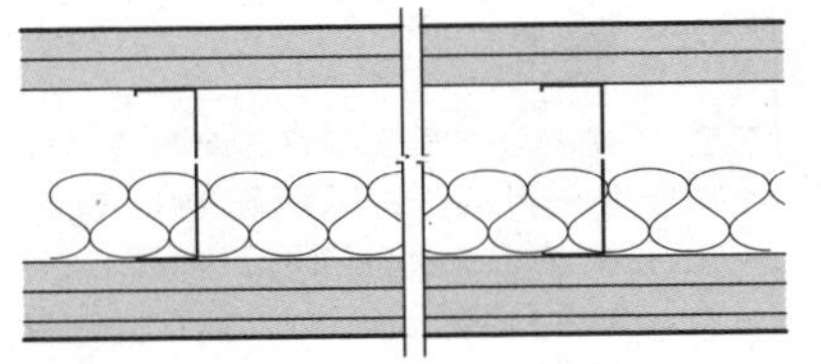

2h
防火等级

防火的钢结构部件

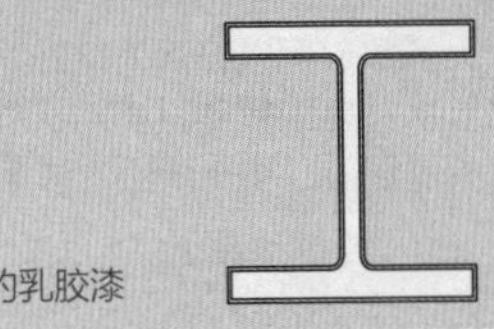

内缩的乳胶漆

金属板筋和石灰包被

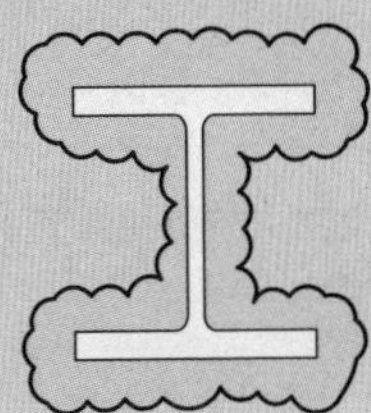

喷洒附着式防火

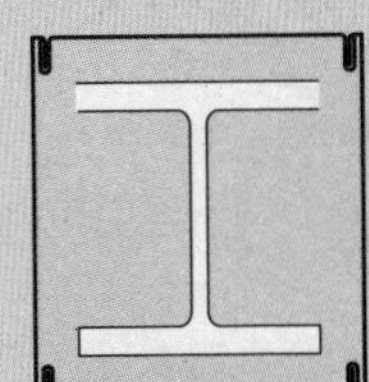

片状金属包被且内部填充疏松的绝缘材料

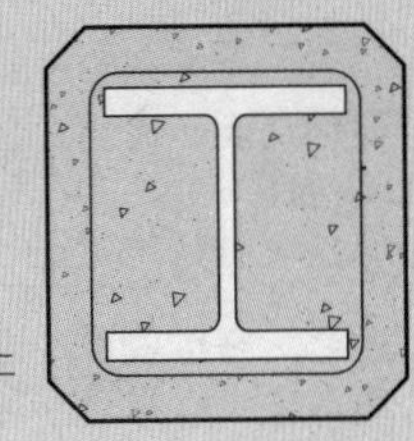

加固混凝土包被

多层石膏板包被

灰泥

如今大多数灰泥以石膏为基础。石膏经焙烧之后被磨碎成精制的粉末，当再次和水相混时，它就能够复水并且恢复到其初始状态，当其变硬成为具有极好的防火性能的灰泥时体积不断膨胀。这一形成过程可以和一种聚合体相混，可以用手或直接用机器涂覆于砌体墙上或板条体系上。

灰泥类型

计量灰泥：混合有掺加石灰的油灰以满足加速安装和减少裂缝的要求；可能会和装修水泥混合以创造高质量的装修面。

石膏灰泥：和沙子或轻量聚合物一起使用。

高强度的基础层：在构造高强度的基础层时使用。

干固水泥：高强度并且有非常强的和防裂的饰面。

模塑水泥：快凝以应对模塑装修和檐口的建造。

粉饰灰泥：波特兰灰泥-石灰灰泥；用于外墙或有湿气的部位。

混合木纤维或珍珠岩集合体：质量轻并且有好的防火性能。

板条组装

灰泥覆于金属条上

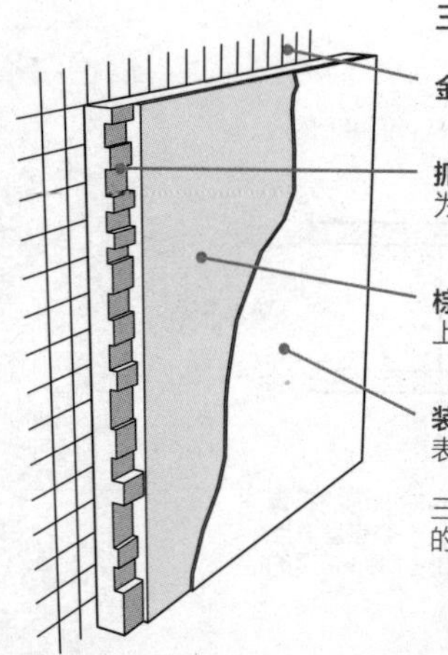

三层灰泥

金属条：延展的金属或网眼（钢）

抓层：粗略地抹泥于金属网以抓墙，为下一层创造一个有刮痕的表面。

棕色层：附着在板条和变硬的抓层之上；与长直边对准。

装修层：非常薄的外层（4mm），其表面可能是平顺的或有织纹的。

三层的总厚度大概为16mm，能提供好的防火性能和耐久性。

灰泥覆于石膏板上

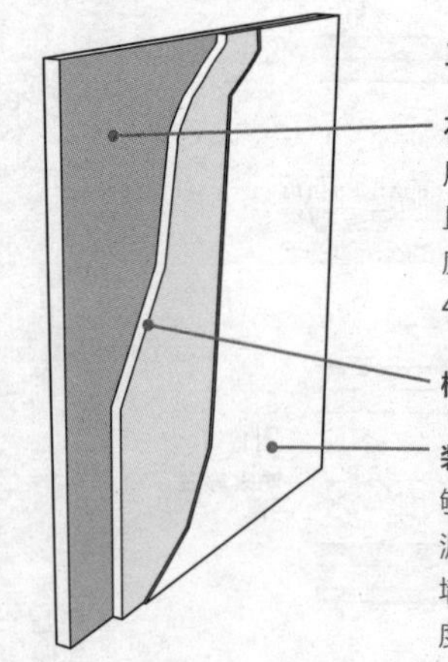

二层或三层灰泥

石膏板：变硬的石膏灰泥核，它是用外层片状的吸水纸黏附于灰泥并且用防水的内层去保护内核。用厚度分别为10mm和13mm的、规格为406mm × 1219mm的木板。

棕色层

装修层：如果石膏附着于墙骨，它就足够坚硬以至于只需要两层灰泥；实心灰泥墙（灰泥涂于石膏的任何一侧，没有墙骨）需要三层灰泥。一侧的灰泥总厚度为13mm。

饰面板灰泥

饰面板灰泥是价格更便宜、劳动集约度低的灰泥体系。饰面板基是特别的，它的作用机制很像标准的石膏板墙体系，它装饰平顺且齐整，以为密集的饰面板灰泥提供最好的表面。这种灰泥应用于紧接着的两层，其中的第一层称为表层，几乎是立干。灰泥总厚度大约为3mm。

灰泥覆于砌体之上

灰泥可直接应用于砖块、水泥块、纯水泥和石头墙。在施工期间，墙体应该首先被弄湿以防灰泥脱水。通常来说，一共需要三层，总灰泥厚度为16mm，尽管在许多情况下砌体表面的粗糙程度决定了其厚度。在砌体或其他墙体不适合直接应用灰泥的地方（如果那里有水汽或者水汽凝结或者一个空心部位需要填充绝缘材料），灰泥和板条就覆于附着在墙体上的副龙骨上。

墙的总成

灰泥和板条组装可以应用于桁架柱、钢柱或木柱，另外还有横筋。厚度大约为51mm的固体灰泥墙有时用于稀缺空间，它们通常由位于金属网或石膏板任何一边的石膏组成，在地板和天花板上被金属滑条支撑着。

如今木板条已很少使用，这样有利于造价更低和应用更持久的板条类型。

修整形状

天花板模塑

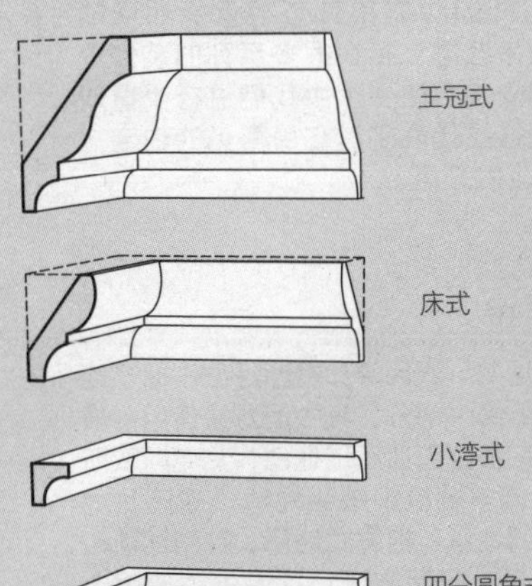

通用模塑

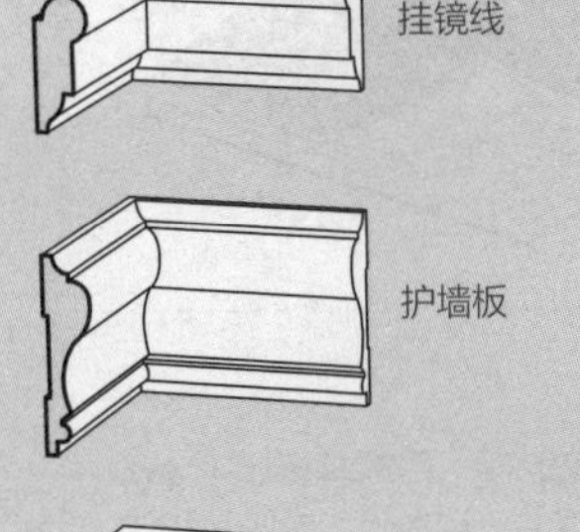

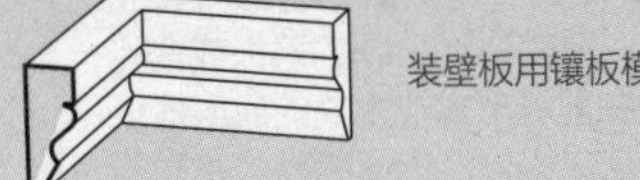

基板

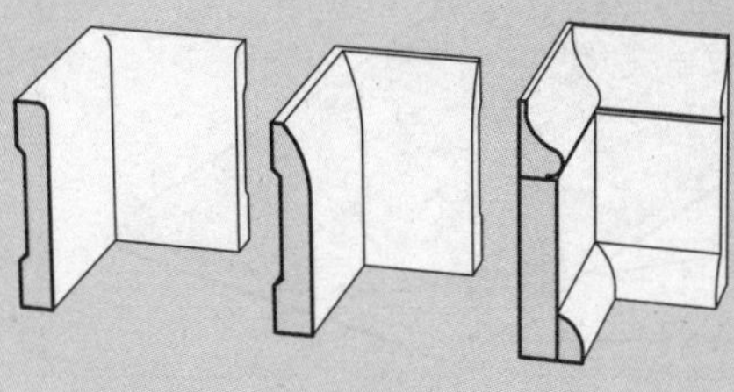

地板装修

地板会受到来自脚、家具、灰尘和水的有规律的损坏和伤害。地板装修材料的选择应该从空间的功能和其必须承受的活动流量方面来考虑。存在很多系列的装修地板类型和安装方法，从中我们进行少量取样，这些样品代表了其在最常见的住宅上的和商业上的应用。

地毯式地板

毛织物、尼龙、聚丙烯和聚酯纤维占据了地毯织物中的绝大部分，其中尼龙是使用得最广的。结构类型包括丝绒地毯、艾克斯敏斯特地毯、威尔顿机织绒头地毯、成簇状地毯、针织的地毯、棉屑式地毯、针刺地毯和焙结式地毯。安装方法包括牵张（使用卡钉）、直接胶粘和双面胶粘。

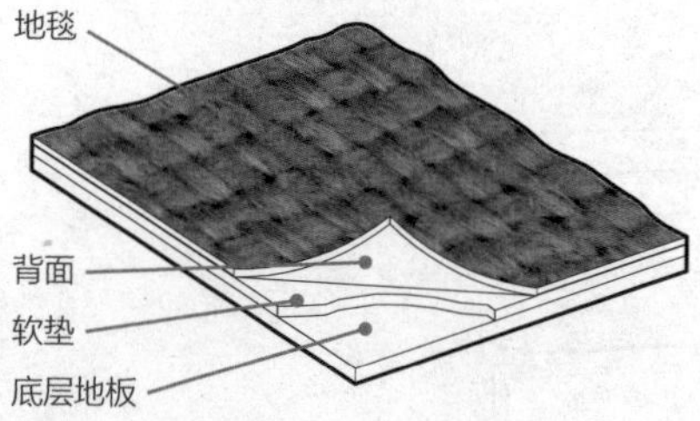

弹力地板

塑料薄膜、均匀的胶地板、乙烯基瓷砖（vinyl composition tile, VCT）、软木砖、橡胶片和油布是常见的类型。厚度为±3mm的薄板或瓷砖作为地板被胶粘在混凝土式或木式的底层地板上。大多数类型可以以包括无缝的整体槽基的形式来安装。

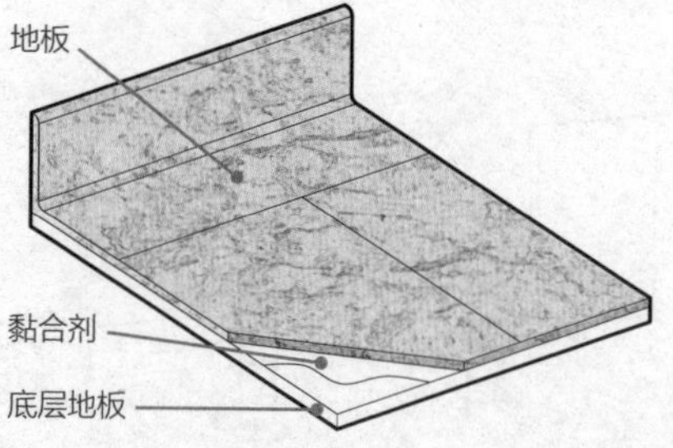

木地板

木材可以提供多种宽度和厚度，以及多样的安装方法。橡木、桃木和枫木是最常用的木材，几乎任何木材都可以被加工成条状地板。稍厚些的木板应被安装在更大用途的区域。

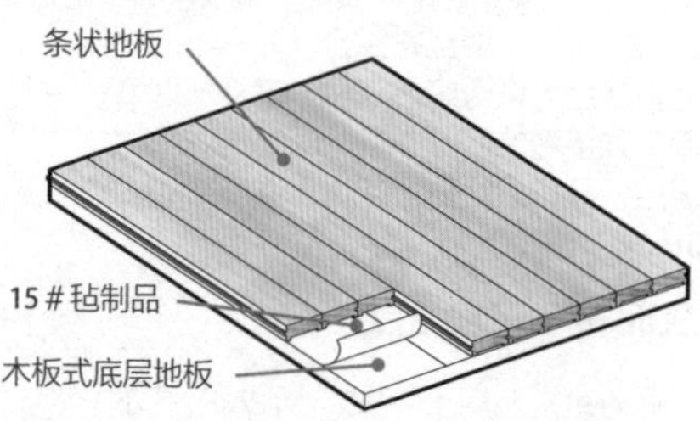

瓷砖或缸砖式地板

对于稠密式铺装，瓷砖铺于25mm厚的波特兰水泥灰浆之上，对于稀松式铺装，瓷砖铺于3mm厚的干式灰浆、乳胶–波特兰水泥灰浆、有机黏合剂或改进的环氧乳浆之上。

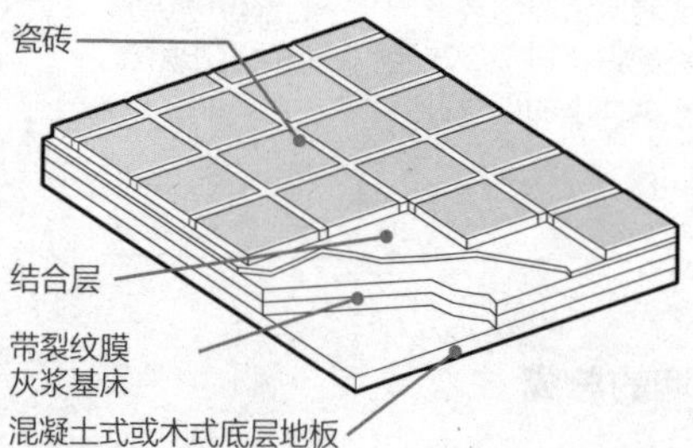

水磨石式地板

水磨石是一种灌注成的或预制的材料，它是由石片和水泥基体（环氧基树脂、聚酯、聚丙烯酸酯或导电的材料）组合而成。

外形类型从标准的（小片尺寸）到威尼斯风格的（大片和小片夹杂），从帕提第娜式（大而随意的大理石厚片和小片夹杂）到乡土式（统一的纹理加上受抑制的基体来暴露水磨石中的碎片）。

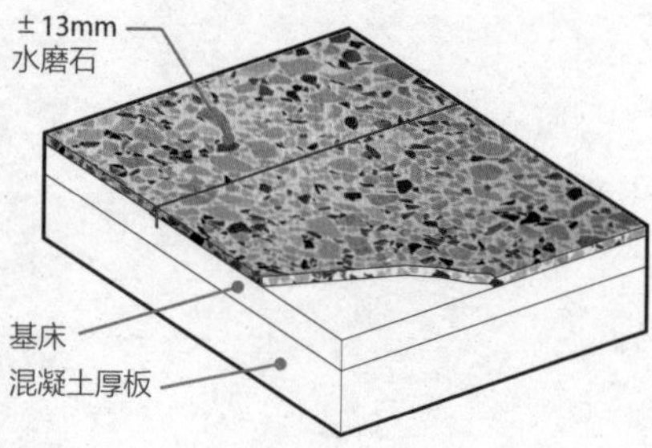

天花板

附着式天花板

石膏板、灰泥、金属和其他材料可以直接附着在结合处、椽和混凝土板之上。附着式天花板以和墙体一样的方式建造。

悬吊式天花板

尽管石膏板、灰泥或纤维状板条都是最常用的，但悬吊式天花板系统几乎可以支持任何材料。规则的金属薄片C形槽网用挂式金属线从建筑物的上方悬吊下来以支撑石膏板和灰泥。

上方建筑物和悬吊的天花板之间的空间称为压力送风道，其为管道系统、导管和其他设备提供了安放的地带。

通用镶板尺寸/（in x in）（括号内为mm x mm）	
12 x 12	(305 x 305)
12 x 24	(305 x 610)
24 x 24	(610 x 610)
24 x 48	(610 x 1219)
24 x 60	(610 x 1524)
20 x 60	(508 x 1524)
30 x 60	(762 x 1524)
60 x 60	(1524 x 1524)
48 x 48	(1219 x 1219)

纤维状的镶板是为人所知的声学的天花板砖（acoustic ceiling tiles, ACT），它们是由具高吸声性能的矿物纤维或玻璃纤维组成的轻量木板。它们很容易掉入一个用挂式金属线悬吊着的半外露式的嵌入墙内的或者是隐藏的金属球座网中。好的声学的天花板砖有很高的减噪率（noise reduction coefficient, NRC），这是指它可以吸收大多数接触到它的噪声。相反地，石膏和灰泥的减噪率非常低。然而轻量镶板噪声则可以完全通过，这就会限制共用压力送风道的空间在声音上的隐秘性。用片状的含声材的合成镶板作基材可以缓解这个问题。声学镶板可能混入其他材料，像穿孔的金属、聚酯薄膜和厚顶膜等。

天花板砖可以轻易移动，以为压力通风道提供可以维修设备和系统的通道。

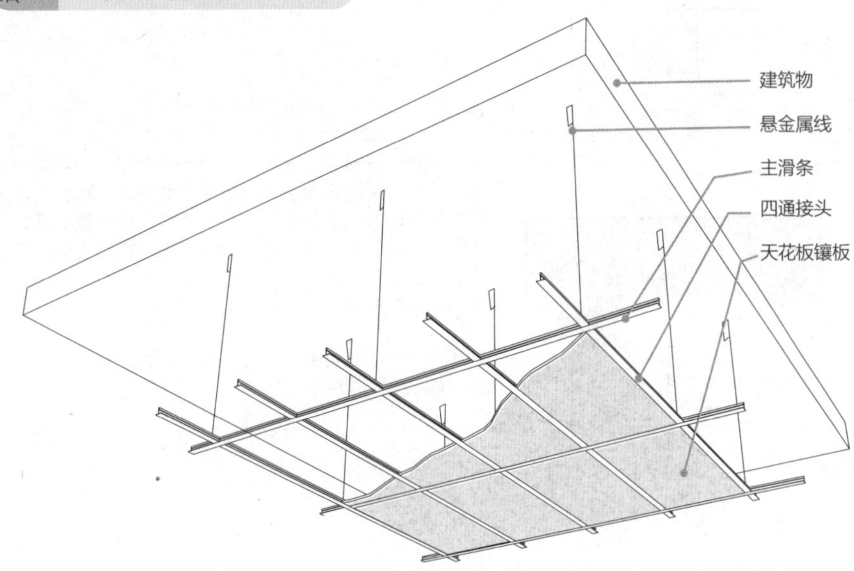

木制品装修

建筑物内部的木制品部件叫做预制木质建筑材料，它们的安装被称为木制品装修。用作预制木质建筑材料的木材包括多种实木和薄木片的组合。通常来说，当这些材料用作框架时具有更好的特性。和木制品以及与其安装相关的预制木质建筑材料被称为台柜。

常见的厨房工作台面

塑性薄片

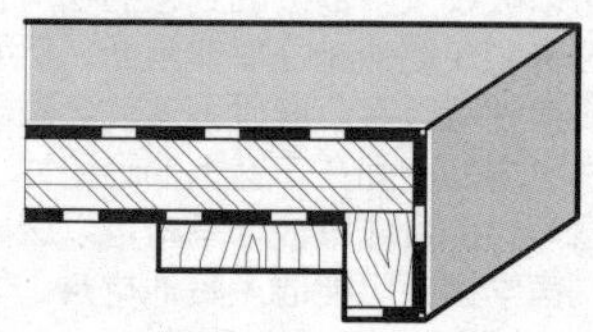

塑料层压材料柜台可能来自热塑加工，加工之前薄片材料已经胶粘于刨花板平台，并且和后挡板以及外圆角的前边缘组成一体。

也有可能应用塑性薄片作为薄板——通常为1.6mm厚——用一种联结黏合剂结合。装饰性的塑性薄片上覆有一层印有木纹理样式或其他影像的薄纸。

石头

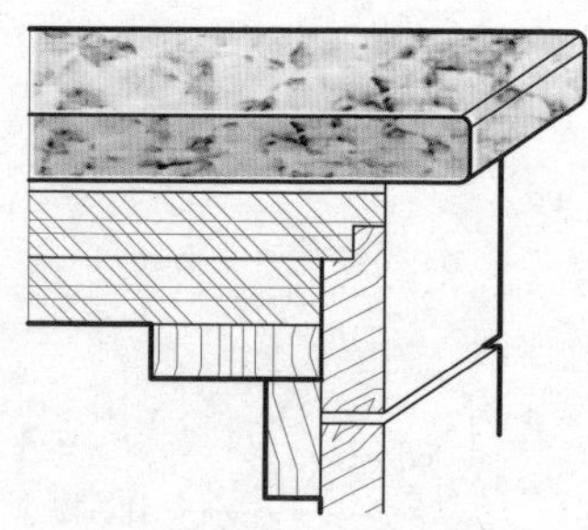

花岗岩、滑石、大理石或板岩制的实心石头式的工作台面（通常以薄铺的水泥床为基础）是耐久的并且可以抵抗大多数常见的厨房或浴室的损坏和伤害。底层通常是两层的胶合板或刨花板。石材的厚度根据其类型的不同而不同，但是大体上在19~33mm之间。

灌浆石砖是更轻、更便宜的选择。

固体表面

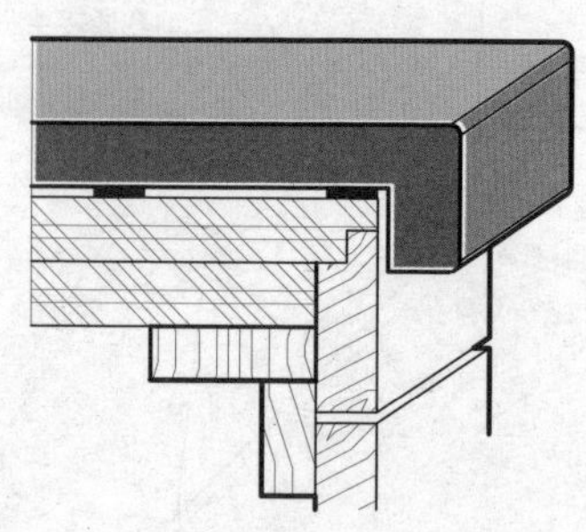

固体表面一般的组成成分是高分子聚合物（丙烯酸树脂或不饱和的聚酯树脂）、氢氧化铝填充物、颜料（着色剂）和催化剂。固体表面无孔、质均（始终具有同样的外形）、强度高，并且具有紫外线稳定性和表面硬度。它们可以防水、防撞、防化学品、防污和防高温。而且，固体表面可以经砂磨和磨光恢复到其原始面饰。

固体表面材料具有多功能性，并且其有多样的颜色、质地、图案和半透明性。

木基板类型

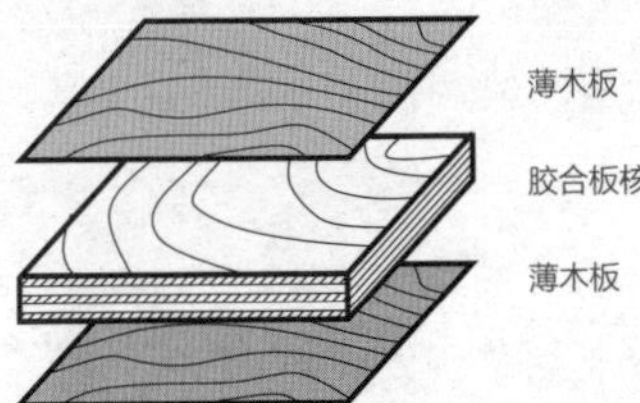

单板芯的硬木胶合板：单板芯的硬木胶合板（veneer core, VC）是一种常见的胶合板（典型，冷杉木），其表面是装饰有木纹表面的薄板；它相对较轻并且易于拿握。

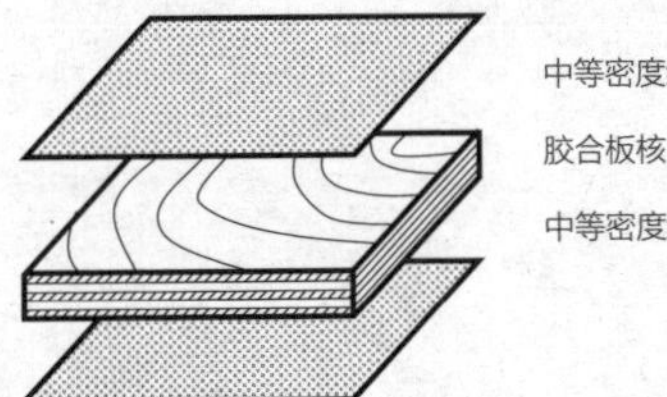

中高密度的层叠薄板：中等密度和高密度的层叠薄板通常是常见的有中等密度纤维表面的胶合板，从而得到一种比全中等密度纤维质量更轻并且比VC具有更光滑和稳定的表面的嵌板。

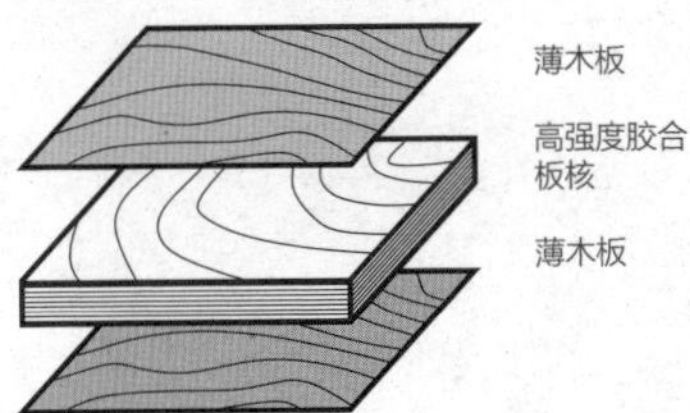

高强度胶合板：高强度胶合板（high-density plywood, HDP）比一般的胶合板有更多片板和更少的空隙。它的强度和稳定性使其能够用于木制品，它通常由桦木（波罗的海式）或枫木（阿普比式）制成。

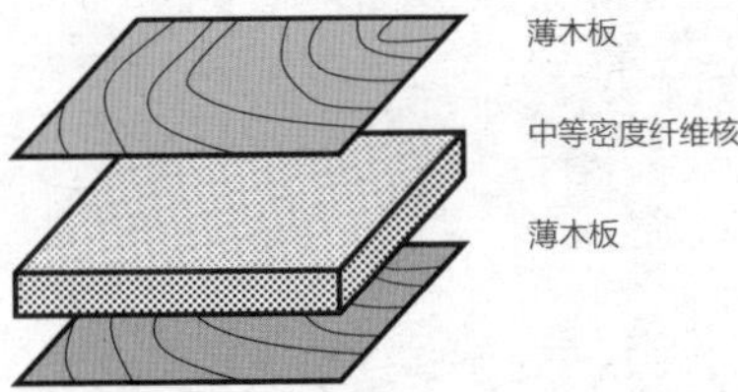

中等密度纤维核硬木胶合板：中等密度纤维核（medium-density fiber, MDF）是由精木木灰和黏合胶在嵌板内热压而成。当其是用薄木板做表面时，可以使用涂料级空白木片，而干燥的MDF从内到外具有一致的颜色。尽管在木制品和架子的制造上，其是理想的材料，但全MDF质量很大。

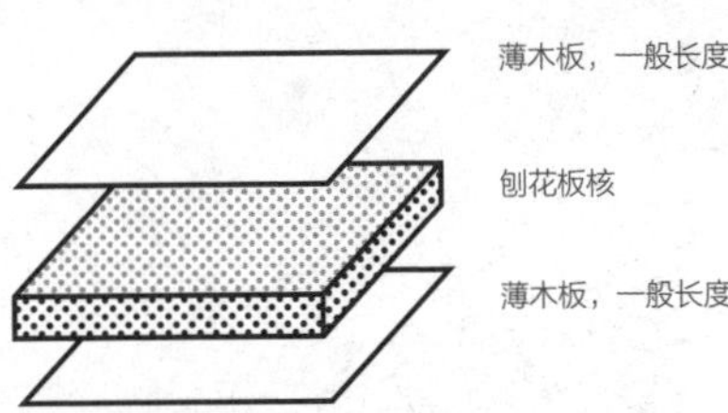

刨花板核胶合板：刨花板核胶合板由粗糙的木灰和黏合剂在嵌板内热压而成，它与高密度的层叠胶合板相比质量更轻，主要是因为使用了木灰制成。由于其表面更粗糙和更不平整，对于其他许多产品来说，它是一种理想的基片。

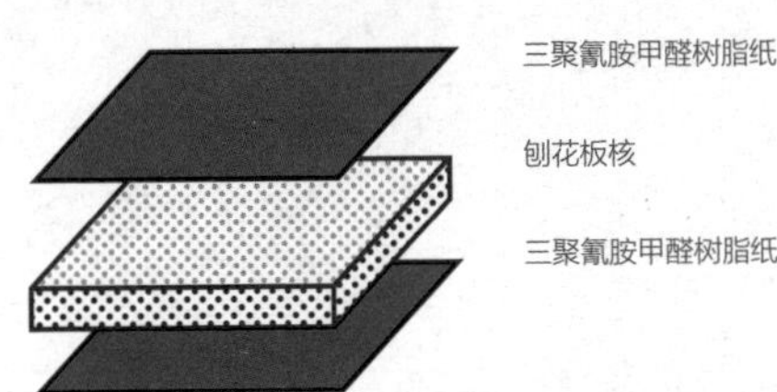

蜜胺树脂：蜜胺树脂由刨花板核和热熔聚酯、酸性纸面饰组成。尽管其名称不是指其挂面纸中的树脂，但是整个产品指的就是蜜胺树脂。蜜胺树脂对于木制品是理想的用材并且其有多种颜色。中等密度纤维也可以用作基片。

2 结构和系统

单个建筑师很少去设计一座建筑物的方方面面。创造一个可以使建筑物稳立和运作良好的体系需要众多的专业团队。这些系统的协调配合开始于其建造的早期并且即使于建筑物建成之后也可能继续发挥作用。在设计的过程中，建筑物是一个连续变化的有机体，当为其内容系统确定形体、尺寸以及设计完成和再改进时，建筑物同时也在不断地生长和萎缩以容纳这些系统，同时还需要建筑师和咨询商之间连续不断地交流。

直到特定的系统安排妥当后才可以做出许多决定。例如，在可以尝试一个初步的模式分析之前，必须要了解建筑材料、建筑构造、建筑使用及建筑布局。这些模式分析可能因为新的信息而改变，比如对更宽的出口楼梯的需求，更多的通道走廊，或对喷洒装置系统更长远的规定。容纳更大的楼梯和更多的走廊会影响建筑师对空间的安排——或者可能对建筑物的尺寸产生全部的改变，这样就会反过来需要更便宜些的包层材料——和更多的喷洒装置从而需要更多的管道。这种取舍过程贯穿于建筑物设计过程，最后（通常）可得到设施系统、空间和材料的和谐共存。

第5章　结构体系

一座建筑的建造元素——墙体、框架和地基通过抵抗重力（垂直作用力）和横向的（水平的）荷载如风和地震来支撑建筑（或压低建筑）。一座建筑的建造系统的首要组成部分包括它的地基系统和框架系统。任何一种系统类型的选择因许多因素的不同而相异，其中包括建筑使用、期望高度、建设地点的土壤条件、当地的建筑规范和可获得的材料。在没有改变建筑的强度和稳定性时，一座建筑的构造元素不能够改变。

负载

所有作用于建筑结构上的压力，不论其多么复杂，都可以分解为张力和压缩力。一般而言，一座建筑的结构必须受到与其向下压的重力同样大小的力来使其抬升，其中包括所有固定的恒载和不同的活载。

张力是一种拉力和伸展力。

压缩力是一种压力、推力或挤力。

恒载：固定的、静态的负载组成建筑物自身的结构、表面、设备和其他固定的元素。

活载：变动的或暂时的负载，如居住者、家具、冰和雨雪。

风力负载：来自风的压力，其会影响横向的负载，有可能还影响作用在屋顶上的向上的作用力或向下的压力。

其他的负载：冲击负载、冲击波、震动和因地震引起的负载。

结构术语

拱：一种通过把垂直荷载转化为轴向作用力来支撑垂直荷载的结构设备。

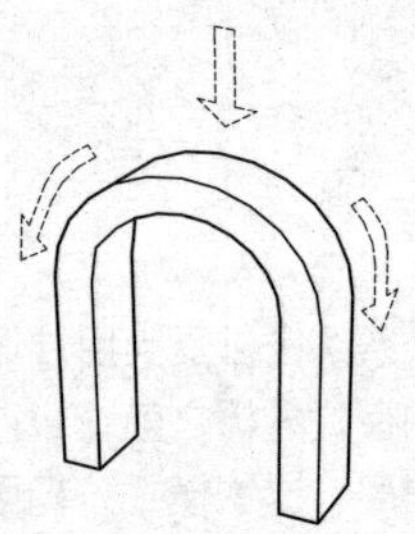

轴向作用力：一种内部作用力系统，其结果是形成一种沿着结构部件或结构整体的经度轴方向的作用力。

横梁：横跨一个开口并且被墙体和立柱支撑住两头的一种水平的线状要素。

拱壁：紧挨着墙面的垂直的团块，以加固墙体和抵抗来自拱顶的向外的压力。

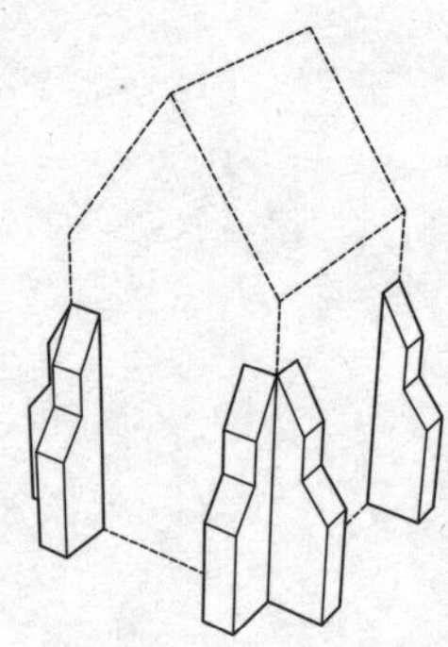

悬臂： 伸展超出其最后支承点的水平的横梁或厚板。

立柱： 以压迫的方式作用的直立的结构元件。

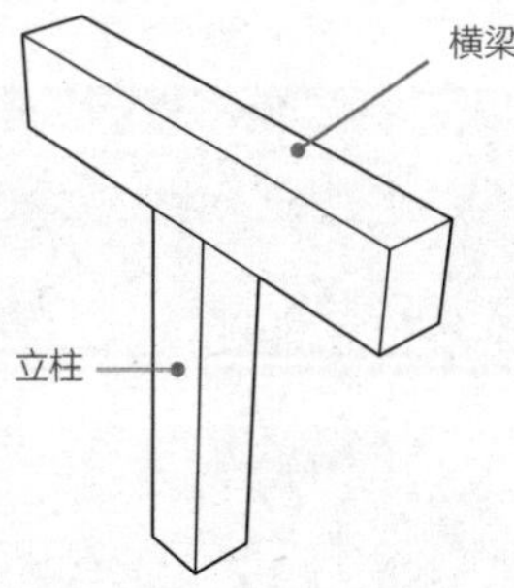

圆屋顶： 拱形按计划旋转后得到一反向的碗形形式。

主梁： 水平的横梁，一般体积非常大，起支撑其他横梁的作用。

过梁： 用于横跨墙体中留作窗户或门口用的开口的横梁。过梁起支撑和分散开口之上的墙体的负载的作用。

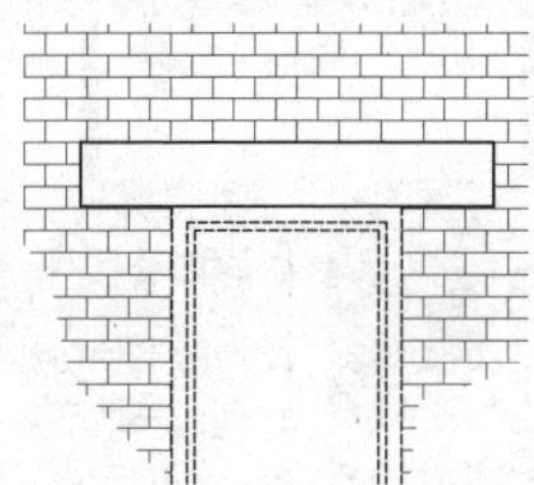

预应力： 将一压缩的压力应用到一混凝土结构元件中，其方式有预拉伸（在拉伸的钢线周围灌注混凝土，一旦混凝土固化之后释放外部压力到钢线上）或后加拉力（在混凝土养护之后高强度钢筋紧靠混凝土结构元件的相互作用力）。

挡土墙： 用于调节在地面抬升上突然的改变和抵挡横向的土壤压力。

剪力： 一种内部作用力系统，其结果是形成一种正交于结构部件或结构整体的经度轴方向的作用力。

支柱： 暂时的、垂直的或倾斜的支撑。

坍落试验： 在有潮湿的混凝土或石膏放于特定尺寸的金属圆锥体状的模子中，并且允许在移动圆锥体之后其在自身重力作用下下降的地方做试验。材料的作用一致性指数由模子的高度和下滑的混合物的高度之间的距离决定。

张力： 一物体在一点上的变形强度。

压力： 作用在一物体上的一点的内部作用力强度。

拱顶： 受挤压的拱。

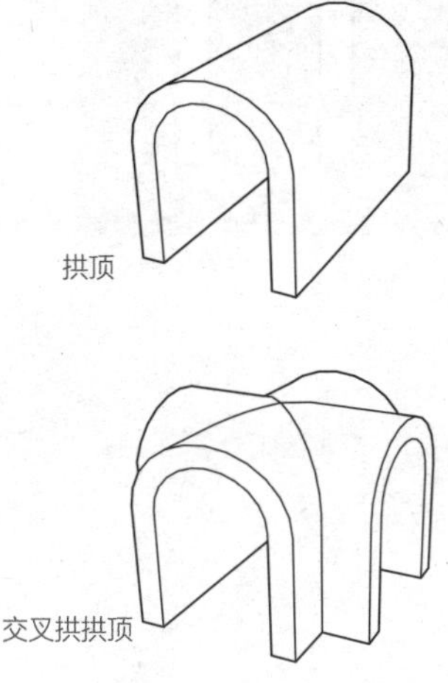

材料

建筑框架要素由木材、重木材、混凝土、砌体、钢或者以上这些材料的结合物组成。

地基系统

地基系统的选择取决于很多因素，包括建筑物的体量和高度，地下土壤的质量和地下水的状况，建造方法以及环境上的考虑。

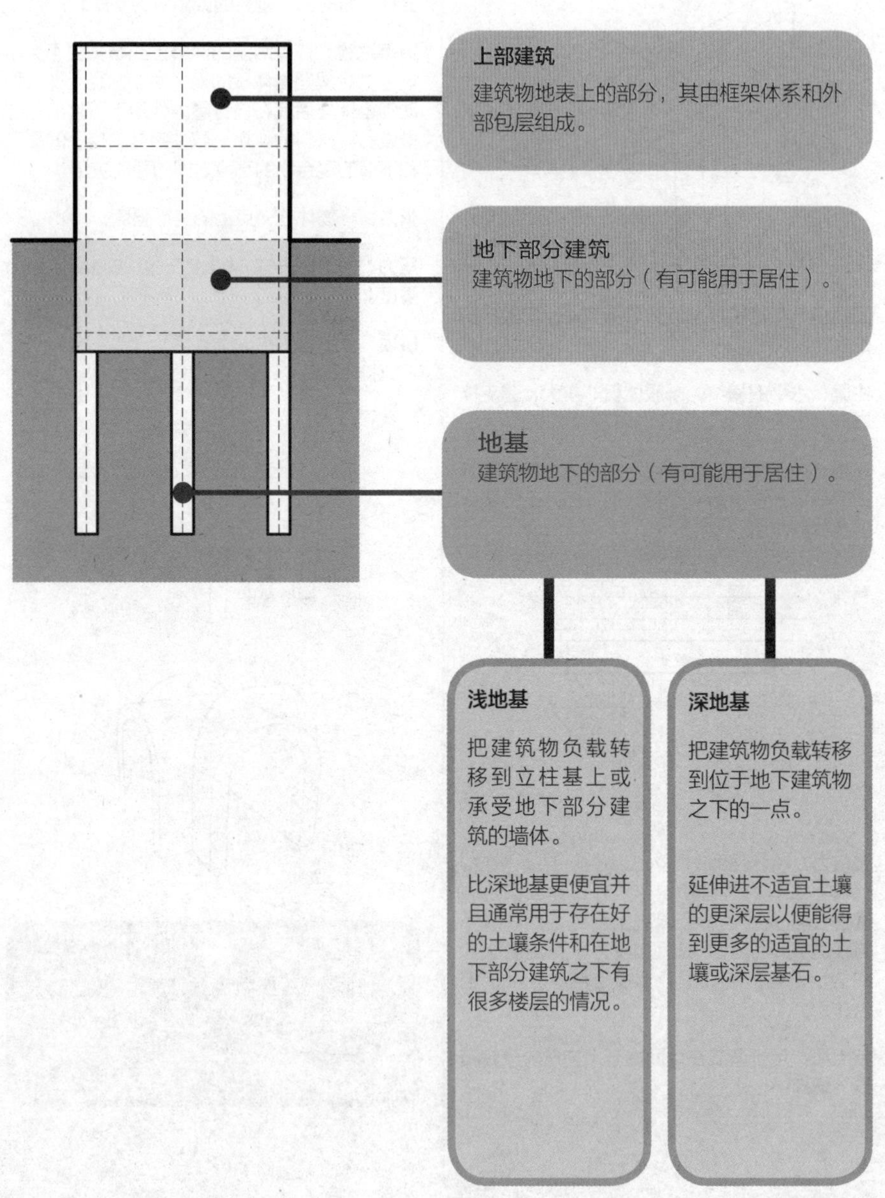

浅地基系统

基脚

混凝土基脚可能呈立柱衬垫的形式，以分散来自立柱的负载，或者呈板条状基脚的形式，其衬垫以同样的方式承受墙体。

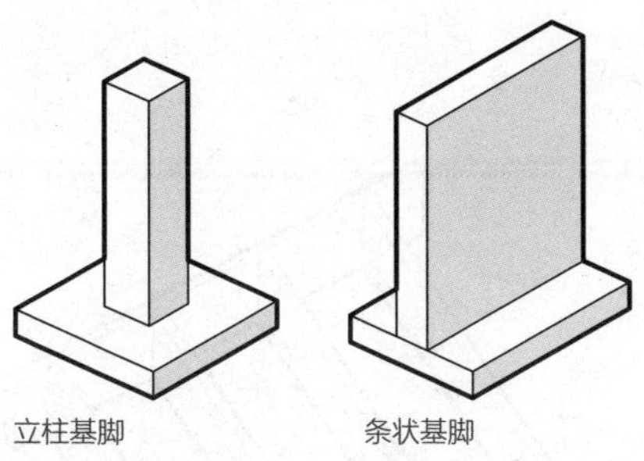

立柱基脚　　条状基脚

斜坡混凝土板

用于一层或两层结构，这种便宜的地基有加厚的边缘，并且可以铺于地表面作为连续的混凝土路面。

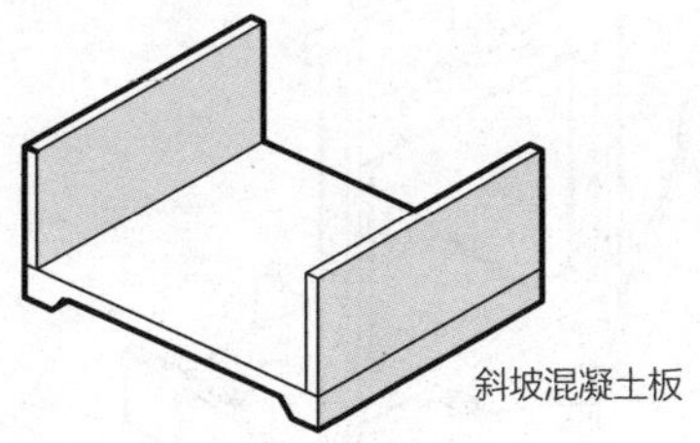

斜坡混凝土板

板式基础

在这种地基系统中（也被称为筏式基础），整座建筑物立于大而连续的基脚之上。它通常用于解决特殊的土壤或设计条件方面的问题。“浮动的”或“补偿的”板式基础有时应用于差的土壤条件。浮动的板式基础置于建筑物的下方，其深度要达到使移土量和建筑物的总重量相等。

深地基系统

沉箱

为建造一个沉箱（也被称为“挖孔桩”），需要通过位于下部建筑物之下不适宜的土壤来钻孔或挖洞，直到出现石块、密集的沙砾或者坚实的泥土。如果沉箱底部将置于土壤上，孔洞就会底部朝上以得到一个类似于基脚的支撑区域，然后将孔洞内充满混凝土。沉箱的直径的可能范围为457~1829mm。

桩柱

桩柱和沉箱相似，但是它们是被敲进设桩所在的地方，而不是钻洞或灌注水泥。它们可能由水泥、钢铁或木材或者以上这些材料的结合物组成。桩柱以集束的形式紧密地聚在一起，然后被切断以2~25个为一组被覆盖。建筑物的立柱立于最上层的柱帽上。承重墙常立于加固混凝土地基横梁上，地基横梁横跨柱帽之间，将墙体的负载转移到桩柱上。

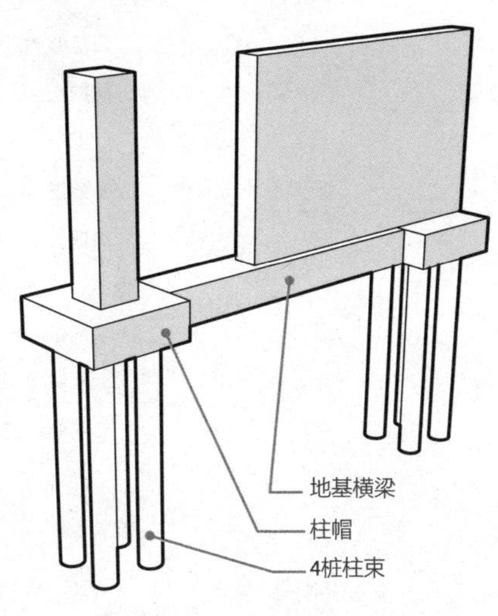

木制轻框

建造木制轻框架要使用木制墙骨、楼层接头、椽、立柱和横梁这一体系以为已应用的内部和外部的装修面创造结构和框架。作为一种建筑材料，木材相对便宜，功用多样，可迅速竖立。在中心上为墙骨和楼层接头而设的典型的间隙为305mm、406mm或610mm。这些尺寸和典型的墙体、楼板和天花板材料单元尺寸如石膏墙板和胶合板单层板是相容的。当完整的国际单位制转换在美国出现时，这些建筑材料在单位规格上就会发生改变，并且框架系统的尺寸将会转换应用于世界其他地方的公制模数制。

外墙防护物通常是胶合板，其作用是为灰泥、侧线或者甚至是砖块和外立面提供基础；龙骨之间置放绝缘材料。最常见的构架方法是平台构架，在多层建筑的框架制作中，水平面一次建成，这样以使每一层的楼板可作为平台来支持位居其上的墙体。在轻捷型构架中，窗台到屋顶的墙骨是连续不断的；中间的楼板结合处嵌入一带状物，该带状物出现在楼地板线上并附着于龙骨。轻捷型构架更多地用于老房子，现如今已很少使用。

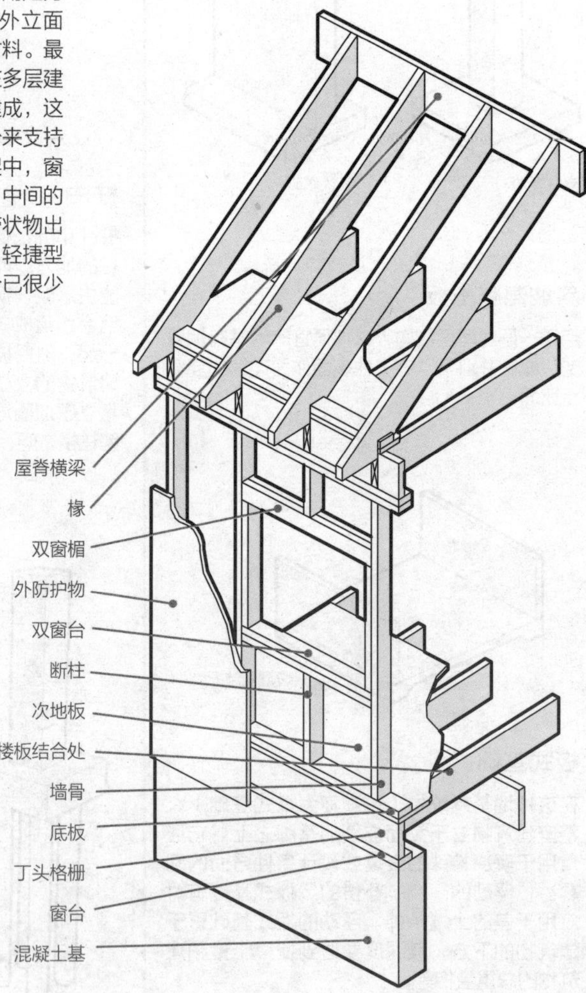

重型木

建造重型木要利用特定的最小尺寸的工程木以取得更大的结构强度和防火性能，然后才有可能建造木制的轻型构架，同时也可以利用到外露的木材在美学上的价值。为取得高水平的防火性能，在重型木建造的过程中，要严密地调控建造细节、加固和木材处理。

盖板

楼层板横着铺跨于楼板横梁之间；装修楼板的材料置于铺板之上，并垂直于铺板。若铺板是以花键式或企口结合式联结的，其应该采用最小标称厚度76mm；若其设置于边缘并用大钉钉牢，其应采用最小标称厚度102mm。楼板应该有13~25mm厚。

楼板

横梁和大梁可能被锯开或以胶合叠层式结合。

它们不应少于标称的152mm宽和254mm深（152mm × 254mm）。

桁架构件的尺寸必须为最小标称203mm × 203mm。

大梁

横梁

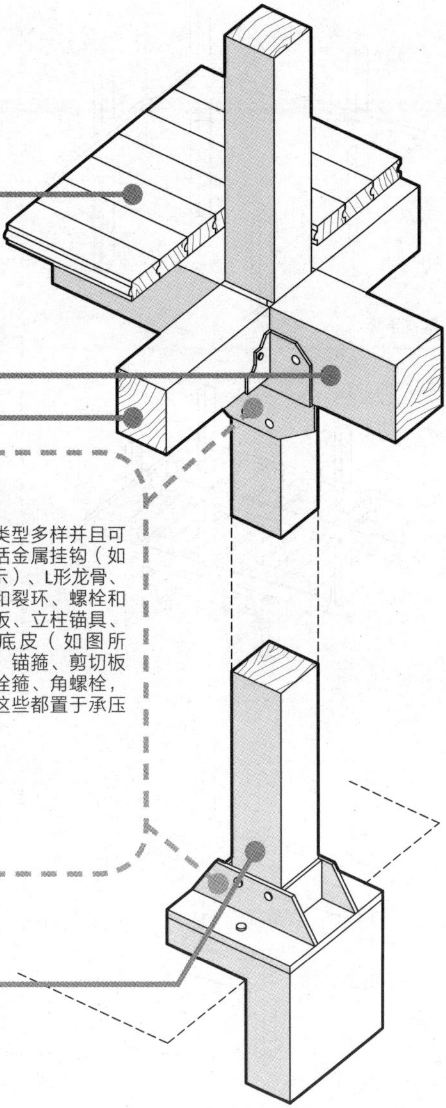

联结

联结类型多样并且可以包括金属挂钩（如图所示）、L形龙骨、螺栓和裂环、螺栓和剪切板、立柱锚具、金属底皮（如图所示）、锚箍、剪切板和螺栓箍、角螺栓，所有这些都置于承压板上。

腐烂

结构元件应有过防腐处理或者从芯木到外层应采用天然具有耐久性的木材。

立柱

立柱可能被锯开或以胶合叠层式结合。

支撑地板的负载，必须为最小标称203mm宽和203mm深（203mm × 203mm）。

支撑屋顶和天花板的负载，必须为最小标称152mm宽和203mm深（152mm × 203mm）。

混凝土楼板和屋顶系统

不同的系统，按照逐渐增加的负载容量大小、横跨度大小和成本高低的顺序，可分为单向实心板（横跨支撑物的平行线）、双向平板（不使用横梁、降板或柱头而应用加固的多样的应力）、双向平厚板（使用平厚板和/或降板而不是横梁）、单向接头、华夫板、单向横梁和厚板及双向横梁和厚板。双向的系统在比例上趋于呈方形并且被四边支撑着；单向的系统有小于1:1.5的比例并且被两边支撑着。

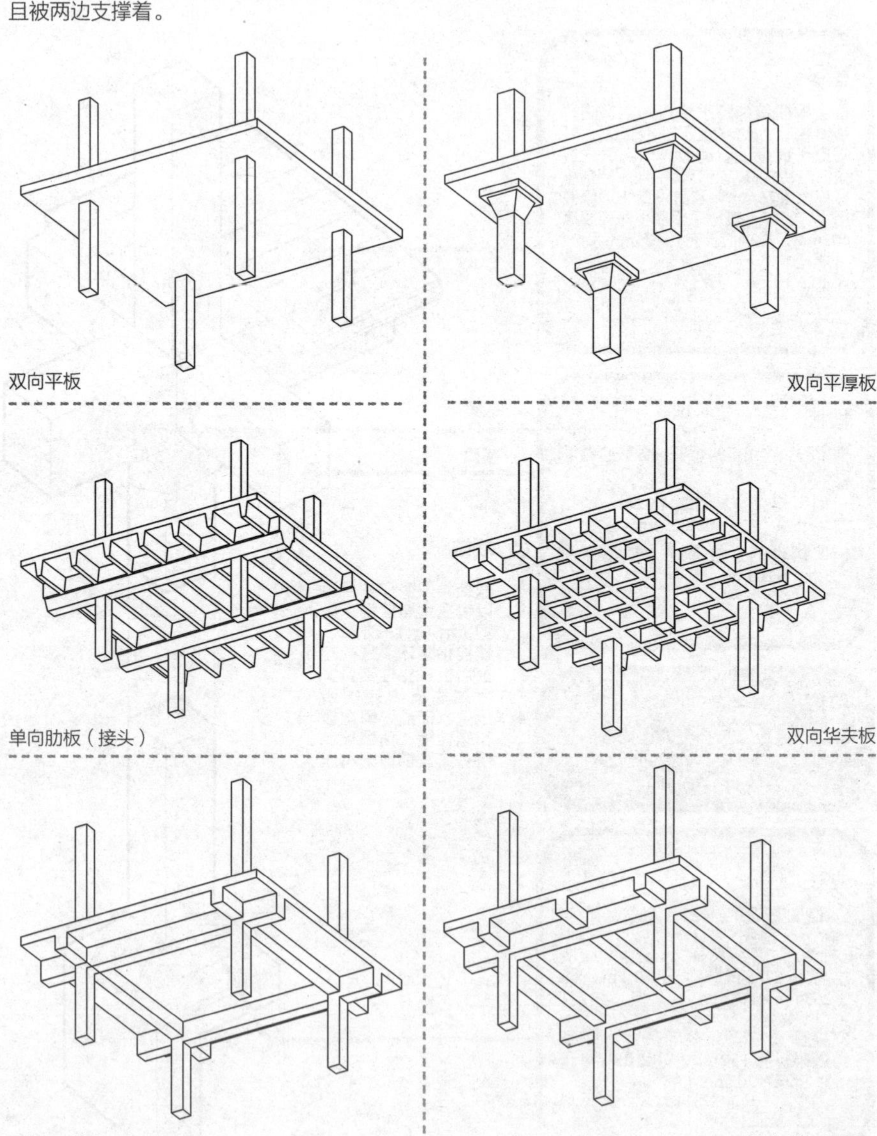

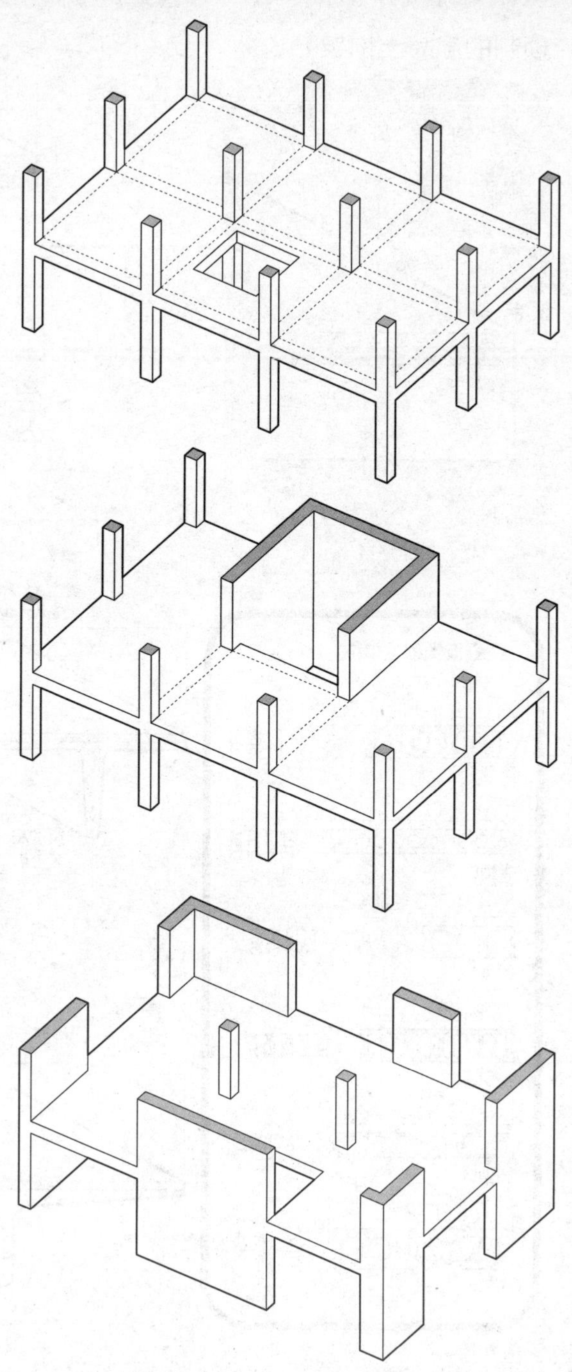

抗弯钢架

框架结实以抵抗横向的作用力

刚性构架

内部的结构支撑轻框架

筒

外部的墙体带来构造上的稳定性

预制的混凝土构架

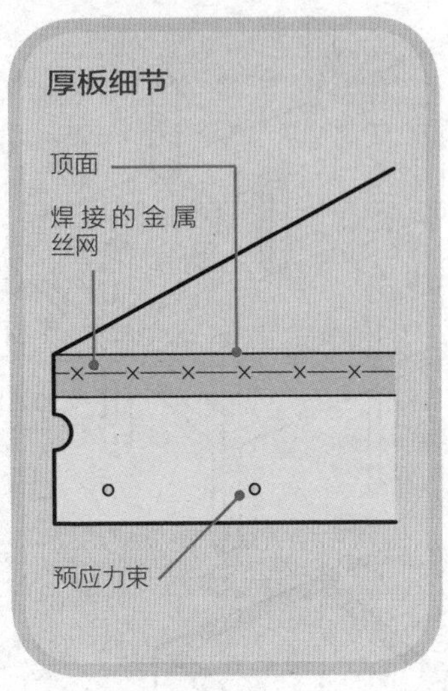

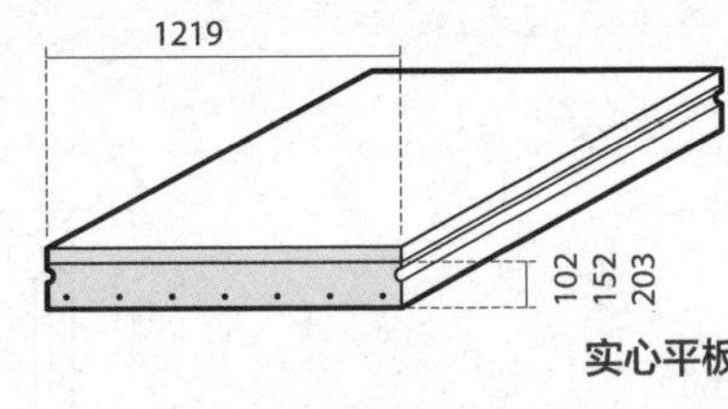

实心平板

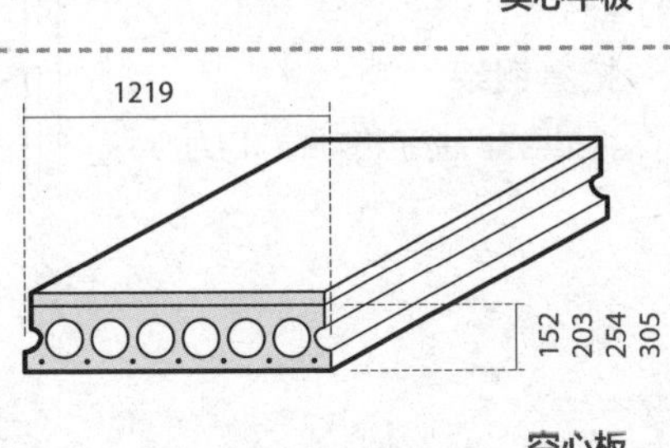

空心板

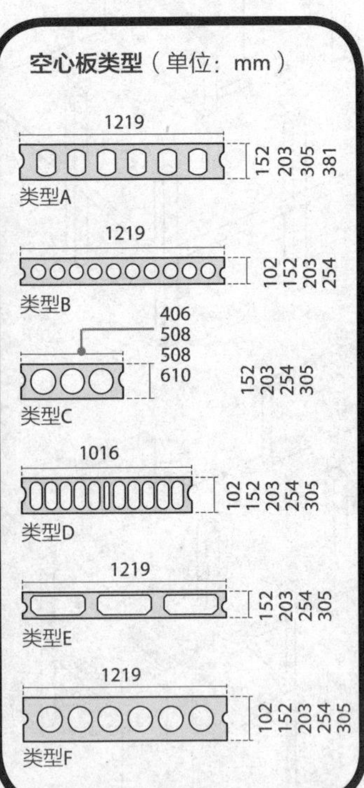

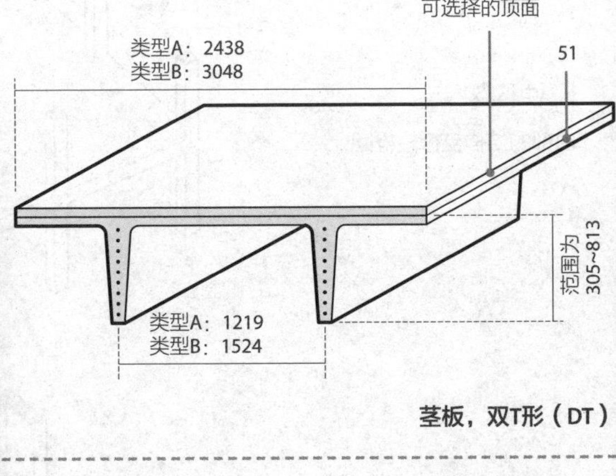

茎板，双T形（DT）

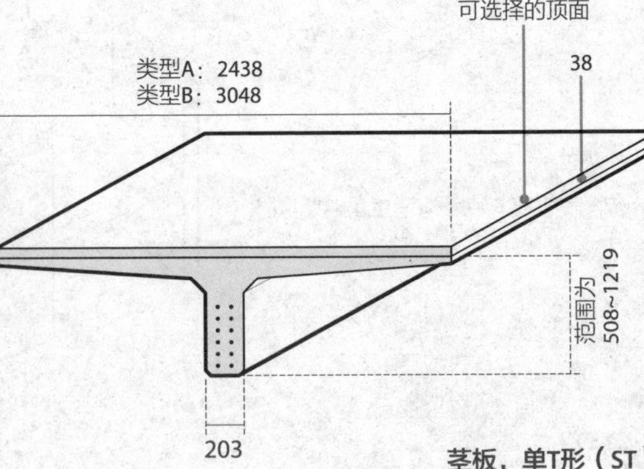

茎板，单T形（ST）

空心板构架系统

板与承重墙联结
横梁与立柱联结
空心板
长方形的横梁面
预制立柱
预制承重墙

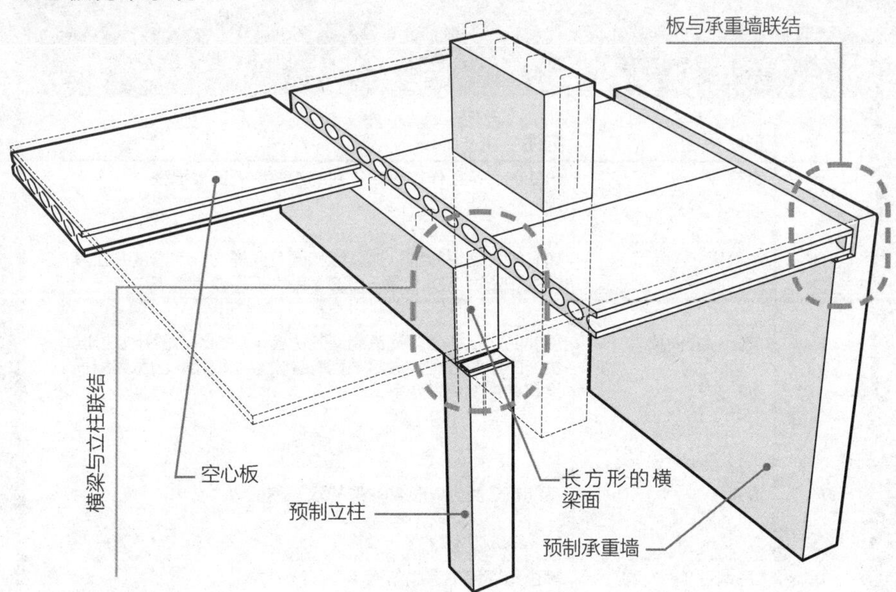

双T形茎板构架系统

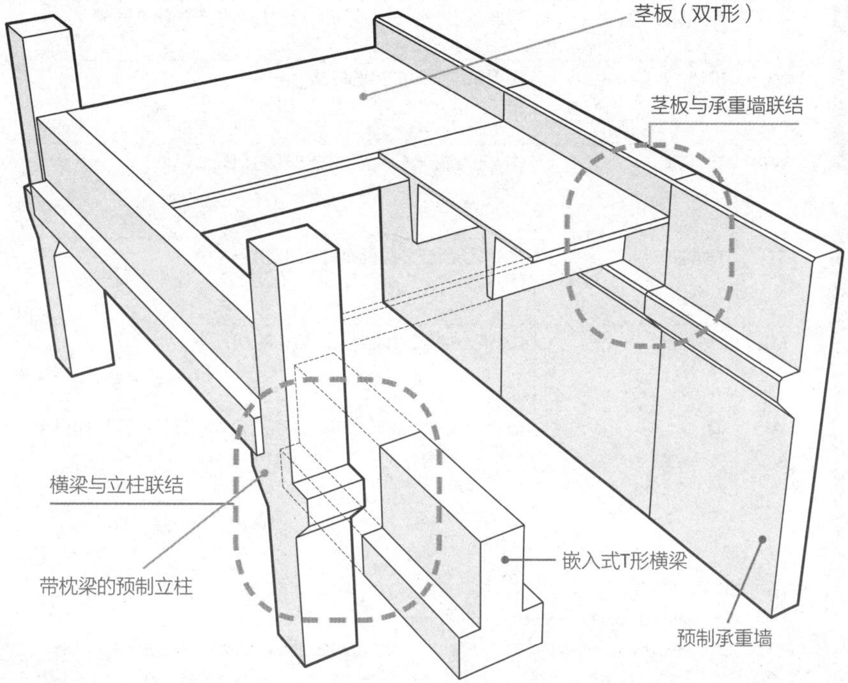

茎板（双T形）
茎板与承重墙联结
横梁与立柱联结
带枕梁的预制立柱
嵌入式T形横梁
预制承重墙

钢构架

结构钢材形状指定

	形状	描述
W	宽翼缘	热轧的、可用作横梁和立柱的双对称的宽翼缘型
HP	宽翼缘	热轧的、宽翼缘型，其翼缘和网有同样的标称厚度并且其深度和宽度实质上是一样的；经常被用作承重桩
S	美国标准横梁	热轧的、根据美国钢铁制造商协会（AASM*）的尺寸标准生产的双对称型；通常被宽翼缘横梁所取代，因宽翼缘横梁在结构上更有效率
M	混杂	不能被分类为W形或HP形的双对称型
L	L形角	等边角钢和不等边角钢
C	美国标准槽	根据美国钢铁制造商协会尺寸标准生产的热轧的槽
MC	槽形	由混杂型而来的热轧的槽
WT	T形构造	由W形切断或分裂而来的热轧的T形
ST	T形构造	由S形切断或分裂而来的热轧的T形
MT	T形构造	由M形切断或分裂而来的热轧的T形
TU	筒	形状像正方形或长方形的中空的建筑钢元件；可用作横梁或立柱或支柱

*AASM: Association of American Steel Manufacturers

钢材外形例样

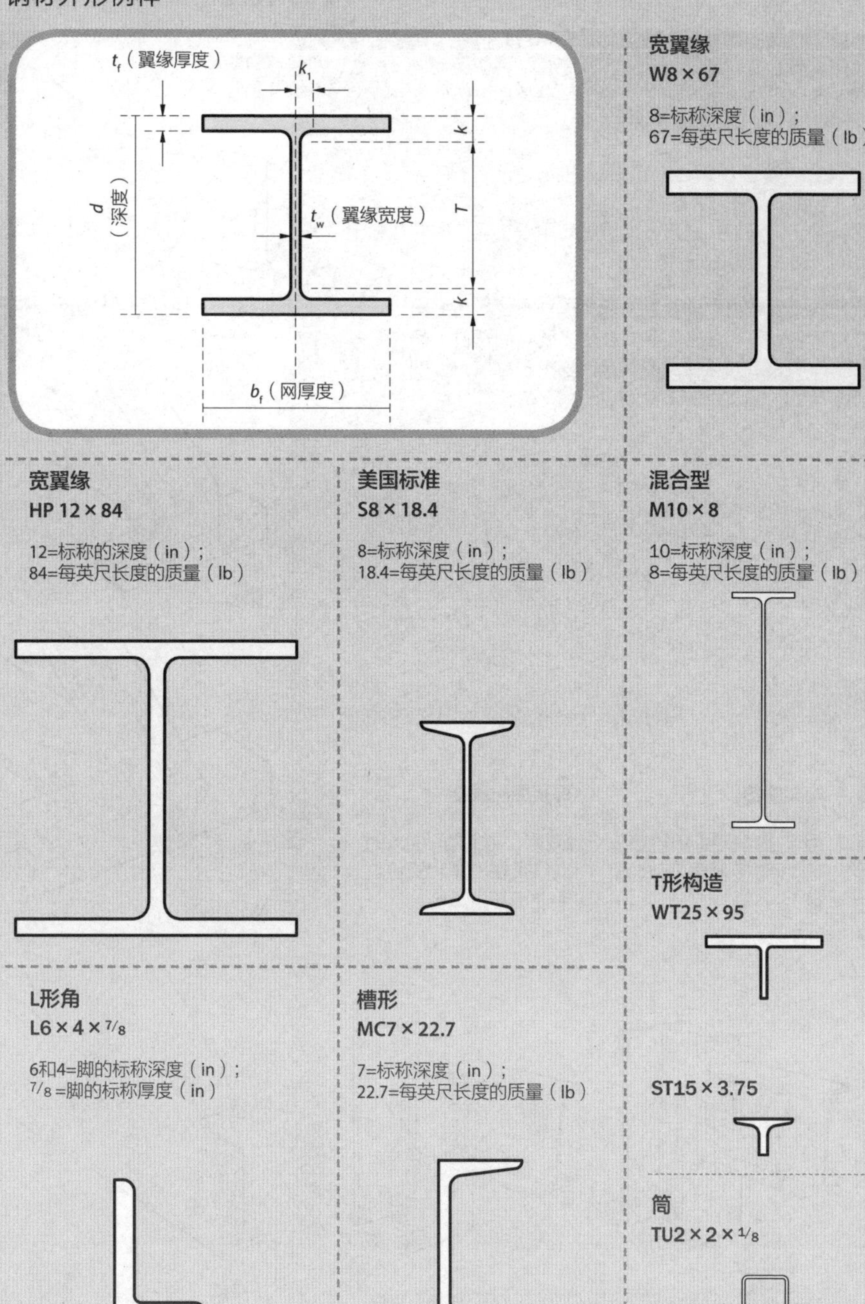
t_f（翼缘厚度）
k_1
k
d（深度）
t_w（翼缘宽度）
T
k
b_f（网厚度）
宽翼缘
W8 × 67
8=标称深度（in）；
67=每英尺长度的质量（lb）
宽翼缘
HP 12 × 84
12=标称的深度（in）；
84=每英尺长度的质量（lb）
美国标准
S8 × 18.4
8=标称深度（in）；
18.4=每英尺长度的质量（lb）
混合型
M10 × 8
10=标称深度（in）；
8=每英尺长度的质量（lb）
T形构造
WT25 × 95
ST15 × 3.75
L形角
L6 × 4 × 7/8
6和4=脚的标称深度（in）；
7/8 =脚的标称厚度（in）
槽形
MC7 × 22.7
7=标称深度（in）；
22.7=每英尺长度的质量（lb）
筒
TU2 × 2 × 1/8

钢架联结

相对于其强度和能够较精确地竖立起来的特性，钢材在质量上是适当的。钢架的建造要结合使用结构钢外形和多种连接方法，其中结构钢外形可作为立柱、横梁、大梁、过梁和桁架。

钢联结的整体性和强度正如其自身的钢型一样重要，因为一个失败的连接将导致整个系统的失败。钢架联结元素包括角度、金属板和用于在连接的部件间转移作用力的T形物。

只把横梁网和立柱结合在一起的连接方式称为框架联结；它们可以从横梁到立柱传输所有的垂直（剪切）作用力。如果横梁的翼缘也连接于立柱，它就能够马上从横梁到立柱传递扭曲。

构架联结

用连接角钢将带梁腹的剪力连接紧固于柱翼缘上。

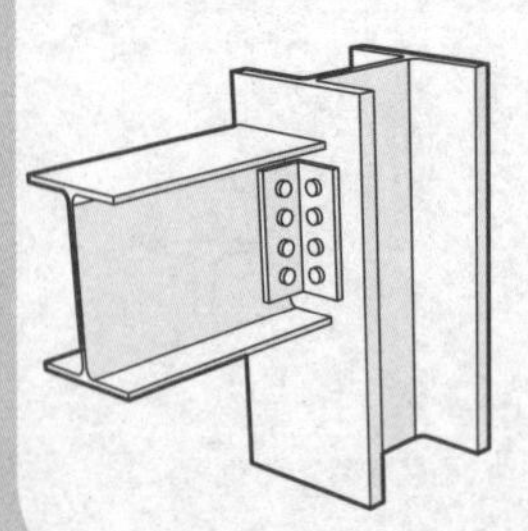

焊接即时联结

横梁和立柱之间的即时联结是在梁腹和翼缘之间使用开槽焊接。

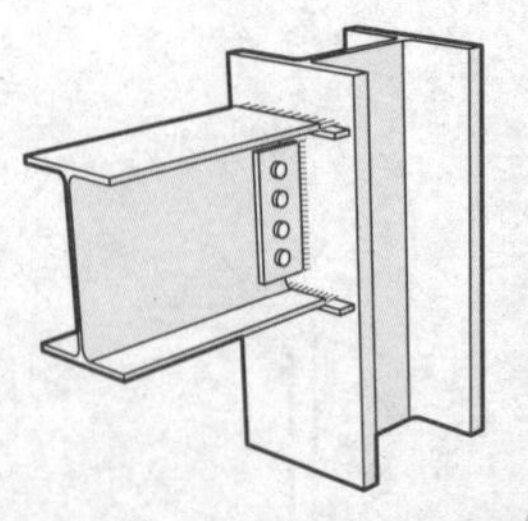

托座设计

踵情况

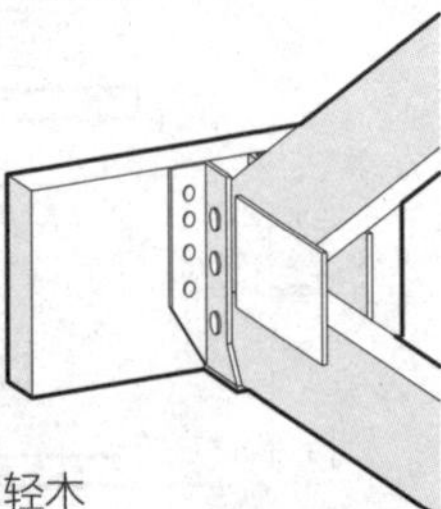

轻木

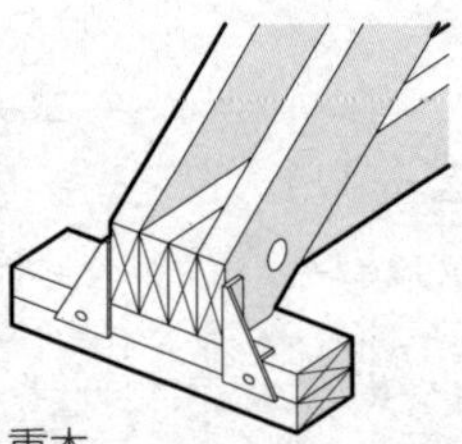

重木

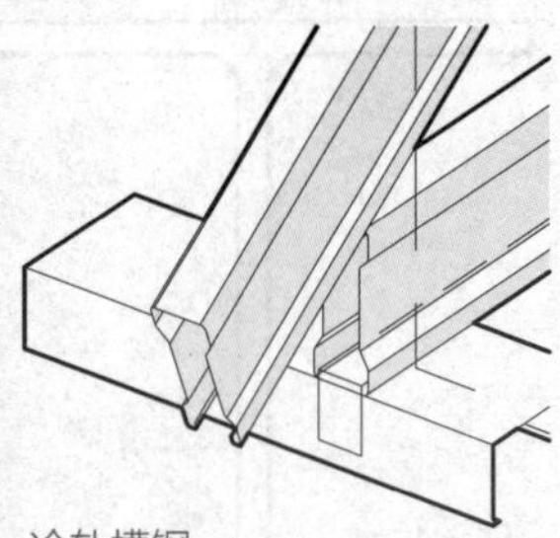

冷轧槽钢

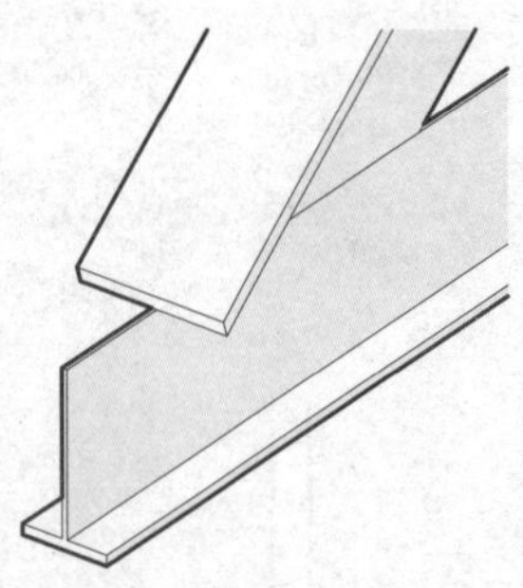

焊接钢

桁架是一个呈三角形单元的用于支撑建筑负载的长跨度的建筑构架。该构架上可通过转换非轴向作用力为一组由其自身结构部件承载的轴向作用力的方式来降低非轴向作用力。

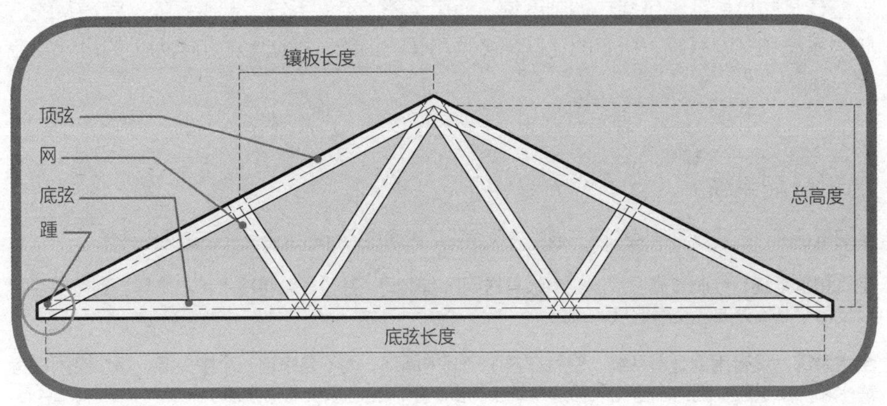

桁架类型

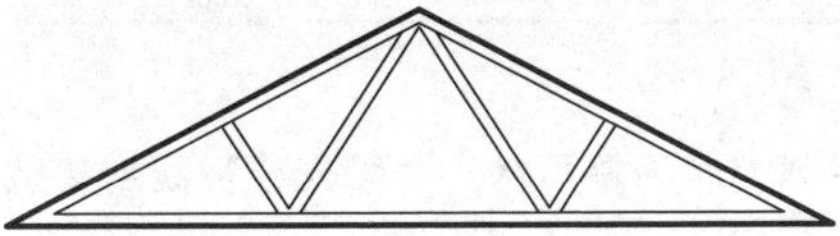

比利时式

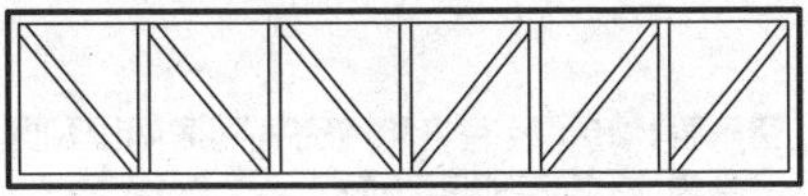

平普拉特式

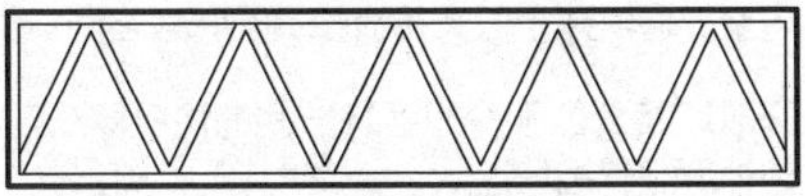

华伦式

斜洞式

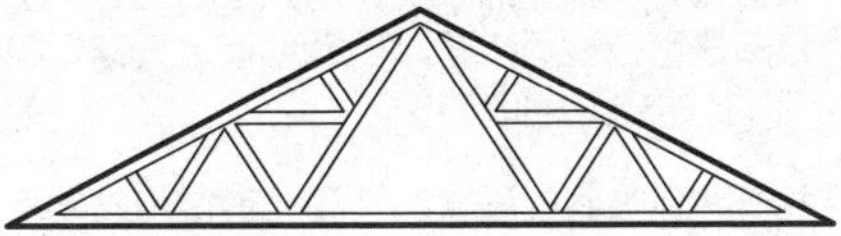

芬克式

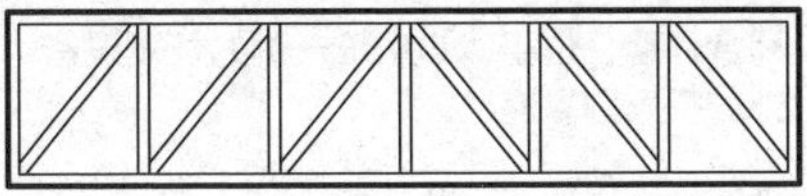

平洞式

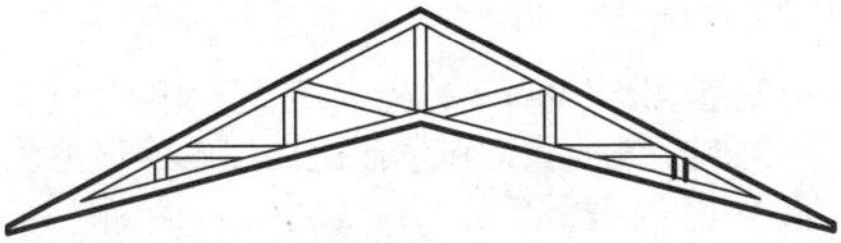

剪刀式

弓弦式

斜普拉特式

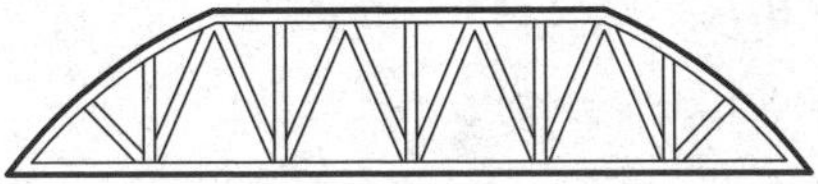

改进的弓弦式

第6章 机械系统

一座建筑的机械系统包括热控制系统、通风系统、空调系统、制冷系统、管道系统、防火系统和减噪系统，所有的这些都必须和建筑上的、构造上的和电力上的设计整合为一体。

能量分配系统

全空气系统：经调节温湿度的空气被中央风扇驱动着通过运行的管道系统在空间内循环。

空气和水系统：经调节温湿度的空气被导送到所有空间，并且导管将冷水和热水导入到每个空间以及每个开口处改变空气温度。

全水系统：没有用到管道系统，空气在各个空间内循环，而不是来自一个中央源。每个空间都有冷水和热水供应。因为水管比风管道系统小得多，所以全水系统非常紧凑。

空气管：转运暖空气和冷空气到房间里和回到设备内或回到空调系统内。

ASHRAE：美国采暖、制冷与空调工程师学会。

洞墙：由两层砌体形成的空心墙，为两面墙外的空间提供绝缘空间。

槽墙：一种洞墙，电线的走道或水暖管都置于其内。

闭合环路：位于冷却系统一侧的蒸发设备，与外层空气相靠近。

干球：周围外部环境温度。

暖气炉：产生热空气的设备，由天然气、石油和电提供能量。经常用于小型商业或居住上的应用。

热泵：通过从热源转移热量到吸热部件来加热或冷却的设备。

HVAC：加热、通风和空气调节。

IAQ：室内空气质量。

天窗：带开口的水平板，其可以允许通过空气，而不是雨水、太阳光或视线到建筑物内。

集气室：作为加热和冷却系统的分配区域的内室，通常建于假天花板和真天花板之间。

开放环路：位于冷却系统一侧的冷凝器/塔；与外层空气相靠近。

辐射热：一种加热系统，用到电线圈、热水和蒸汽管，该蒸汽管以嵌入地板、天花板和墙体的方式为房间加热。

井筒：包被着的垂直的空间（通常用防火墙包围），内部容纳所有的管道、导管和电梯的垂直走道。

可变空气量（VAV）：经调节温湿度的空气以不同的空气流量通过恒温区域以确保热量适宜的空气处理系统。

湿球：外部空气温度和相对湿度的结合；高相对湿度使冷却塔将水蒸发到大气中变得更困难。

加热、通风和空气调节（HVAC）系统

基于建筑类型和项目、成本、气候和建筑体量等因素的不同，用于为室内空间完成加热、通风和空气调节的系统差异非常大。全系统中的加热、冷却和循环系统在基本原理和组成成分上是相似的。

冷却塔：开放循环系统，通过蒸汽进行热量交换的部位。

空气处理单元（air handling unit, AHU）：包括一个电扇或鼓风机、加热盘管和/或冷却盘管、调节器控制、浓缩的排水盆和空气过滤器。

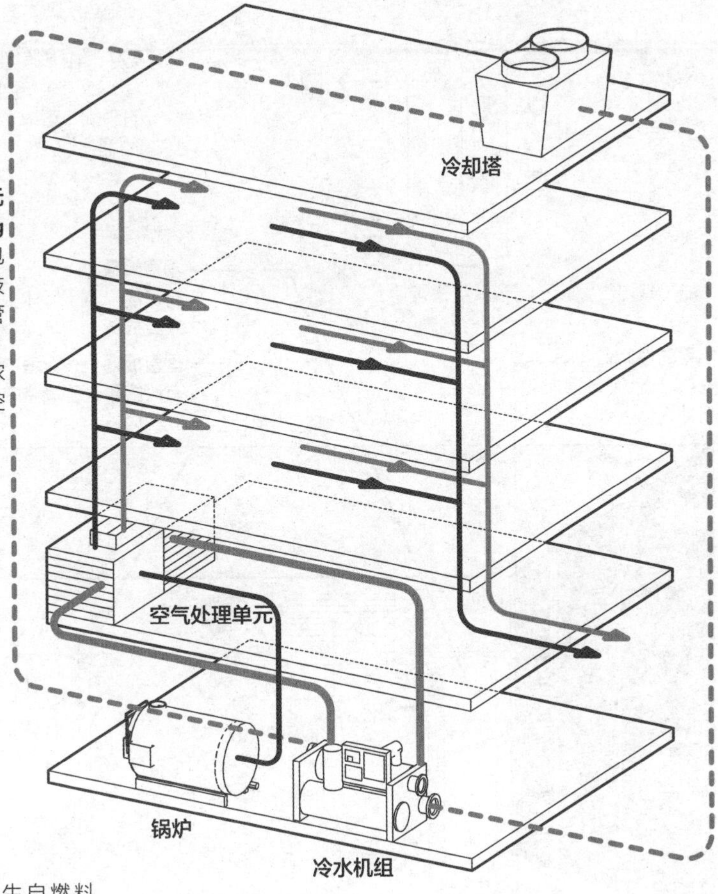

锅炉：热量产生自燃料（天然气、石油、木材或煤）的燃烧，从而产生用于加热的热水和蒸汽。

冷水机组：使用空气、制冷剂和水及蒸汽来转移热量和调节空气的热交换装置（蒸发器、冷凝器和压缩机系统）。

机械分配类型

通风盘管装置

通风盘管装置（fan coil units, FCUs）包括制冷或加热盘管和一个风扇。通常，热水或冷水是由管道从中央锅炉和冷却装置接入到这个单元。来自房间的空气被带入这个装置然后由风扇吹经盘管，然后空气被加热或冷却并释放到房间内。FCUs可能垂直于地面或与地面相平，安装于墙上、天花板上或独立放置。

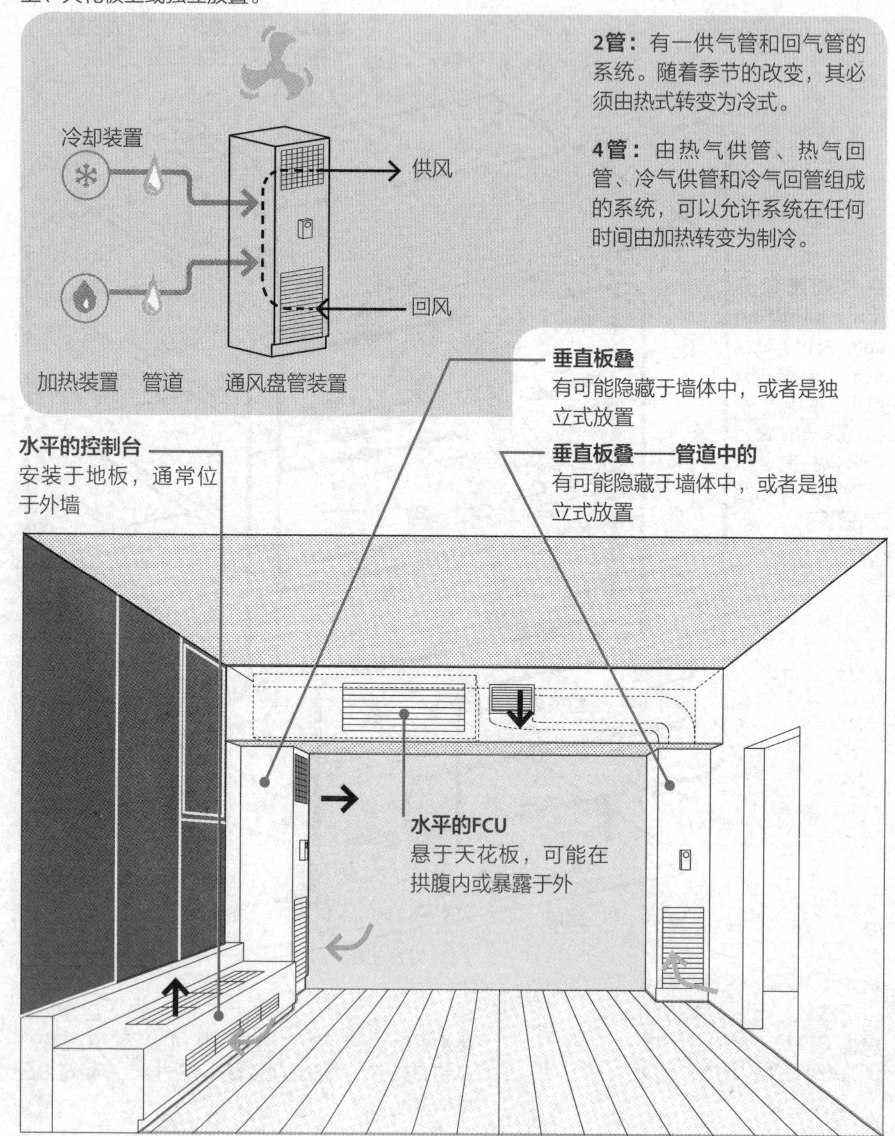

加压气流导管系统

导管系统分配暖气、冷气和新鲜的空气于整座建筑，同时还过滤和干燥空气。

液体循环加热（或冷却）系统

液体循环加热（或冷却）系统一般提供加热而不提供冷却。热水通过管道循环，从中央热源到散热器，贯通所有需要加热的空间。散热器可能安装于墙上或地板。导管也有可能设计于楼板系统内，提供一致的辐射热。热源可能包括加热器、水热器和太阳能。

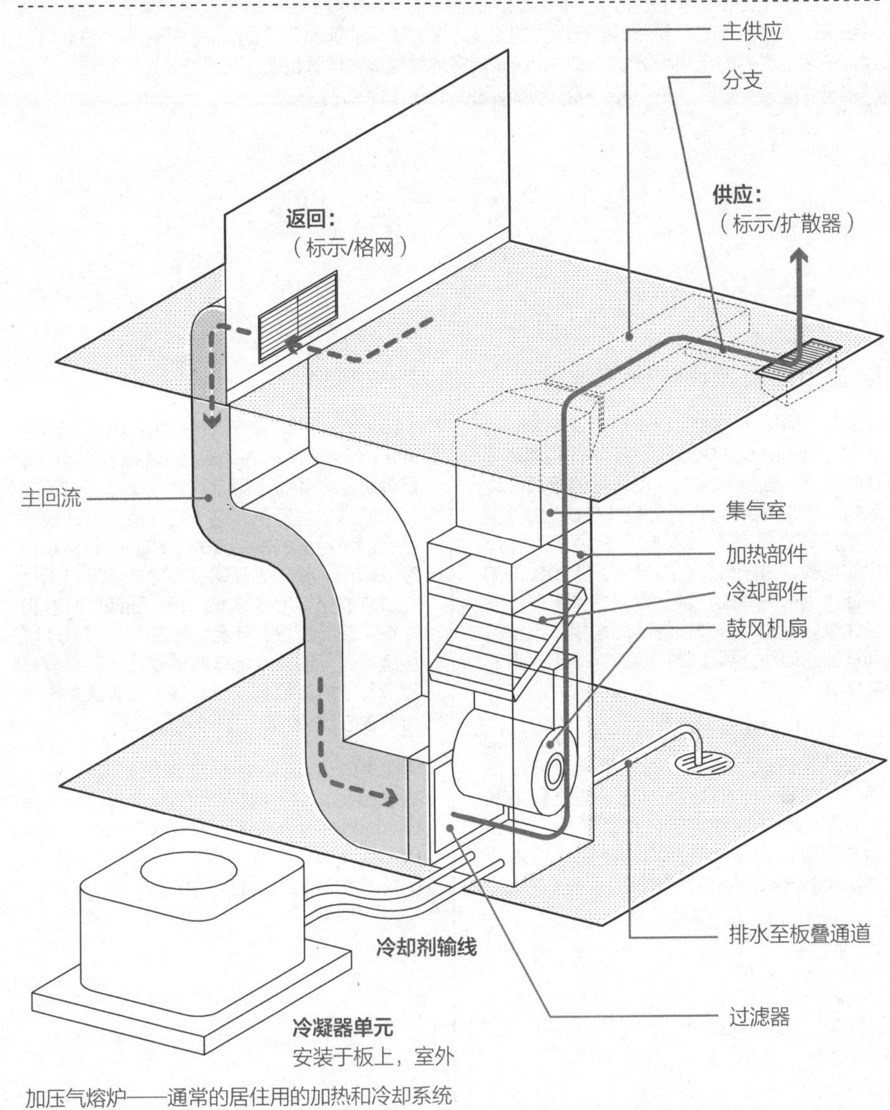

加压气熔炉——通常的居住用的加热和冷却系统

可持续设计

在建筑学需求发展、学习和适应不断变化的世界的当下，可持续设计的问题越大放异彩。建筑学天然地具有难以变动性：一座建筑需要花几年的时间去设计和建造，建筑师、工程师和承包商需要花几年的时间去培训。这个过程中一旦确保了在细节和技艺上勤勉地投入了精力，就可以造就一座永存的建筑。现如今，建筑必须经常迫于经济上的压力而建设得又快又便宜。

尽管经常冒着生产一次性建筑的风险，其最后不能经受住时间的考验并且经常与环境友好的理念相悖，但技术上和工程上的进步仍会考虑到这种经济。可持续的设计提议运用这样的系统，这些系统可以满足当代的需要而不折损后代的需要。在建筑师的那部分，当他们设想建筑物对环境和我们生活的世界的作用和影响方式时，越来越多地被强迫去理解和施行这些新体系和新方法。其结果是建造了一个提升而不是削减它的周围环境和资源的世界。

能源与环境设计先锋奖设计

能源与环境设计先锋奖（Leadership in Energy and Environmental Design, LEED）绿色建筑评估体系是为发展高效能、可持续的建筑而设的自愿的、国家认证的标准。LEED是由美国绿色建筑委员会（US-GBC）发展而来，包含建筑领域内所有行业的成员。LEED先进的认证水平——具证、银、金、白金——反映了建筑效能和可持续性的不同水平。希望得到认证的项目必须注册并提交备LEED复审的文件。

在LEED的主要目标中，其中一条是建立一项测定建筑可持续性的通用标准并在提高“绿色建筑”有好处的意识的过程中推广完整的设计实践。绿色建筑是指以效益和生态意识利用能源从而使建筑对其使用者健康的消极影响达到最小。

独立宣言

1993年，国际建筑师联盟（the Union Internationale des Architectes, UIA）和美国建筑师协会（AIA）签署了《为了一个可持续的未来的独立宣言》，这一文件使得对环境和社会的可持续的承诺成为实践的中心问题和专业职责。除了提升现存的建成环境以满足已建立的可持续性标准，它还强调了发展和提炼实践、过程、产品、服务和标准以使可持续设计能够得以施行的重要性，还有教育建筑行业群体所有成员、客户和大众关于用可持续的方法做设计的好处和必要。

类似地，建筑师、景观建筑师和工程师的联合形成了环境设计国际委员会（the Interprofessional Council on Environmental Design, ICED），其始终致力于实现可持续性的共同目标的多学科合作关系。

术语

适应性地再利用：改变一座建筑的功能以应对使用者不断改变的需求。

黑水：来自厕所、厨房洗涤槽和洗碟机的废水。

棕色地带：废弃的或未充分利用的工业和商业用地，该处地点的环境污染阻止了其再开发。

氯氟化碳（CFCs）：化学上的化合物，用作制冷剂且以气溶胶的形态存在，被认为可导致臭氧层空洞。

保守拆解：对建筑物（大多数建筑物的材料粉碎为废物的地方）破坏性拆除的反提议，在建筑物被拆毁之前提升拯救自该建筑物的不同水平的材料。

内含能：所有的能量都被消耗到建筑生产的过程中，包括运输。

灰水：来自浴盆、淋浴、洗涤器和厕所的废水，有可能适合于灌溉或其他不需要净水的用途。

氢氟烃（HCFCs）：可选择的氯氟化碳（CFCs），氯氟化碳可在大气中更短时间的存在以传递更少的可反应的氟到臭氧层，尽管可替代两者的物质仍然在搜寻中。

液体循环加热系统：地热热水加热系统，其中的热水由管道引导通过暖气片，该暖气片吸收热量，随着时间增加而均匀地散热。

生命周期分析：对生产体系的生命周期中的所有阶段（采掘资源、制造、现场建造、居住/维修、拆除和再循环/再利用/清理）进行可计量的评价，用于经由4个阶段来决定材料和系统的影响：开始、存货分析、影响评价和改进评价。

被动式太阳能：自然地加热和冷却建筑物的技术，通过使用能量效率高的材料和选择合适的布置地点实现。

太阳能光电板：用于将太阳能转换为电流，电力能够存储于电池并为电力系统提供能量。

再生性能源：由相对较快的自然过程形成的资源。

上游/下游：有因果关系的例子，上游行动将影响下游事件的发生。

挥发性的有机化合物（VOC）：高度蒸发，以碳元素为基础的化学物质，可产生有害的烟气，存在于许多燃料、填料、着色剂和黏合剂中。

指导

通过使用高水平的绝缘材料和高效能的窗户为提高能量使用效率而设计。

无论任何时候，尽可能地使用可再生的能源如被动式的太阳能加热、日光照明和自然冷却。

按标准的尺寸来设计以使材料的浪费达到最小。

避免材料中含有氯氟化碳（CFCs）和氢氟烃（HCFCs）。

使用回收的或再循环的材料，如重木、预制木质建筑材料和卫生器具。

如果可能的话，使用当地生产的材料以避免运输成本和污染。

使用具有低内含能的材料。一般说来，木材、砖块、混凝土和玻璃纤维有相对较低的内含能，木料、陶器和钢具有较高的内含能，玻璃、塑料和铝的内含能非常高。若能促成更低的运行能耗，使用更高内能水平的材料被认为是合理的，例如相比于做好绝缘工作的被动式太阳能建筑，大量的建筑蓄热可以很大程度上减少加热和冷却能耗。

避免废气排放材料带有高水平的挥发性的有机化合物。

减少能量和水的消耗。

使外部的污染和环境影响达到最小。

减少资源的损耗。

使内部的污染和对健康的消极影响达到最小。

第7章　电力系统

照明对使用者体验和感知空间的方式有重大的影响。建筑师经常和照明设计师紧密地合作，照明设计师可以在技术方面和照明效果，以及它们如何才能最好地为空间的设计和功能服务上提供专业的知识。照明设计师为项目提供照明规格并由电力绘图及天花反向图共同来协调他们的大部分设计意图。

照明术语

环绕照明：整个空间的一般照明。

安培：测定电流的单位，相当于每秒1C。

挡板：不透明的或半透明的部件，可以特定的角度控制光线的分散。

镇流器：为荧光灯或高强度气体放电灯（HID）提供起始电压，然后在灯具运行的过程中限制和控制电流的设备。

电灯泡：装饰性的玻璃或塑料外罩以发散光线分布。

坎德拉：在特定方向上一发光光源的发光强度的国际标准单位。

坎德拉功率（CP）：在特定方向上一发光光源的发光强度的量度（以坎德拉为单位）。

利用系数（CU）：泛光灯在一表面上的光通量（流明）与电灯产生的光通量（流明）之比。

颜色表现指数（CRI）：等级为1~100，反映光源对于某一物体颜色外观的影响，和处于指示灯源照射下的颜色外观相比较。等级为1指示最大的颜色转变，等级为100指示没有颜色转变。

颜色温度：光源颜色外观的规格，以开尔文量度。颜色温度低于3200K的可认为是暖光，高于4000K的可认为是冷光。

节能灯：用作替代白炽灯的小型荧光灯。另外，还有双管荧光灯、信号灯（PL）、紧凑型荧光灯（CFL）或双轴磁芯元件（BIAX）。

日光补偿：节能光电管控制的调光系统，在存在日光的条件下减少电灯的输出。

直射炫光：直视光源而产生的耀眼的光。

筒灯：天花板固定装置，可以完全凹进、半凹进或直接固定于天花板，大部分光线在这里向下照射。有罐灯、高帽灯或凹筒灯等多种名称。

电激发光：在消耗非常少的能量的同时提供同一亮度和长灯寿的照明技术，用于出口处标志是理想的。

能量：电能单位，以千瓦时（kW·h）量度。

荧光：内部充满氩、氖或其他惰性气体的灯管。电流作用于气体产生紫外线放射弧，引起内部电灯管壁的磷光剂发射出可见光。

英尺-烛光（FC）：测量某一表面的光照水平的英制单位，相当于每平方英寸1lm。

高强度放电（HID）：水银蒸气、金属卤化物、高压钠和低压钠光源。

高输出（HO）：在高电流时运行的电灯或镇流器，可产生更多的光。

IALD：国际照明设计师协会。

IESNA：北美夜景照明工程社团。

照度：在任何给定一点的单位区域表面上的光通量。通常被称为光级，用英尺-烛光或勒克斯（lx）来表达。

白炽灯：具有可传导电流的灯丝的灯泡。这种是最常见的光源类型。

电灯：灯泡内部产生光线的元件。

嵌入式暗灯槽：陷入天花板格网中的荧光灯固定设备。

发光二极管（LED）：当施加电压时散发光线的半导体二极管；用于电子显示例如引导标示。

透镜：透明或半透明的元件，当光线穿过它时可改变光线的方向特征。

流明：量度电灯的总光产出量的单位。

光源：完整的照明单元（也称为一个设备），由电灯和要求分散光线的部分组成，支撑电灯并把它们和电源连接起来。

亮度：一表面每单位区域的发光强度。用坎德拉（cd，公制的）或英尺朗伯（习惯上）来表达。

勒克斯（lx）：公制的照明量度单位。1lx=0.093英尺-烛光；1英尺-烛光=10.76lx。

最低点：直接地低于（0°）一个光源的参考方向。

不透明物：不能传输可见光的材料。

光学器件：光设备元件——反射物、折射媒介、透镜、散热孔等；或者一个光源的发光效能。

反射比：同一表面的反射光和入射光的比率。（暗地毯的反射比为20%，清洁的白墙的反射比为50%~60%。）

反射物：光源的一个部件，覆盖电灯，导引光源发射出一些光线。

折射媒介：通过使光波弯曲导引光产出量的元件。

室空间比（RCR）：室内尺寸比率，用于反映光线和室内表面会怎样发生相互作用。

T12灯：产业标准指定的直径为38mm的荧光灯。T8和T10的命名方式与此相似。

半透明物：可传输部分可见光的材料。

透明物：可传输大部分入射其中的可见光的材料。

暗灯槽：嵌壁式的荧光灯固定设备（槽+保险箱）。

紫外光（UV）：不可见的辐射，其比可见的紫光有更短的波长和更高的频率。

实验室担保人（UL）：为了公共安全而测试产品的独立组织。

灯设备及其类型

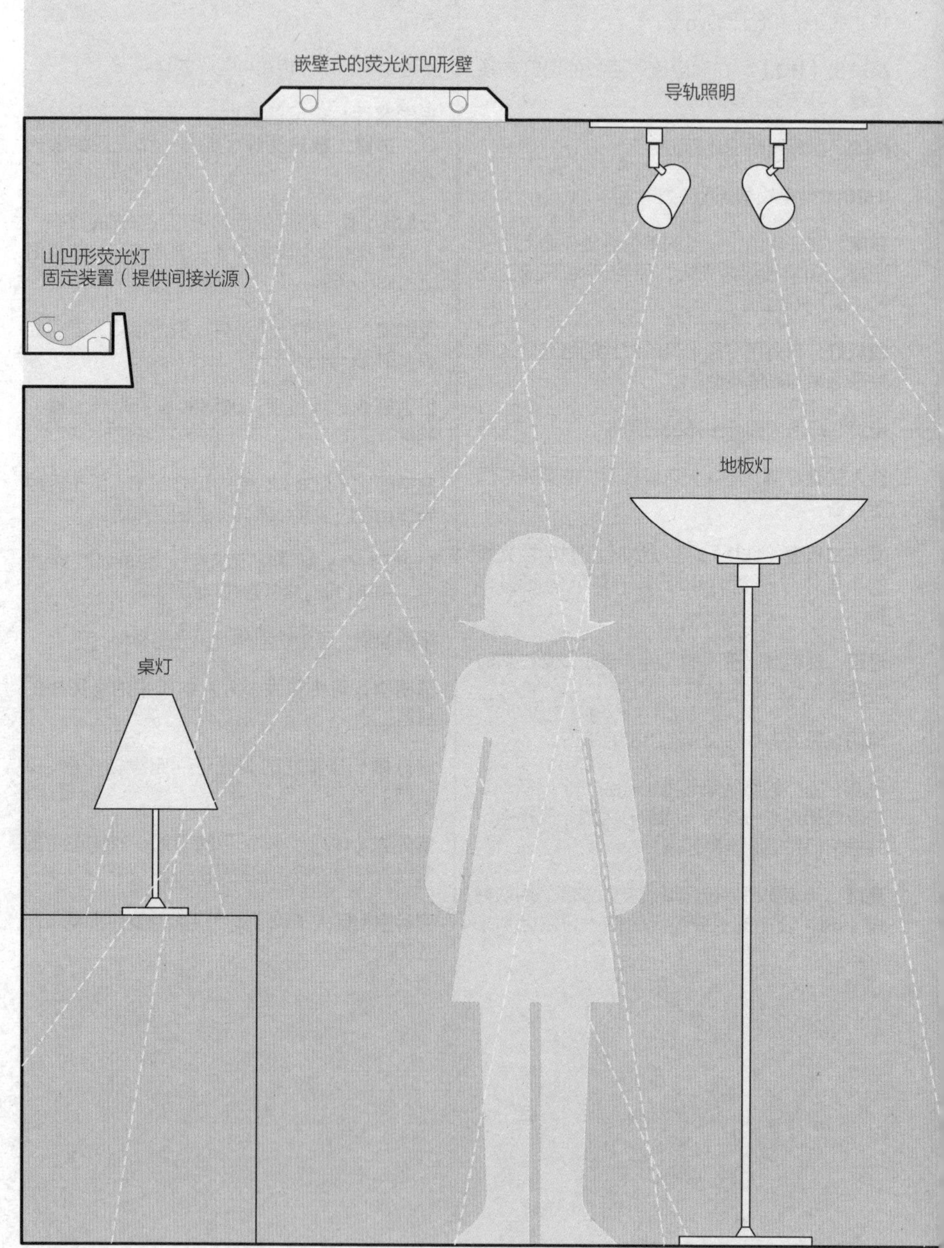

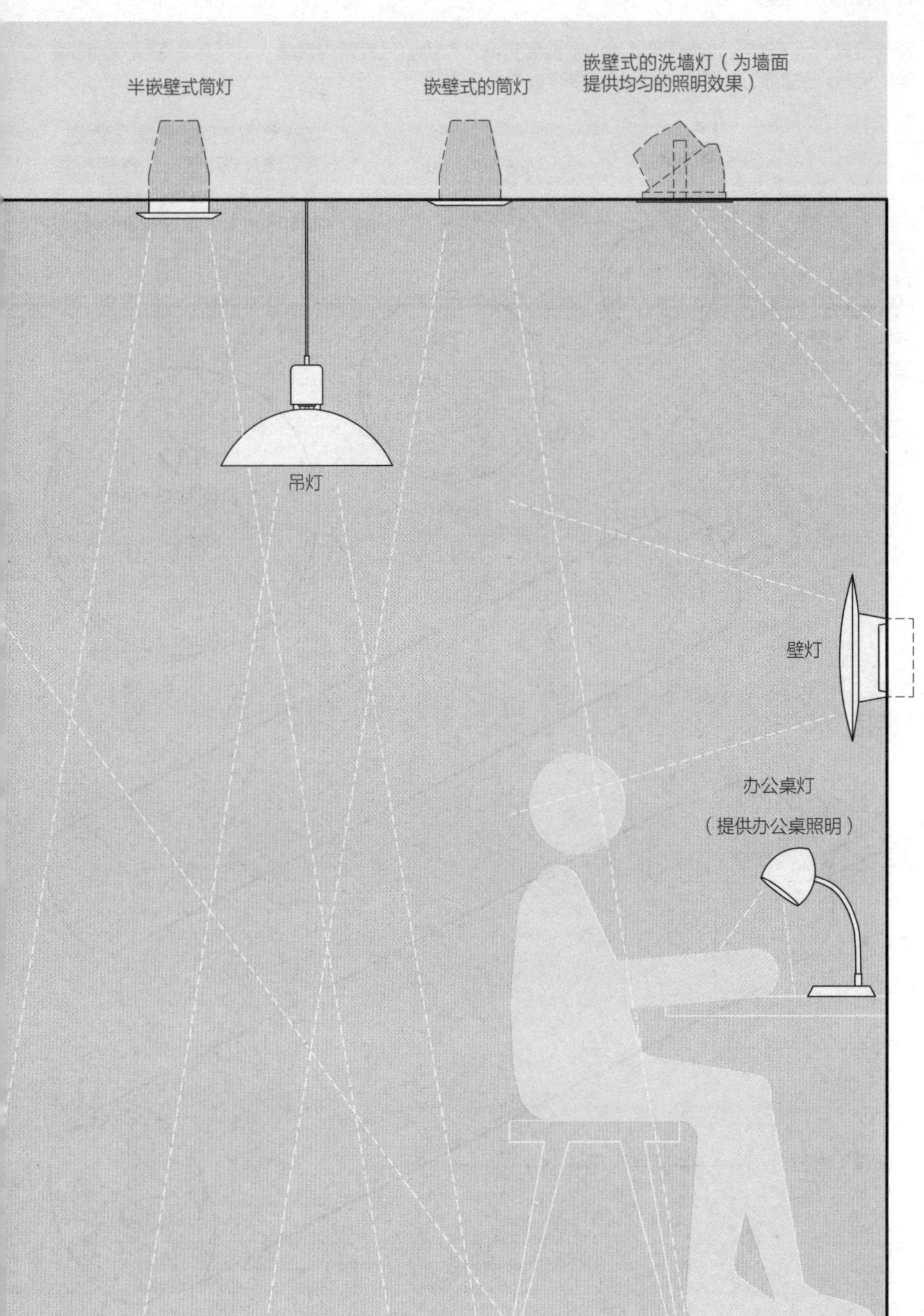
半嵌壁式筒灯
嵌壁式的筒灯
嵌壁式的洗墙灯（为墙面
提供均匀的照明效果）
吊灯
壁灯
办公桌灯
（提供办公桌照明）

常见的灯泡类型

荧光灯是长而密封的玻璃灯管，其内壁覆盖有磷光剂粉，且其管内含有水银，其是在任何一侧管端的电极产生的能量作用下将液态水银转换为气态水银。

荧光灯有不同的长度、直径、瓦数和开启方法。各种长度差可达310mm（常见的为1250mm），直径由3mm模数注解。

T12灯泡，典型的为40W，已经开始在美国逐步淘汰，按照能源部的要求，支持更高效的T8和T5型灯。

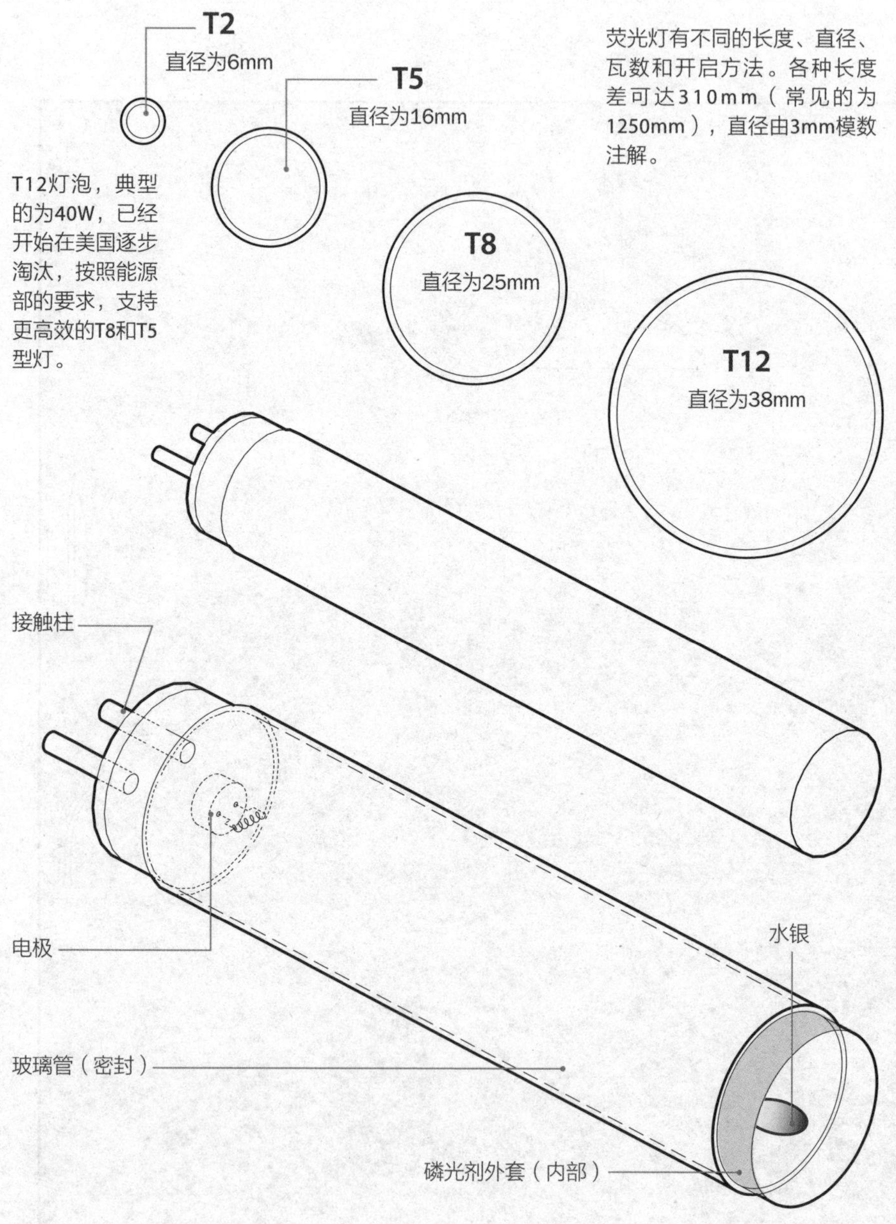

灯泡通常由指示其类型和外形的字母或字母组合以及指示T1型灯泡最大直径的数字共同来识别。

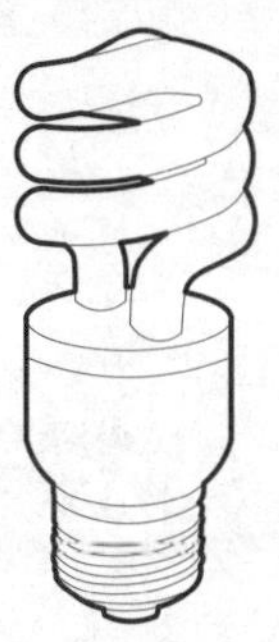

白炽灯

A-系列的白炽灯灯泡长期是多用途的灯泡类型。最常见的尺寸是A19（直径为62mm）。

CFL（紧凑型荧光灯）

节能灯发出荧光光线，其设计是为了替代白炽灯——许多白炽灯旋入同一固定装置，而节能灯灯管是折叠和弯曲的以适应像典型的白炽灯一样的体积。尽管因节能灯中含有的水银这一问题从而使得对其进行安全处理时较为困难，但其消耗能量更少，并且使用寿命可以比白炽灯更持久。

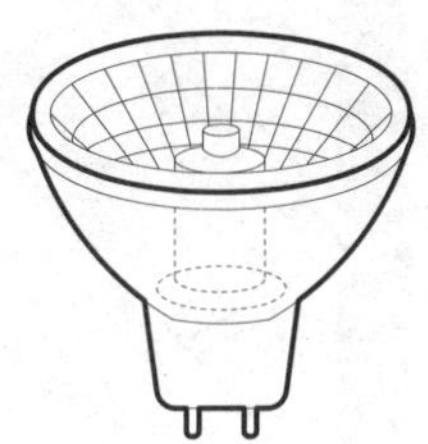

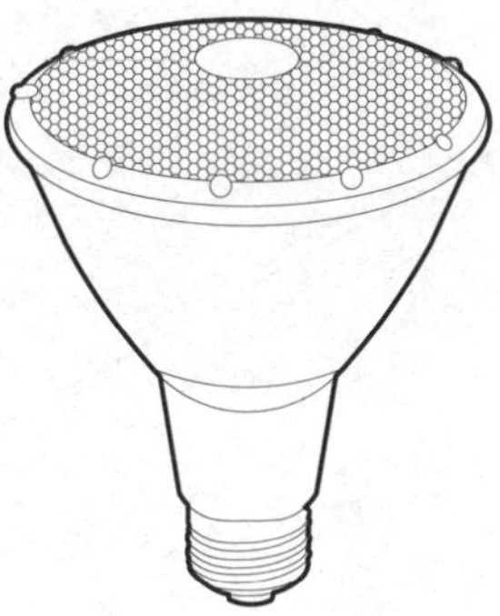

多小面的反射器（MR）

多小面的反射灯的内表面是小面的并覆盖有具反射性的外层。光线产生自单头含卤灯丝石英腔。

常见的尺寸有MR16（直径为51mm）、MR11（直径为35mm）和MR8（直径为25mm）。

抛物线状镀铝的反射器（PAR）

抛物线状镀铝的反射器包括电灯泡、反射物和结为一体的透镜，其能够为特定的任务及布置集中光线和使光线成形。光线来自封闭式白炽灯灯芯。尺寸多样，包括PAR16（直径为51mm）、PAR30（直径为95mm）、PAR38（直径为122mm）和PAR64（直径为203mm）。

第8章　管道和防火系统

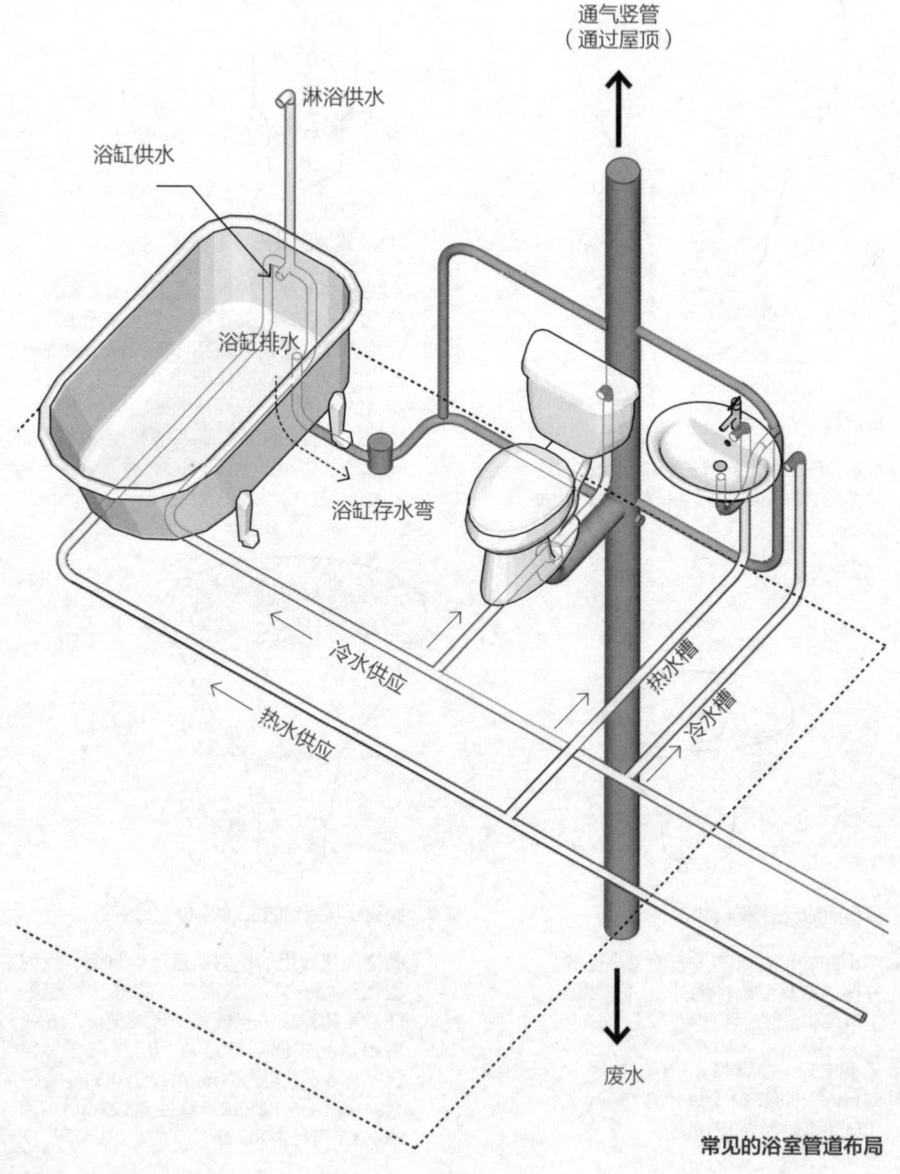

常见的浴室管道布局

管

供

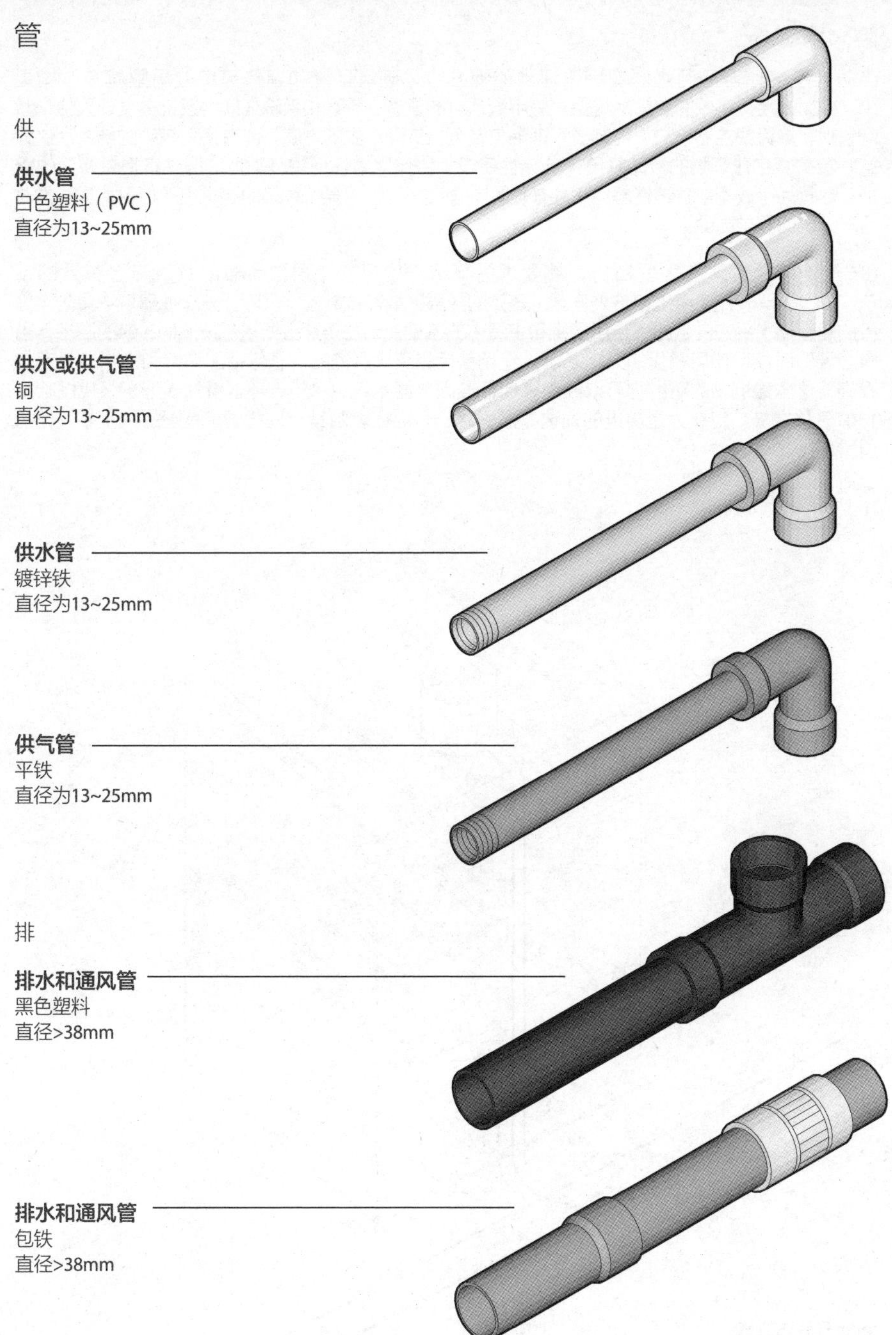

供水管
白色塑料（PVC）
直径为13~25mm

供水或供气管
铜
直径为13~25mm

供水管
镀锌铁
直径为13~25mm

供气管
平铁
直径为13~25mm

排

排水和通风管
黑色塑料
直径>38mm

排水和通风管
包铁
直径>38mm

防火系统

当防火系统如自动洒水器安装于适当的地方时，建筑区域和建筑高度的局限就有可能更少。IBC202定义有效的防火系统为：使用被认可的设备、装置和系统或联合系统去发现火情、激活警报、熄灭或控制火势、控制或管理烟气及因火灾而产生的物质，或者任何其中的结合。这就意味着需要和建筑物的被动系统（抗火性建设）协作以为任何建筑类型的居住者提供必要的保护。尽管为了成本或舒适性起见不能在任何一边让步，但对某一系统的要求更严格可能意味着对另一系统的要求更少。

IBC规定不论其建造类型如何，都要求为高于一定尺寸和居住负载的建筑建造有效的系统。IBC903章节在使用组和防火分区（整体的楼层区域都被火墙、火障、外墙或建筑物具防火等级的建造物水平方向上的集合所围绕和束缚）的基础上确立了这些要求。按照IBC904的要求，当有必要的时候可使用替代的灭火系统。使用替代的灭火系统的例子包括图书馆和博物馆或通信设施，这些建筑物的藏纳物可以经受来自标准洒水器系统中水的破坏。直到最近，卤代烷哈龙1301气体才被广泛认为是防火的优选；然而，已有证据表明其对大气层是有害的并正被其他物质所取代。

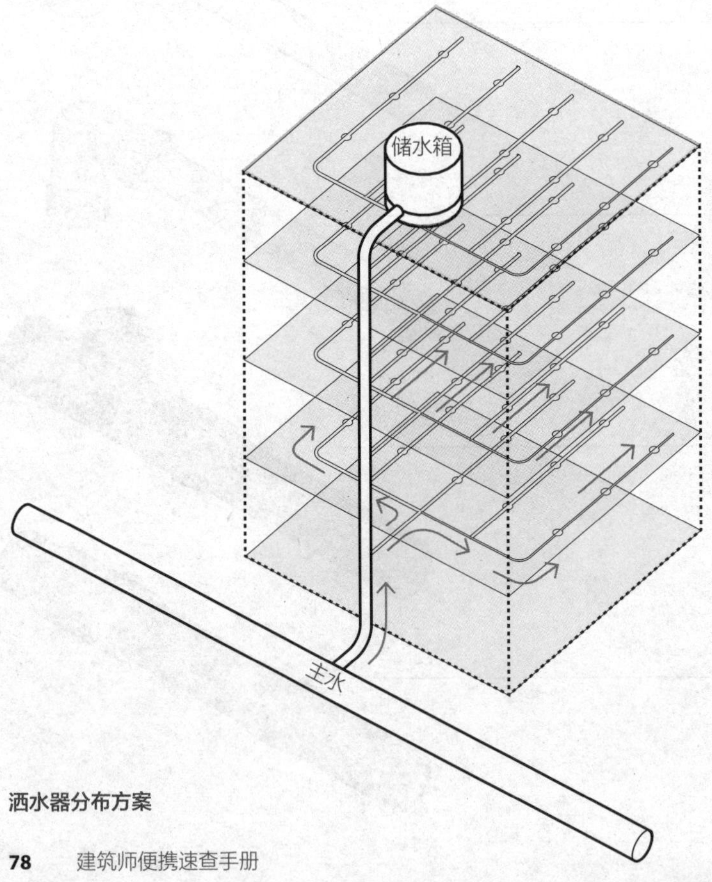

洒水器分布方案

洒水器头分布类型

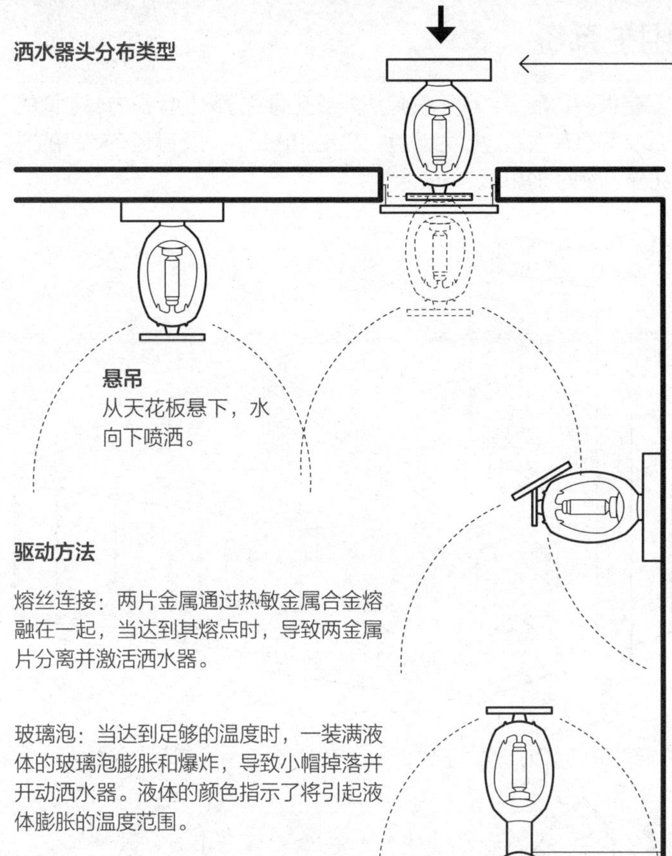

隐藏式悬吊
洒水器头嵌入天花板内部并用装饰性的盖帽覆盖，当周围环境的温度达到高于洒水器20°F的激活温度时，盖帽就会掉落。水以环形向下喷洒。

边墙
当不太可能将洒水器安装于天花板时，有可能将其安装在墙上。两块导流板将水喷洒出来并使水回到墙上。

直立
导流板安装于供水管的顶上，在天花板安装不太可能时可使用直立的洒水器头，或者某处的障碍阻碍了洒水器喷水时充分覆盖的能力（例如机械或存储空间）。

驱动方法

熔丝连接：两片金属通过热敏金属合金熔融在一起，当达到其熔点时，导致两金属片分离并激活洒水器。

玻璃泡：当达到足够的温度时，一装满液体的玻璃泡膨胀和爆炸，导致小帽掉落并开动洒水器。液体的颜色指示了将引起液体膨胀的温度范围。

反应温度（按照国家防火协会13的规定）

分类	洒水器激活温度/°F	玻璃泡颜色	熔丝连接颜色
正常	135~170	橙 (135°F) 红 (155°F)	黑；无色
中等	175~225	黄（175°F） 绿（200°F）	白
高	250~300	蓝	蓝
超高	325~375	紫	红
高超高	400~475	黑	绿
极高	500~575	黑	橙

第9章　建筑围护系统

一座建筑的围护系统具备很多功能。它们不仅起从外部空间中分离和保护内部空间的作用，还必须使内外部空间存在联系，以为湿度、热量和通风控制贡献最有效率的方法，所有的这些同时将建筑物的形象展现给公众。

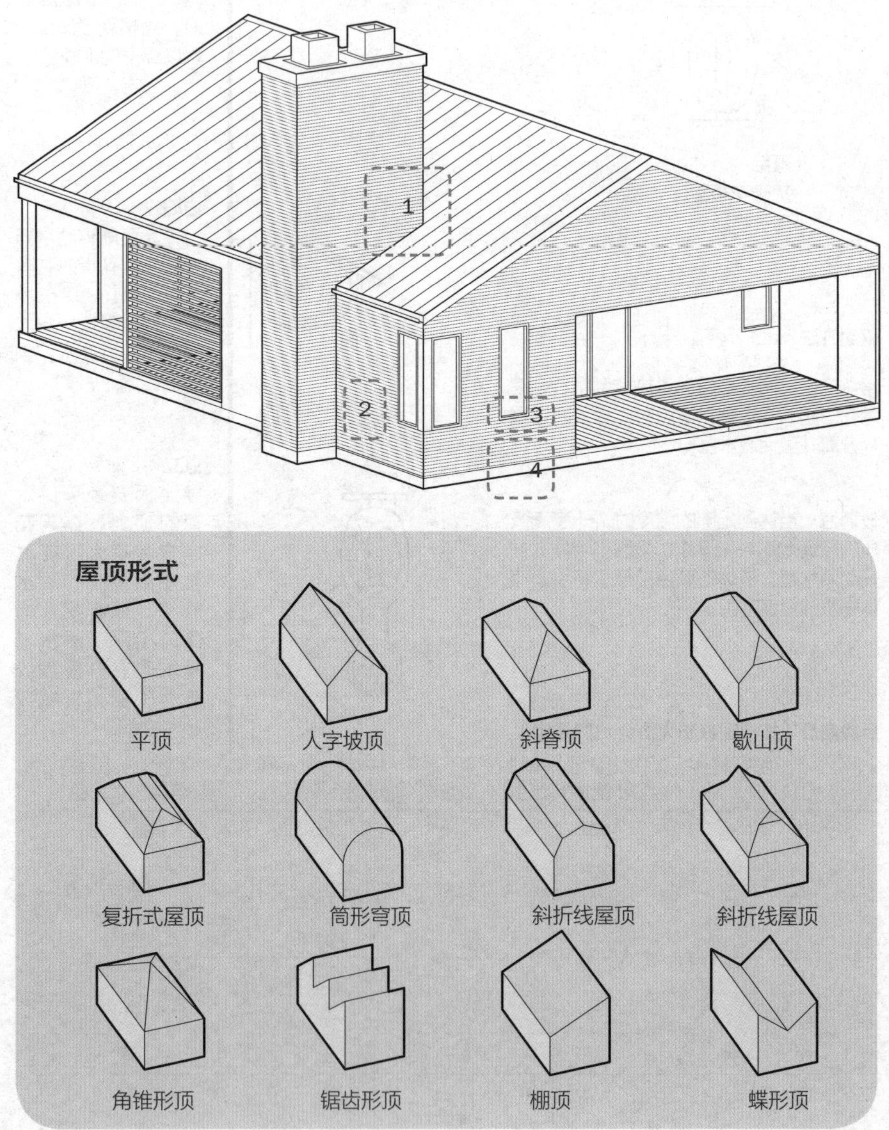

遮雨板

遮雨板用于一座建筑物外部的某些部位，其作用是：移去雨水并快速而有效地将雨水导引到排水系统中。常见的遮雨板为金属薄片（铜、铝、不锈钢或镀锌涂装板）或者其他不受影响的材料如橡胶。材料的选择经常取决于遮雨板是否是外露的（金属是首选）或隐藏的，以及其他材料是否有可能与之相接触。

1.屋顶

遮雨板环绕着伸出的物体如烟囱和通风孔以防止雨水浸入连接处和接缝。

2.墙

遮雨板可以阻止雨水进入墙体内，或者使已进入墙洞内的雨水改变流向。

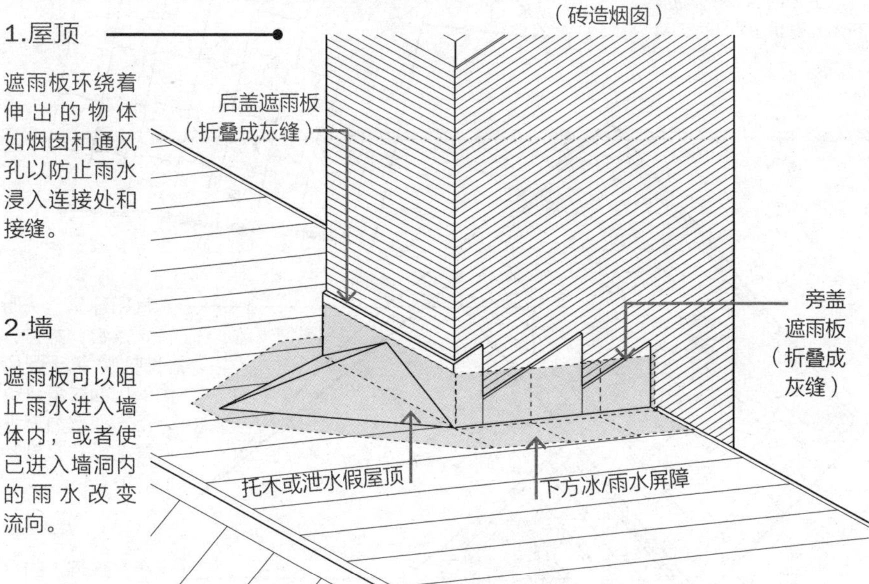

3.窗台

一面墙的中断，例如门和窗户，易受渗水的影响。

4.基础

重力有助于雨水脱离墙体沿遮雨板的倾斜表面向下流淌并流出泄水孔。

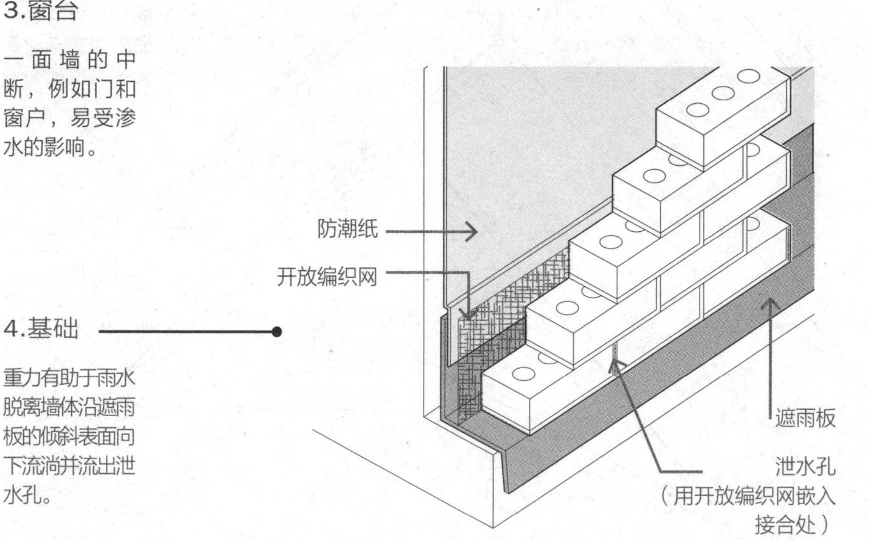

屋顶系统类型：陡坡

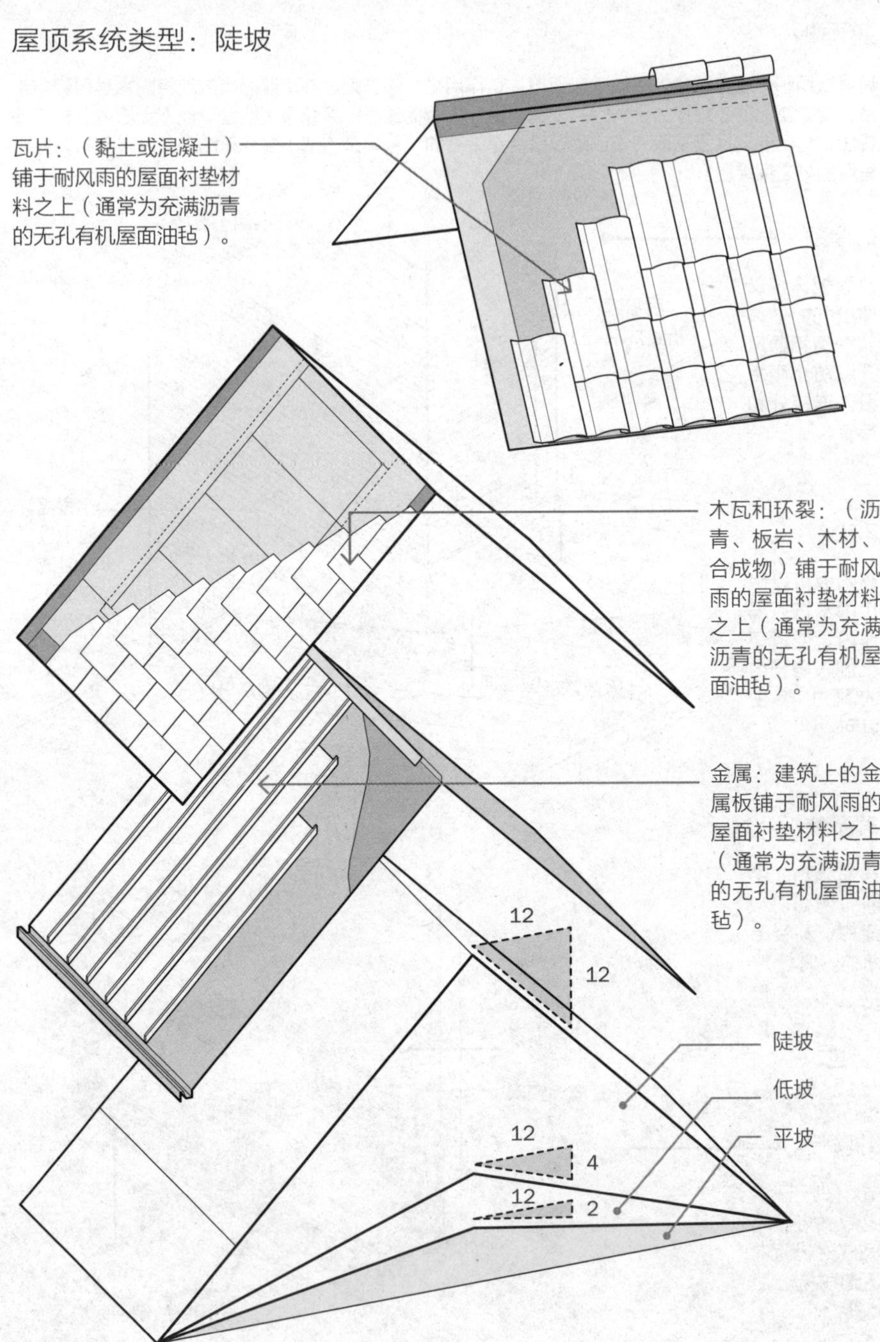
瓦片：（黏土或混凝土）
铺于耐风雨的屋面衬垫材
料之上（通常为充满沥青
的无孔有机屋面油毡）。
木瓦和环裂：（沥
青、板岩、木材、
合成物）铺于耐风
雨的屋面衬垫材料
之上（通常为充满
沥青的无孔有机屋
面油毡）。
金属：建筑上的金
属板铺于耐风雨的
屋面衬垫材料之上
（通常为充满沥青
的无孔有机屋面油
毡）。
12
12
陡坡
低坡
平坡
12
4
12
2

屋顶系统类型：低坡和平坡

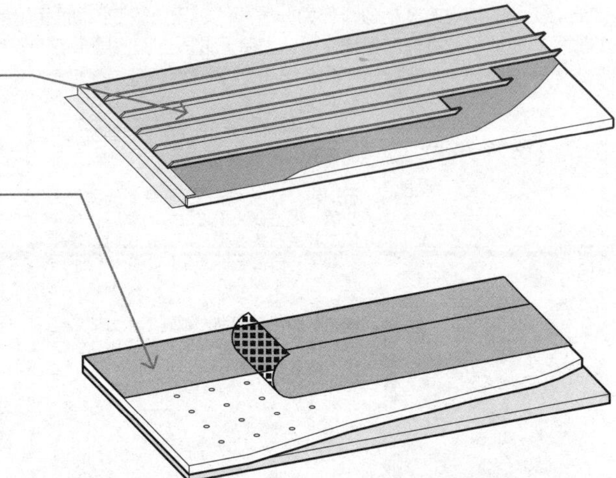

构造金属板：置于耐风雨的屋面衬垫材料之上。

单层膜：热塑性或热固性的薄膜都是工厂制造的。安装方法包括满粘、机械固定或用压载物压制。如图所示，薄膜满粘于绝缘材料，绝缘材料机械固定于基片。

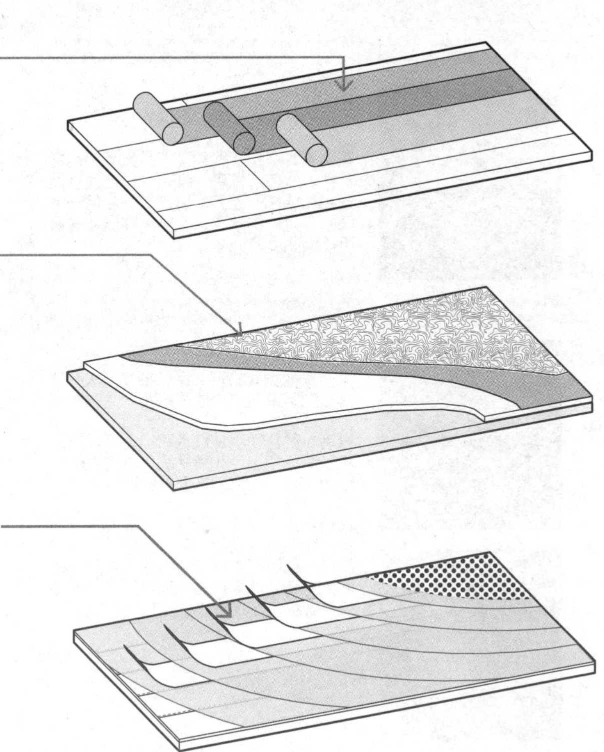

改进的聚合物沥青板薄膜（MB）：由多层组成，大部分经常满粘成两层的系统。

喷涂聚氨酯泡沫板（SPF）：基层是刚性的，喷射而成的泡沫绝缘材料，在其之上是喷涂式附着的人造橡胶耐风雨层。考虑到耐久性和美学上的价值，这一层可能要加入沙子或矿物颗粒。

组合屋顶（BUR）：沥青（柏油、煤焦油或冷施用的黏合剂）和加强的织物（屋面衬垫材料）都被应用于改变各层来创造薄膜。有时候指的是“焦油或砂砾”屋顶。砂砾或其他矿物可能加于顶层。

石头

作为一种建筑材料，石头可能以两种不同的方式来使用：作为砌块单元和灰泥一块铺设，和砖块或混凝土块的铺设方式相似；作为一层薄的、无负载的饰面层可附着于后背墙和结构框架。石头的颜色、质地和图案非常多样，可作为单元混凝土和包层系统的设计和细节处理对象。

石灰岩

砂岩

沉积岩

（在自然作用或风的作用下得到的沉积的石头）

石灰岩： 颜色大多数为白色、浅黄色和灰色。尽管在风干之后，天然磨石水分蒸发并且石头变硬，但其初挖时，多孔又潮湿。适合于墙面和地板面，但不适宜磨光。

砂岩： 颜色范围为浅黄到巧克力棕到红色。适合于大多数建筑物的应用，但是也不适宜高度磨光。

花岗岩

火成岩

（由融化状态得到的沉积的石头）

花岗岩： 有广泛的纹理，并且颜色包括灰色、黑色、棕色、红色、粉红色、浅黄色和绿色。无孔而坚硬。适合用于地面和在风雨中暴露。有很多种质地并且可能会高度磨光。

板岩

大理石

变质岩

（由其他类型的石头经加热或受压而转换成的沉积的或火成的石头）

板岩： 颜色范围从红色和棕色到浅灰绿色到紫色和黑色。片状的自然特性使其成为铺路、屋顶和饰面板的理想材料。

大理石： 在颜色和条纹样式上高度多样。颜色范围包括白色、黑色、蓝色、绿色、红色和粉红色，以及所有颜色之间的色调。适合用作建筑物用石，但是大多数经常高度磨光并用作饰面板。

石头砌体包括碎石（不规则的开采出来的碎片）、规格石料（开采出来的并切割成长方形的形式，体积大的称为琢石，体积小的称为石料）和石板（作铺路石用的薄板，不规则或切割而成）。

砌体图案模式

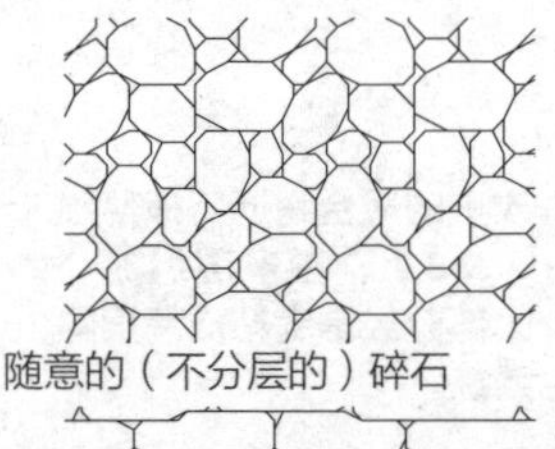

随意的（不分层的）碎石

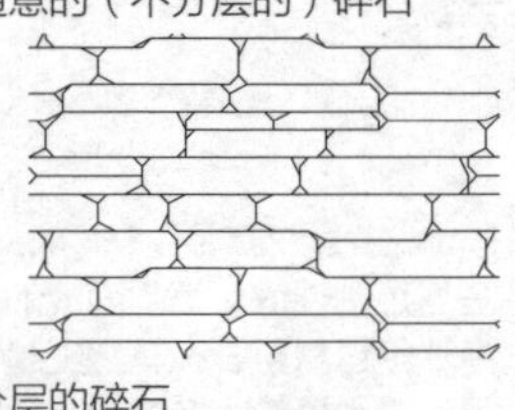

分层的碎石

随意的（不分层的）石料

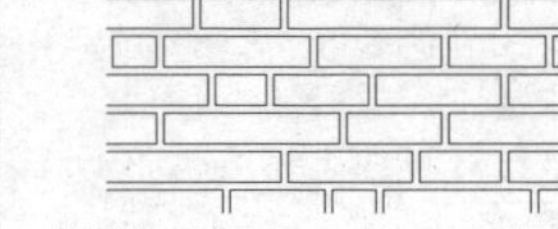

分层的石料

砌体承重墙

建造砖、混凝土块和石头墙作为承重墙将会有许多不同的特性，这取决于它们是否加固过，是否使用超过一种砌体单元类型（合成的墙）或者是否是实心墙或空心墙。

加固

加固的砌体可以使墙体更薄、更高。

合成的墙

合成的砌体墙采用混凝土块并以砖或外叶墙上的石板作为支撑，这两层用钢制的水平加固物结合。砌块联结将砌块的外叶墙连接到一起或者去支撑木头、混凝土或钢后背结构。锚连接着各砌块单元以支撑结构。

空心墙

空心墙有砌块单元的内、外叶墙，它们之间以最小尺寸为51mm的空间相分隔。砌块联结将两叶墙维持在一起。如果雨水渗过外叶墙，它就会沿着外叶墙的内表面顺流而下并被遮雨板收集在基部，遮雨板则可以通过泄水孔使雨水回转至墙外。

空心墙联结处

砖

混凝土空心砌块墙

遮雨板

泄水孔

常见的墙体结构

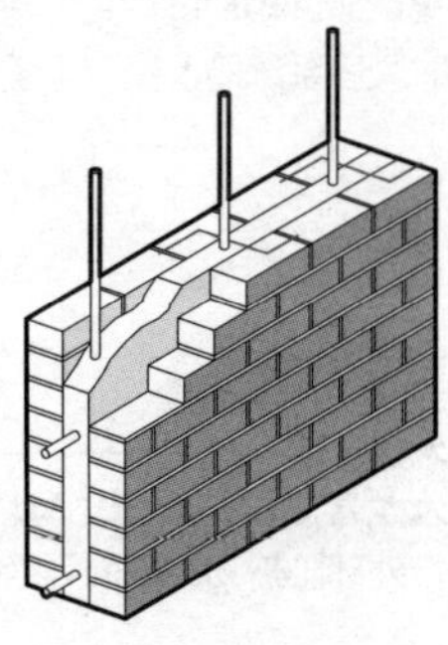

双叶砖墙中间夹钢筋混凝土

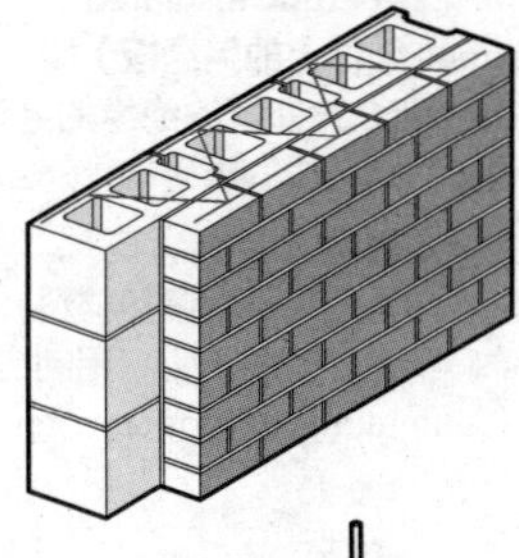

砖墙在混凝土空心砌块墙后背（混凝土空心砌块墙有可能加固或不加固），它们之间以Z形连接相联结

空心砖墙或混凝土空心砌块墙（混凝土空心砌块墙经过加固）

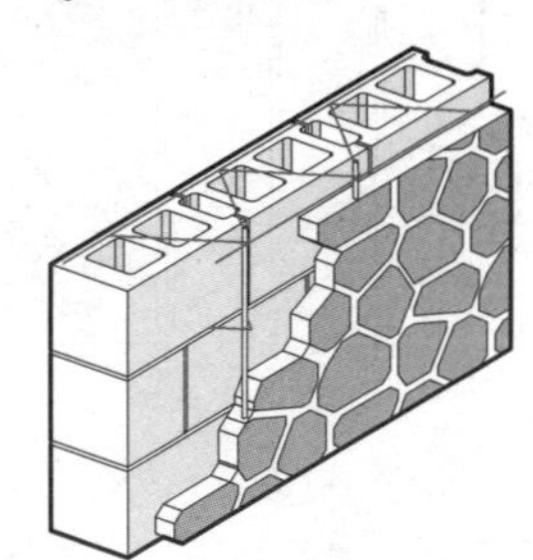

石板在混凝土空心砌块墙后背，它们之间以可调节的石制连接相联结

外墙

常见的结构如图所示，尽管后背系统和外部包层系统的结合在很多情况下是可以相互交换的，同时紧固系统的改变取决于应用在特定的结构要素中的材料类型。

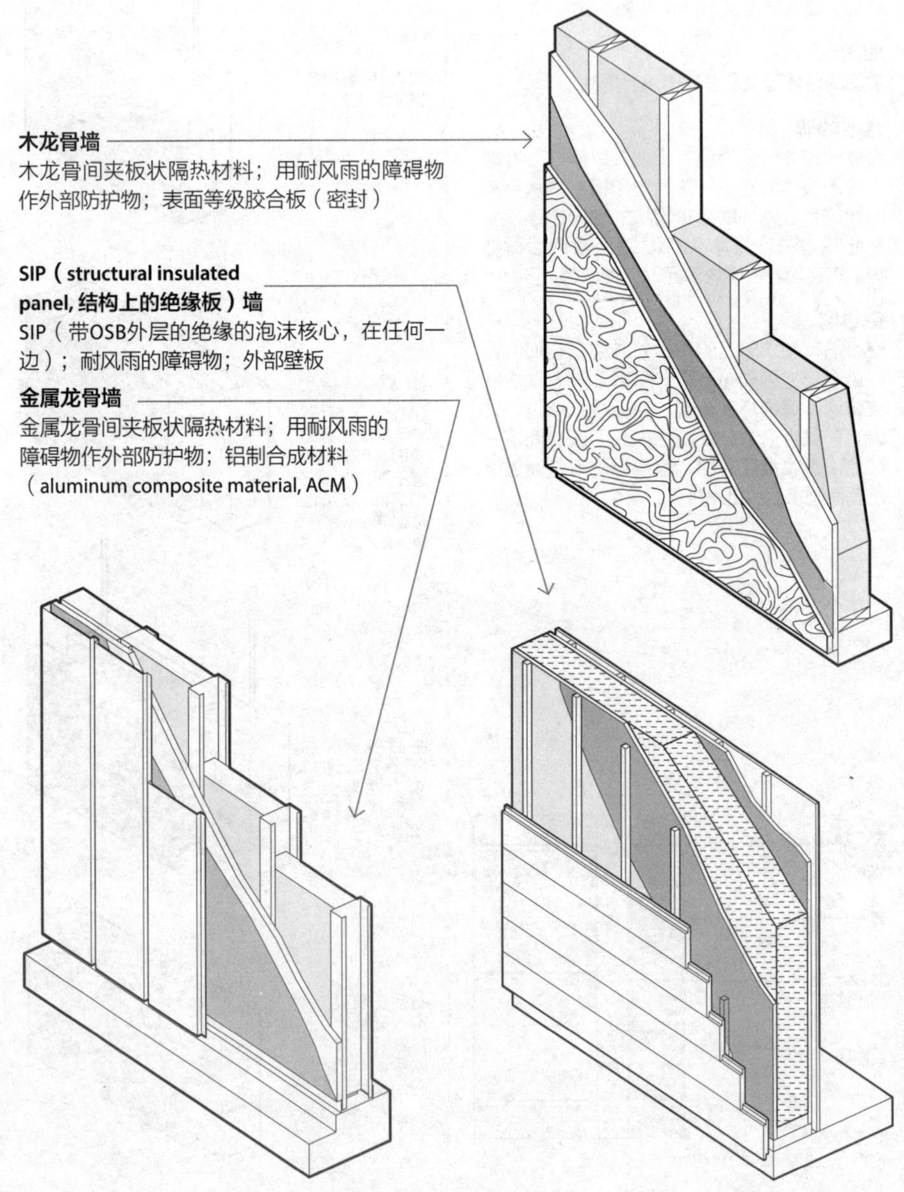

一座建筑物的外皮是垂直的包层，其可以将内部空间从外部空间中分隔开来，必须能有效地防水及维持所需的内部气候。大多数墙体建造包括结构要素、绝缘材料、水障和外部包层材料。墙体建造取决于许多因素，包括建筑体量和高度、后背材料如混凝土空心砌块、混凝土以及能承压的龙骨系统，或者作为结构构架的填充料。

合成墙
加固的混凝土空心砌块墙后背；坚硬的绝缘材料；25mm的最小间空；砖（或其他砌体）联结混凝土空心砌块墙

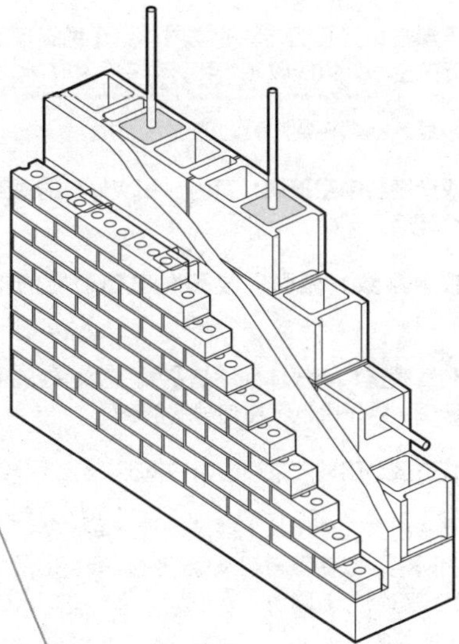

极高表现性能的混凝土（UHPC）墙
现浇的或预制的混凝土墙；极高表现性能的混凝土预制板（有织纹的）

灰泥墙
混凝土或砌块墙；两层灰泥

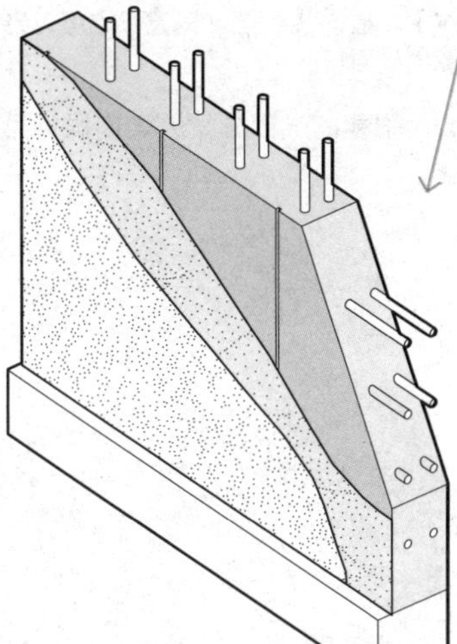

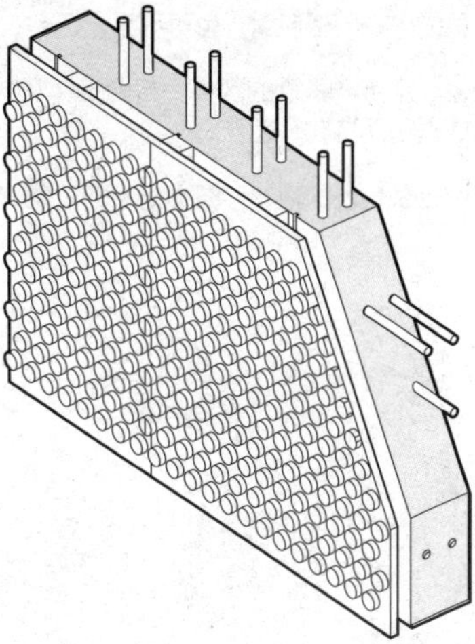

窗户和窗玻璃

填料：填补空隙用密封剂。

冷凝：空气中的水汽接触到寒冷的表面如玻璃面时发生压缩并形成有雾现象的过程。

对流：通过空气运动转移热量。

干燥剂：无孔的透明的物质，用于绝缘玻璃单元的空心处以吸收潮气和外界空气中的水汽。

露点：水汽将要冷凝时的适合温度。

双道密封中空玻璃：有内封和次外封的密封绝缘玻璃。

辐射系数：表面吸收和发射辐射能的相对能力。

充气装置：有气体而不是空气在空心处的绝缘玻璃，用于降低热量传导率的*U*值。

装玻璃：用玻璃来适应窗户框架。

格子窗：在玻璃片上或玻璃片之间安装装饰性的网格，以使其看起来像门中梃条，但是实际上没有划分玻璃。

光（或利特）：门或窗玻璃单位，由框格或门中梃条包围。有时候拼写为“利特”以避免和可见的“光”相混淆；也可称为窗格。

竖框：水平或垂直的部件，将两相邻利特的玻璃或框格托持在一起。

门中梃条：条状物，分离框格中的玻璃的边。

被动式太阳能获得：当太阳光通过一种材料时能自然地捕获太阳能的太阳能式加热。

***R*值：**测量材料总体的抗热传导性，该热传导仅指因材料两边空气温度的不同而引起。见*U*值。

辐射：物体放射出热量通过开放空间的过程，正如太阳光一样。

框格：支持玻璃利特，并可将玻璃装于其中。

遮阳系数：太阳能透过玻璃进入建筑物空间的总量的相对量度，计算方法为：获得的太阳能透过特定的玻璃产品和透过1利特3mm厚的洁净玻璃的比率。3mm厚的玻璃赋值为1。遮阳系数越低，表示太阳能传输量越低。

钢化玻璃：经特别热处理的高强度的安全玻璃。

热力性能：玻璃单元作为传热屏障的能力。

总太阳能：总太阳能光谱由紫外、可见和近红外波段组成。

***U*值：**热量传导的量度；和*R*值互为倒数。

紫外（UV）：放射线类型，其波长比可见光更短，比X射线更长。

可见光：太阳能的一部分，人类肉眼可见为光。

窗户类型

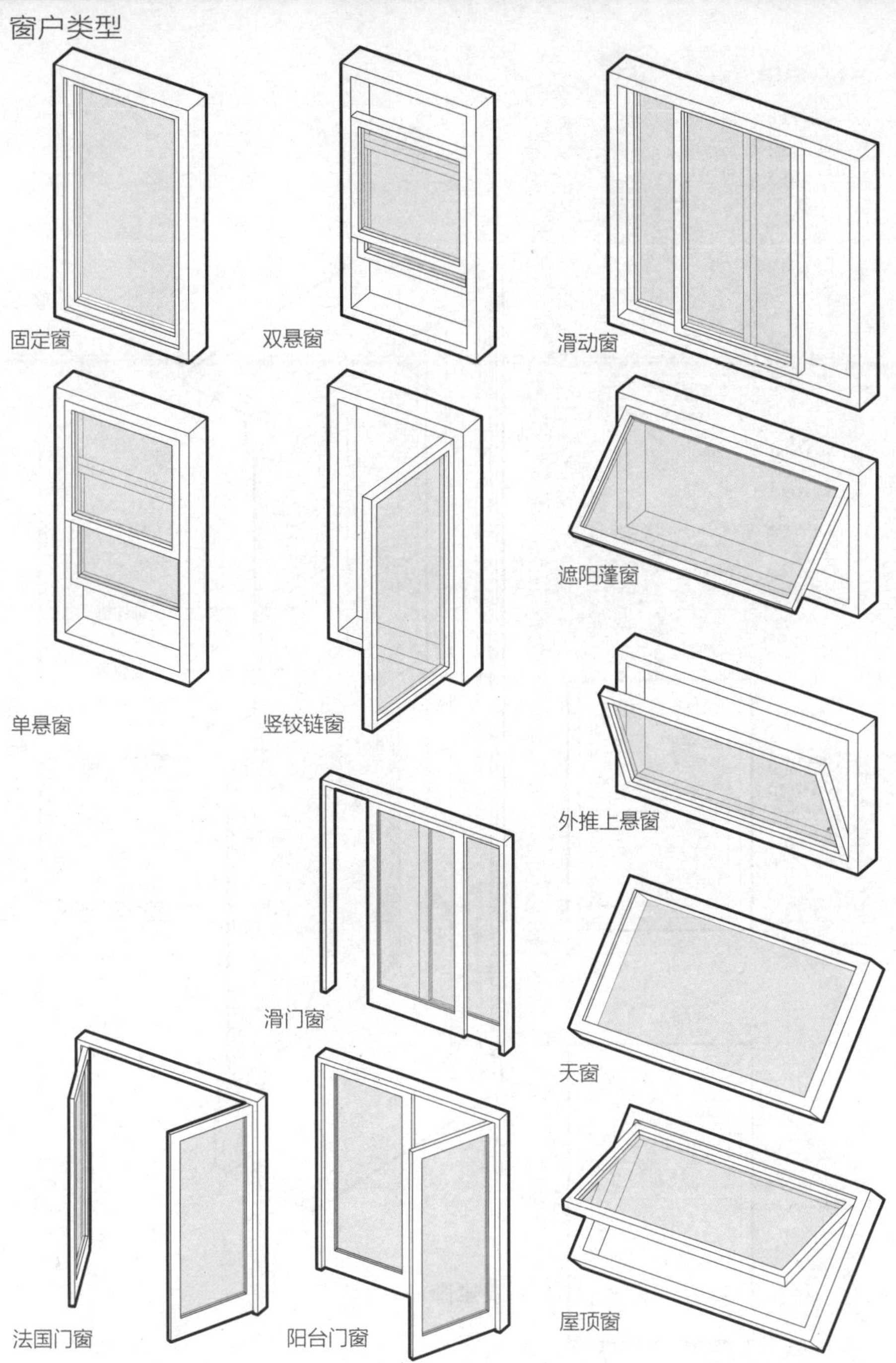

窗户定尺寸

来自窗户制造商目录的一典型的图表展示了窗户常备的尺寸和类型。Mas Opg（砌块开口）是必须存在于砖、大块石料或者石头墙上的开口；Rgh Opg（粗略开口）是要求存在于典型的立柱墙上的开口；Sash Opg（框格开口）是窗户自身的尺寸；Glass Size是玻璃的尺寸。

Mas Opg	826mm
Rgh Opg	772mm
Sash Opg	712mm
Glass Size	610mm

1080mm
1061mm
965mm
487mm

1283mm
1263mm
1168mm
508mm

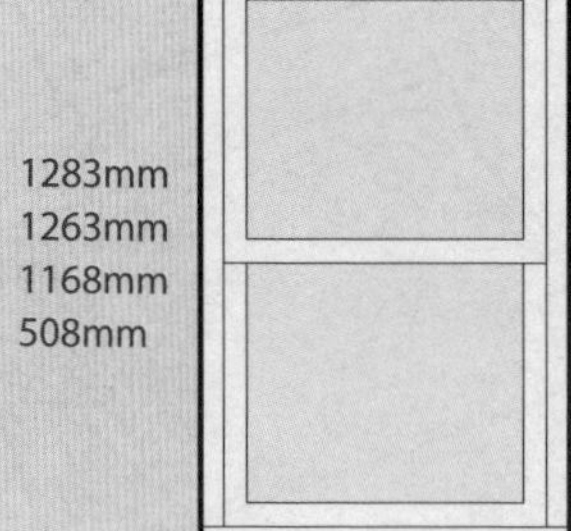

窗头
装饰性格子
双层玻璃
窗框的横档
利特/窗格玻璃
框格
粗略开口

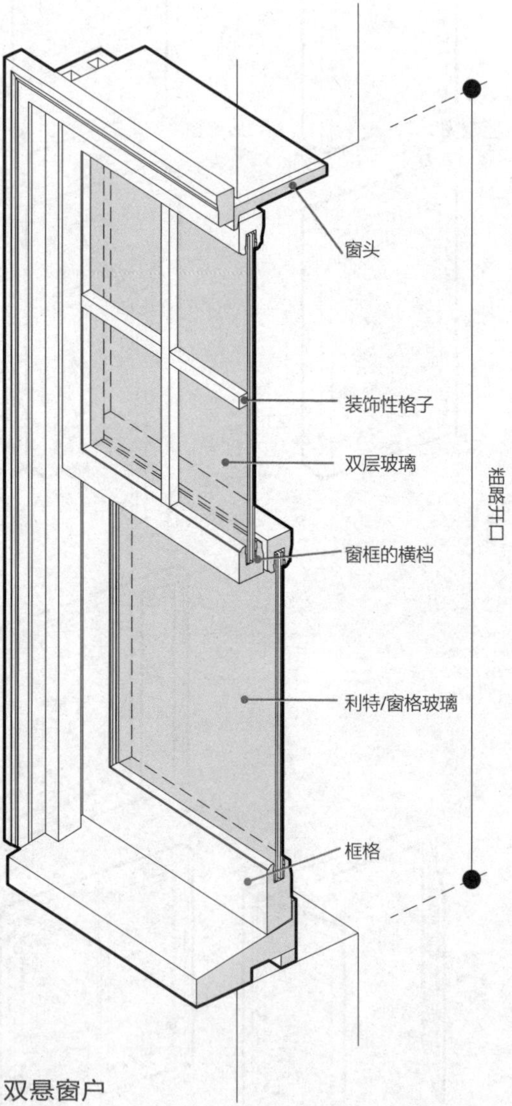

双悬窗户

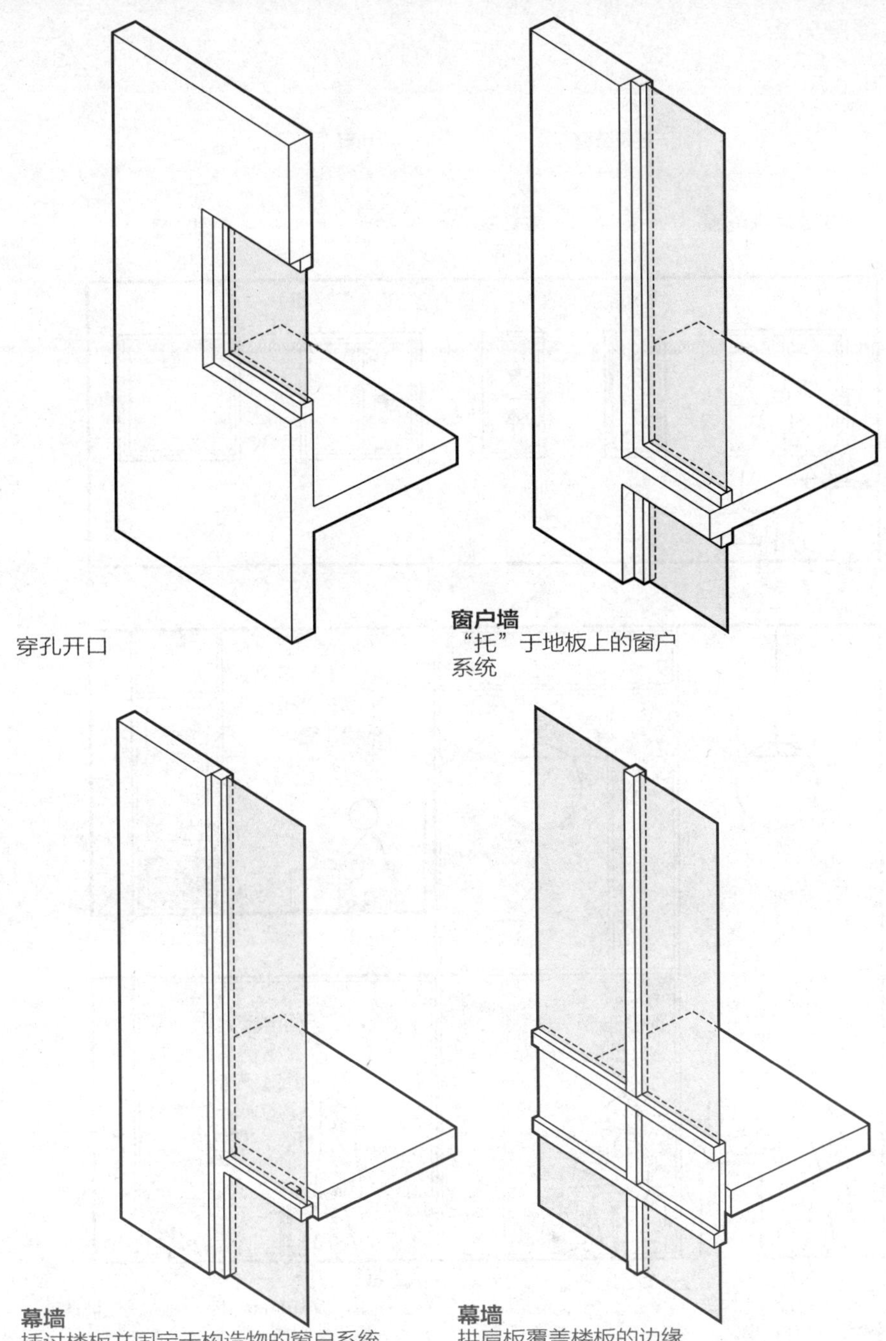

穿孔开口

窗户墙
“托”于地板上的窗户系统

幕墙
插过楼板并固定于构造物的窗户系统

幕墙
拱肩板覆盖楼板的边缘

窗户分析

竖铰链窗
内屏

滑动窗
外屏或内屏

竖铰链窗+固定窗
内屏

双悬窗
外屏

固定窗
无屏

（理想的为处理窗户而留的窗户以上的空间）

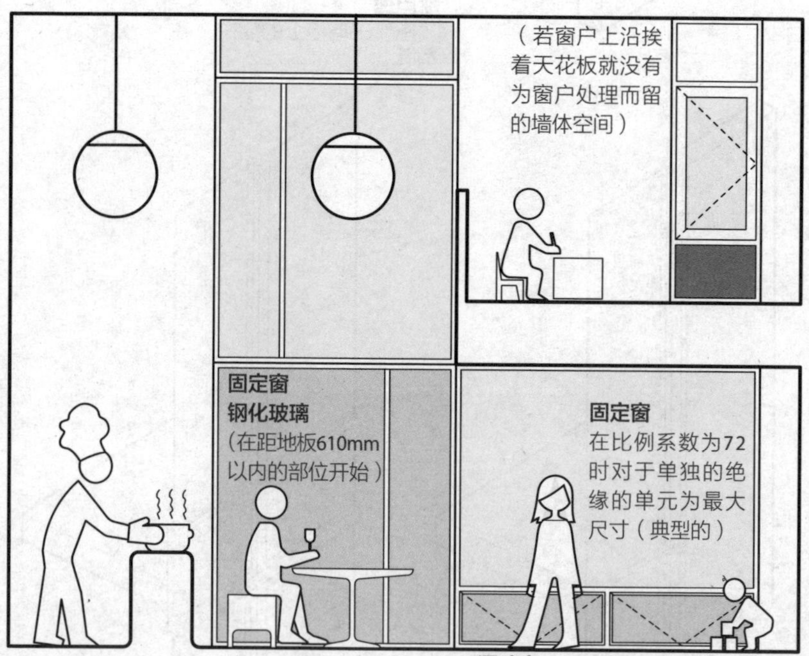

漏斗窗
若在距地板610mm以内，则为钢化玻璃或实心玻璃（参照当地的规范）

内部

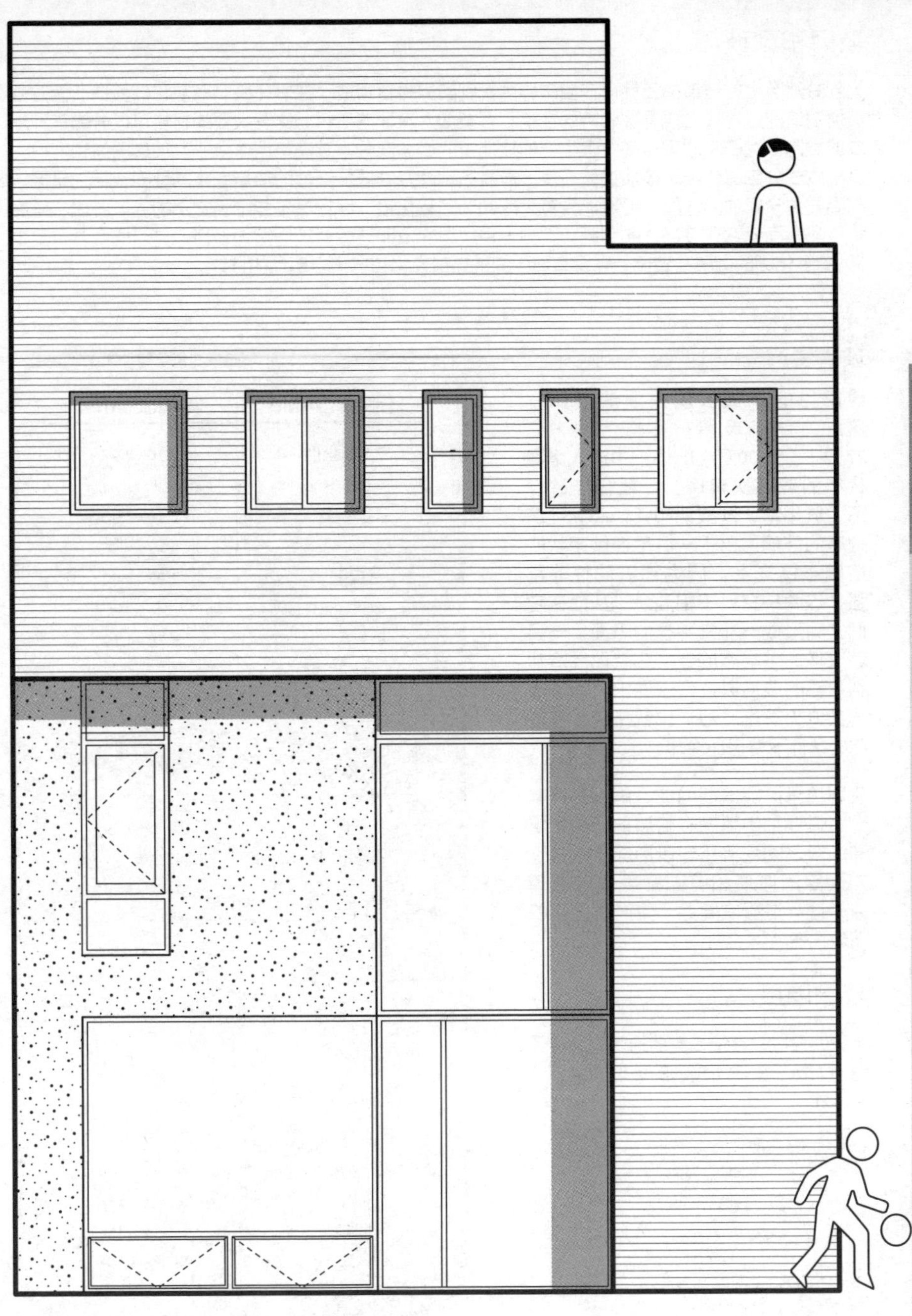

外部

玻璃和窗玻璃

大部分建筑上的玻璃由三种可在自然界中找到的原材料组成：二氧化硅、石灰和碳酸钠。为方便玻璃制造的过程或者赋予玻璃特殊性能，可能加入次要的材料，这些次要的材料可以分为三种基本的类别。碱石灰玻璃占商业上生产的玻璃中的绝大部分。玻璃可用作瓶子、玻璃器皿和窗户，其组成成分二氧化硅、碳酸钠和石灰不能赋予玻璃好的抵抗突然的热量变化的性能，特别是抵抗高温或化学腐蚀的性能。铅玻璃含有大约20%的氧化铅，尽管其不能禁受突然的温度变化，但其柔软的表面使它在装饰性的切割和雕刻上是理想的。硼硅酸盐玻璃指的是任何其组成中含有至少5%的氧化硼的硼酸盐玻璃，它具有更佳的抗热量变化和抗化学腐蚀的性能。

玻璃生产

最常见的平板玻璃是浮法玻璃，这种方法制玻璃需称量合适，在2732˚F（1500℃）的熔炉中混入熔融状态的碱石灰玻璃、二氧化硅砂、钙、氧化物、碳酸钠和镁。高黏性熔融态的玻璃漂浮于一缸呈连续带状的熔融态锡之上。因为锡流动性非常强，这两种材料不相混合，从而在它们之间形成一非常平整的表面。一旦玻璃移离熔融态的锡，它就已经冷却到足够的温度以适合于退出火炉。玻璃在退火炉里冷却，也就是说，在控制的条件下慢慢地冷却。

玻璃也有可能滚制而成，滚制是这样一个过程：半熔融态的玻璃在两金属的滚筒之间受挤压，以形成一条有预先确定的厚度和有图案表面的玻璃带。这一过程主要用于生产有图案的玻璃和铸玻璃。

玻璃厚度

单张的尺寸、卷绕和其他的负载决定了任何为特定窗户所需求的玻璃厚度。

标称厚度/mm	实际范围/mm
2.5单强度	2.16~2.57
层积材	2.59~2.90
3双强度	2.92~3.40
4	3.78~4.19
5	4.57~5.05
5.5	5.08~5.54
6	5.56~6.20
8	7.42~8.43
10	9.02~10.31
13	11.91~13.49
16	15.09~16.66
19	18.26~19.84
25	24.61~26.18
31	28.58~34.93

玻璃形式

玻璃块： 玻璃块可归类为砌块单元。典型的单元由两中空的一半融合在一起制成，其内部是空心的。实心的玻璃块称为玻璃砖，它可以防撞击且是透明的。太阳能玻璃块单元可能有包层或插入物。玻璃块墙以和其他砌块墙相似的样式建造，其是使用灰泥、金属锚和连系材；它们可以应用于内部或外部。

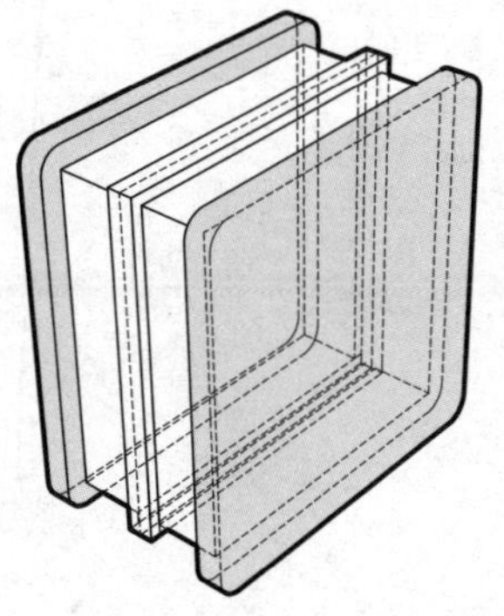

习惯上的尺寸（mm × mm）

115 × 115
146 × 146（标称152 × 152）
191 × 191
197 × 197（标称204 × 204）
263 × 263
299 × 299（标称305 × 305）
95 × 197（标称102 × 204）
146 × 197（标称194 × 245）

厚度：76~102mm

首选的国际标准尺寸（mm × mm）

115 × 115
190 × 190
240 × 240
300 × 300
240 × 115

厚度：80~100mm

铸玻璃或槽形玻璃： U形的线性玻璃槽都是自我支撑的并容纳于金属周边式框架之内。可能会用到相互扣紧的两层，以创造不同水平的强度、声音和热绝缘及半透明性。玻璃厚度为6~7mm；槽宽范围为230~485mm，高度取决于不同的宽度和风负荷。铸玻璃可以作为弯曲的表面在垂直或水平方向、内部或外部空间中应用。玻璃自身可制成电线状、带色彩或有其他的特性。双层槽提供了一个可充满气凝胶的自然的空心空间，一网格滞留有很多小孔的玻璃，这样就形成了一种带5%实心、95%空心的绝缘物质。

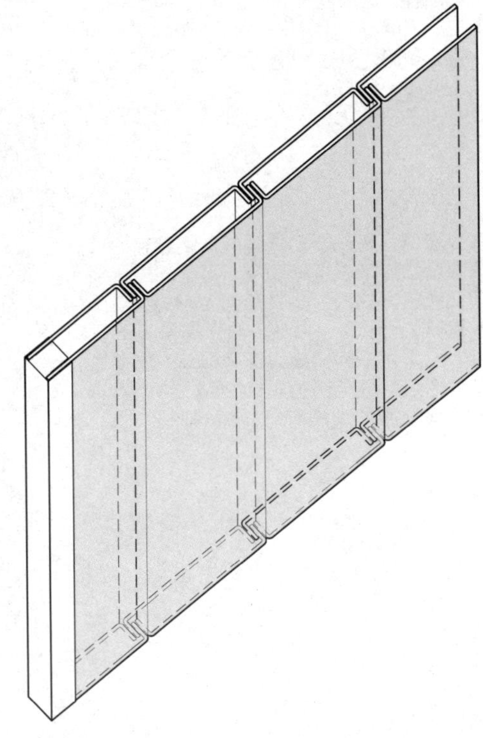

玻璃类型

绝缘玻璃：二窗格或更多窗格的玻璃包住一密封的空心空间，其由去湿填充物已吸收空气中的湿气的空间分隔。绝缘玻璃单元（IGUs）多层的玻璃和空心空间极大地降低了热传导率。低辐射或其他包层可能用于一部分或更多部分的玻璃表面以更大的改进其热表现性能。氩气和六氟化硫气体可能充满玻璃片之间的空间以取得更高的效率和降低噪声传播。装双层玻璃的IGU标准总厚度为25.4mm，其中有6mm厚的玻璃和13mm厚的空心空间。

气泡的数量代表玻璃表面的数量，在外部表层开始于1。

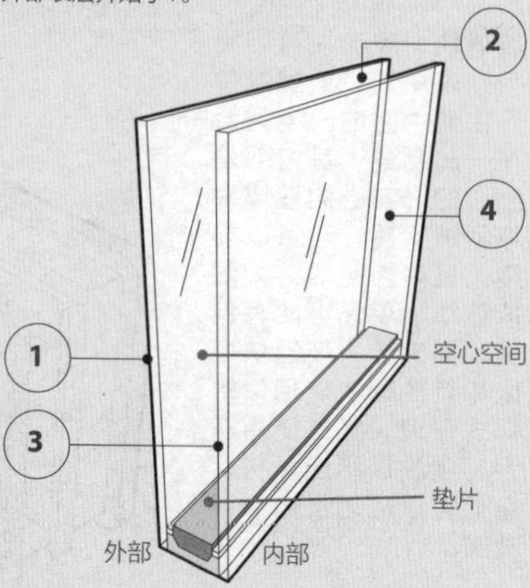

反射玻璃：普通的浮法玻璃（清洁的或有齿的），用金属或金属氧化物覆盖表层以减少太阳热量。这个包层也生成了单方向的镜面效应，通常产生于外部镜面。遮阳系数取决于含金属的外层的密度，其遮阳系数范围为0.31~0.70。

低辐射玻璃：低发散率是明净的浮法玻璃所具有的，该浮法玻璃带有极小的可通过抑制辐射热量和阻挡短波辐射来阻止热量获取的薄金属包层。同时，它能提供光传播、低反射和减少热量转移。一般的，低辐射玻璃可以切割、分成薄片或者钢化。其产品有软层（真空或溅射镀膜）或硬层（热解的）两种变体。

防弹玻璃：将化学元素添加入熔融态的玻璃混合物可产生多种颜色。可见光的传播率取决于光的颜色，其范围为14%（对于非常暗的颜色）~75%（对于非常亮的颜色）。（明净的玻璃大约有85%的光传播率）遮阳系数范围为0.50~0.75，这意味着双强明净的玻璃可以传输50%~75%的太阳能。

着色剂	玻璃颜色
硫化镉	黄
碳或硫	棕、琥珀色
铈	黄
铬	绿、粉红、黄
钴	蓝、绿、粉红
铜	蓝、绿、红
铁	蓝、棕、绿
锰	紫
镍	紫、黄
硒	粉红、红
钛	棕、紫
钒	蓝、灰、绿

安全玻璃

钢化玻璃：在重新加热到大约1200℉（650℃）之前，将退火的玻璃切割或饰边。如果玻璃快速冷却，可认为其将会完全钢化；玻璃强度将会达到退火玻璃强度的4倍，并且当其破碎后，它就分散为小的、方形边缘的颗粒而不是锋利的碎片。如果缓慢冷却，玻璃强度将会达到退火玻璃强度的2倍，并且其破碎的碎片不仅仅是线状的而且还有保持构架的倾向。更缓慢的制造过程也就是更低的成本。钢化玻璃用作楼板连天花板玻璃、玻璃门、壁球室墙和暴露于强风和高温中的墙体。

化学加强玻璃：由一种化学溶液覆盖的玻璃，其可以产生更高的机械抵抗性，从而使玻璃具有与热加强（钢化的）玻璃相似的性能。

层压的玻璃：塑料或松脂夹层夹入单层玻璃之间，各层通过加热或外压力结合在一起。当玻璃破碎时，层压的夹层将碎片维持在一起，这种特性使其作为制作天窗玻璃、楼梯扶手、商店前部橱窗是理想玻璃。安全玻璃（防子弹）由多层的玻璃和乙烯基组成，厚度很大。

夹丝玻璃：一金属丝网夹于两半熔融态的玻璃带中，其是通过一副金属滚筒挤压在一起。当玻璃破碎时，金属丝维持碎片在合适的位置。夹丝玻璃经常可用作防火门和防火墙上的窗户玻璃。

专业和装饰性玻璃

光电玻璃：太阳能电池嵌入夹于窗格玻璃之间的树脂中。每一个电池和其他电池通过电力联结，将太阳能转换为电流。

X射线防护玻璃：主要用于医学或其他放射学房间，X射线玻璃具有高量的可降低电离辐射的含铅氧化物。X射线玻璃可用作层压材和用于装单层玻璃或双层玻璃的单元。

电加热玻璃：聚乙烯醇缩丁醛薄膜在两层或更多层的玻璃之间受压。导电金属丝加热玻璃，从而使其在高含水率或室内外温差极大的地区是有用的。

自净玻璃：在其外部带有一光催化包层的浮法玻璃，该包层可以和紫外射线反应以分解有机尘埃。亲水的性能也使得顺玻璃而下的雨水像纸张，冲洗掉落于玻璃上的灰尘。

上釉的/丝网印刷玻璃：特别的矿物颜料在回火或退火之前沉积于玻璃表面的一面。多种颜色和图案可以用于装饰性的目的。上釉的玻璃也可以用作太阳射线导体。

喷砂玻璃：通过以高速喷射砂子于玻璃表面的方式制得半透明的表面。有可能用装饰性的图案或用不同的深度和透明度制得，这取决于力度和砂子的类型。

酸侵蚀玻璃：浮法玻璃的一面被酸侵蚀，使其有比通过喷砂获得的玻璃饰面更平顺的饰面。

增透玻璃：覆有反射少量光线的包层的浮法玻璃。

标准 3

测量和绘图

一个建筑师的想法想要演变为经过完全深思熟虑的设计，这些想法就需要经历持续的演变、调查和实验。当应用到真实的尺度和量度时，当平整的平面图成为立体的且内外都经过检查的空间时，速记和速写很快就要接受检验。要成为建造形式，建筑师必须和众多参与设计过程的群体交流想法，从而建筑师将会开始作品创作的循环以及对作品创作思路进行陈述的循环。

对于向终将成为建筑物所有者的客户进行的陈述，在交流上可以采取素描的形式、硬纸板模型、电脑模型和数字动画——任何确保设计能被理解的形式都是需要的。在准备这些材料的过程中，建筑师经常会发现设计的新层面，这些新层面能推动更深远的研究和陈述。

为了建造建筑物，建筑师会准备文件以确定标准。测量技术式的绘图描述了为建造建筑物所必需的一切东西。从结构工程师和机械工程师到电力工程师和照明设计师，许多其他的团队也会参与其中，这取决于建筑项目的尺寸。这些行业中的每一个行业对于它们的工作也都制定有特定的建造文件并协调整个集合。在每一方面，这些绘图和文本规范必须清楚而准确，以确保结构建造良好。

第10章　测量和几何

如今世界上使用的两种主要的测量系统是公制的系统（也称为国际单位制，通常在所有国家中缩写为SI）和美国惯用的单位系统（指的是在美国作为英制单位或标准单位）。后者是非正式的单位系统，其是基于英制单位并曾经用于英国和英联邦。

公制的系统已经成为在科学、贸易和商业中广为接受的单位系统。然而在美国，在《公制转换法案1975》中确立的将SI作为首选的重量和测量单位系统以用于贸易和商业中的地方，联邦法律已经授权SI为官方系统，从而使其使用仍然主要是基于自愿。一些美国地区政府包括美国国家公制委员会（American National Metric Council, ANMC）和美国公制协会（the United States Metric Association, USMA），正致力于将SI确立为官方的测量系统，这一过程被称为公制化。尽管建筑、工程和建筑物贸易在实现完全的转变上速度较慢，但几乎所有的联邦资助的建筑项目现在都需要用SI单位。

测量单位：惯用的单位数据

习惯的单位可能以多种方式出现，包括分数（1½″）或者小数（1.5″或0.125′），这取决于为特殊情形而定的更常见的用法。它应该这样注解，尽管这里所示的不是例子，指数可以用缩写的形式来指定面积和体积；例如，面积为100ft²或体积为100ft³。

线等量

惯用的测量单位	和其他惯用单位的联系
英寸（in或者″）	1/12ft
英尺（ft或者′）	12 in 1/3yd
码（yd）	36 in 3 ft
棒（rd）、柱或杆	16½ ft 5½ yd
链	4 rd 22 yd
弗隆	220 yd或40 rd
英里（mile），法令	5280 ft或1760 yd 或8弗隆
英里（mile），航海的（海里）	2025 yd

面积等量

惯用的测量单位	和其他惯用单位的联系
平方英寸 (in^2)	0.007 (1/142) ft^2
平方英尺 (ft^2)	144 in^2
平方码 (yd^2)	1296 in^2 9 ft^2
平方柱	30 1/4 yd^2
英亩（acre）	43560 ft^2 40 rd (1 弗隆) x 4 rd (1 链)
平方英里 ($mile^2$)	640 acre

分数对小数等量

分数	小数
1/32	0.03125
1/16	0.0625
3/32	0.0938
1/8	0.1250
5/32	0.1563
3/16	0.1875
7/32	0.2188
1/4	0.2500
9/32	0.2813
5/16	0.3125
11/32	0.3438
3/8	0.3750
13/32	0.4063
7/16	0.4375
15/32	0.4688
1/2	0.5000
17/32	0.5313
9/16	0.5625
19/32	0.5938
5/8	0.6250
21/32	0.6563
11/16	0.6875
23/32	0.7188
3/4	0.7500
25/32	0.7813
13/16	0.8125
27/32	0.8438
7/8	0.8750
29/32	0.9063
15/16	0.9375
31/32	0.9688
1/1	1.0000

公制转换

长度换算因数

英制的	公制的
1in	25.4mm
1ft	0.3048m或304.8mm
1yd	0.9144m
1mile	1.609344km

英制的	公制的
$1in^2$	$645.16mm^2$
$1ft^2$	$0.092903m^2$
$1yd^2$	$0.836127m^2$
1acre	$0.404686\ hm^2$或 $4046.86m^2$
$1mile^2$	$2.59000km^2$

长度换算因数

公制的	英制的
1μm	0.0000394 in或 0.03937 mile
1mm	0.0393701 in
1m	3.28084 ft或 1.09361 yd
1km	0.621371 mile

面积换算因数

公制的	英制的
$1mm^2$	$0.001550\ in^2$
$1m^2$	$10.7639\ ft^2$或 $1.19599\ yd^2$
$1hm^2$	2.47105 acre
$1km^2$	$0.368102\ mile^2$

测量单位：SI公制的单位数据

重量和测量大会（法语为“国际计量大会”，缩写为CGPM），每四年召开一次，讨论有关公制系统使用的问题，其已建立起了特定的使用规则、范例风格和公制单位的标点符号。国家标准和技术协会（National Institute of Standards and Technology NIST）——以前是国家标准署（National Bureau of Standards, NBS）——在美国确定了公制单位体系的使用。毫米是用于三维建筑物的首选单位，如果其在使用中是前后一致的就不用标出。米和千米是留给更大维度上空间如大地测量和交通运输来使用的。

除了从合适的名称中获取的标志（如N代表newton），单位名称和标志采取标准的、小写字体的类型。另一个例外是L代表liter，以避免小写的l和数字1相混淆。描述倍数和约数的前缀也是小写的，除了M、G和T（mega-、giga-和tera-）以标志的形式用大写字母写出以避免和单位标志相混淆，但是当拼写出来时仍然用小写。在前缀和代表单位名称（mm表示毫米，mL表示毫升）的字母之间不留空间。而在数字和单位名称或标志之间留有空间；例如：300 mm。

长度的公制单位换算

毫米 (mm)	厘米 (cm)	分米 (dm)	米 (m)	十米 (dam)	百米 (hm)	千米 (km)
1	0.1	0.01	0.001	0.000 1	0.000 01	0.000 001
10	1	0.1	0.01	0.001	0.000 1	0.000 01
100	10	1	0.1	0.01	0.001	0.000 1
1000	100	10	1	0.1	0.01	0.001
10 000	1000	100	10	1	0.1	0.01
100 000	10 000	1000	100	10	1	0.1
1000 000	100 000	10 000	1000	100	10	1

面积的公制单位换算

平方毫米 (mm^2)	平方厘米 (cm^2)	平方分米 (dm^2)	平方米 (m^2)	公亩	公顷 (hm^2)	平方千米 (km^2)
1	0.0 1	0.001	0.000 001			
100	1	0.01	0.000 1	0.000 001		
10 000	100	1	0.01	0.000 1	0.000 001	
1000 000	10 000	100	1	0.01	0.000 1	0.000 001
	1000 000	10 000	100	1	0.01	0.000 1
		1000 000	10 000	100	1	0.01
			1000 000	10 000	100	1

美国和加拿大以点来标志小数，而其他的国家使用逗号（例如：5,00和5.00）。因为这个原因，逗号不应用来分离一组数字。相反的，数字应该以3个为一组相分离，小数点左边和右边的数字都是这样，同时在每3个一组的数字之间留有空间（例如，1000 000可写作为1,000,000）。这一公制单位惯例的使用贯穿于全书。

复合名称的单位

物理量	单位	符号
面积	平方米	m^2
体积	立方米	m^3
密度	千克每立方米	kg/m^3
速度	米每秒	m/s
角速度	弧度每秒	rad/s
加速度	米每平方秒	m/s^2
角加速度	弧度每平方秒	rad/s^2
体积流量	立方米每秒	m^3/s
惯性矩	千克 · 平方米	$kg \cdot m^2$
力矩	牛 · 米	N · m
热流强度	瓦特每平方米	W/m^2
热导率	瓦特每米开尔文	W/(m·K)
亮度	坎德拉每平方米	cd/m^2

公制面积

正如体积一样，面积的国际单位制公制单位是从基础的长度单位取得的。它们显示出了基本单位的作用：例如，1平方米=$1m^2$=10^6 mm^2

平方厘米不是为建造所推荐的单位，其应该转换为平方毫米。

公顷仅用于土地和水体的测量。

当面积由线的维度来表达时，例如50mm × 100mm，宽度写在前，深度或高度写在后。

软转换和硬转换

英制单位和国际标准单位的转换可以有“软”或“硬”之分。在软转换中，12in等于305mm（已取整于304.8）。同样的数字在硬转换中，12in会等于300mm，这将有助于得到一更清楚和更合理的等价。这就是在建筑物贸易中完全公制化的最终目标。然而，这一过程是艰难的，这将需要许多建筑物产品去经历一个艰难的公制转换过程，因其平面草图设计网格使用的是英制的单位，在公制转换中6in等于150mm（而不是152mm），24in等于600mm（而不是610mm）。因此，为遵照合理的公制网格，标准产品如干式墙、砖块和天花板砖的实际尺寸都将需要改变。

在这本书中，我们已经做过每一种尝试以求准确地表示英制单位和国际标准单位之间的关系。除了有标注的地方之外，全书使用的都是软转换，并且由于空间的限制，它们通常写为如下形式：1′-6″(457mm)。

公制转换

英寸刻度和毫米刻度（1:1）

英尺刻度和米刻度 →

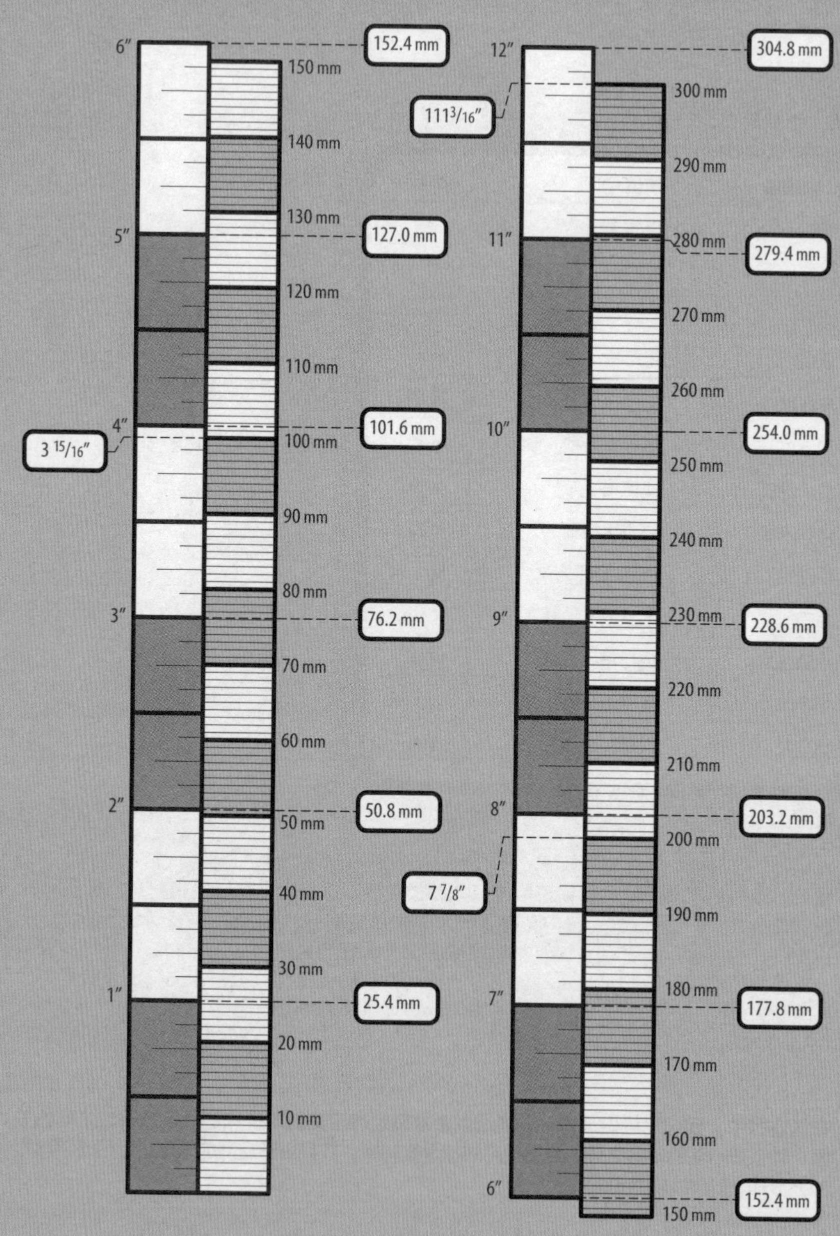

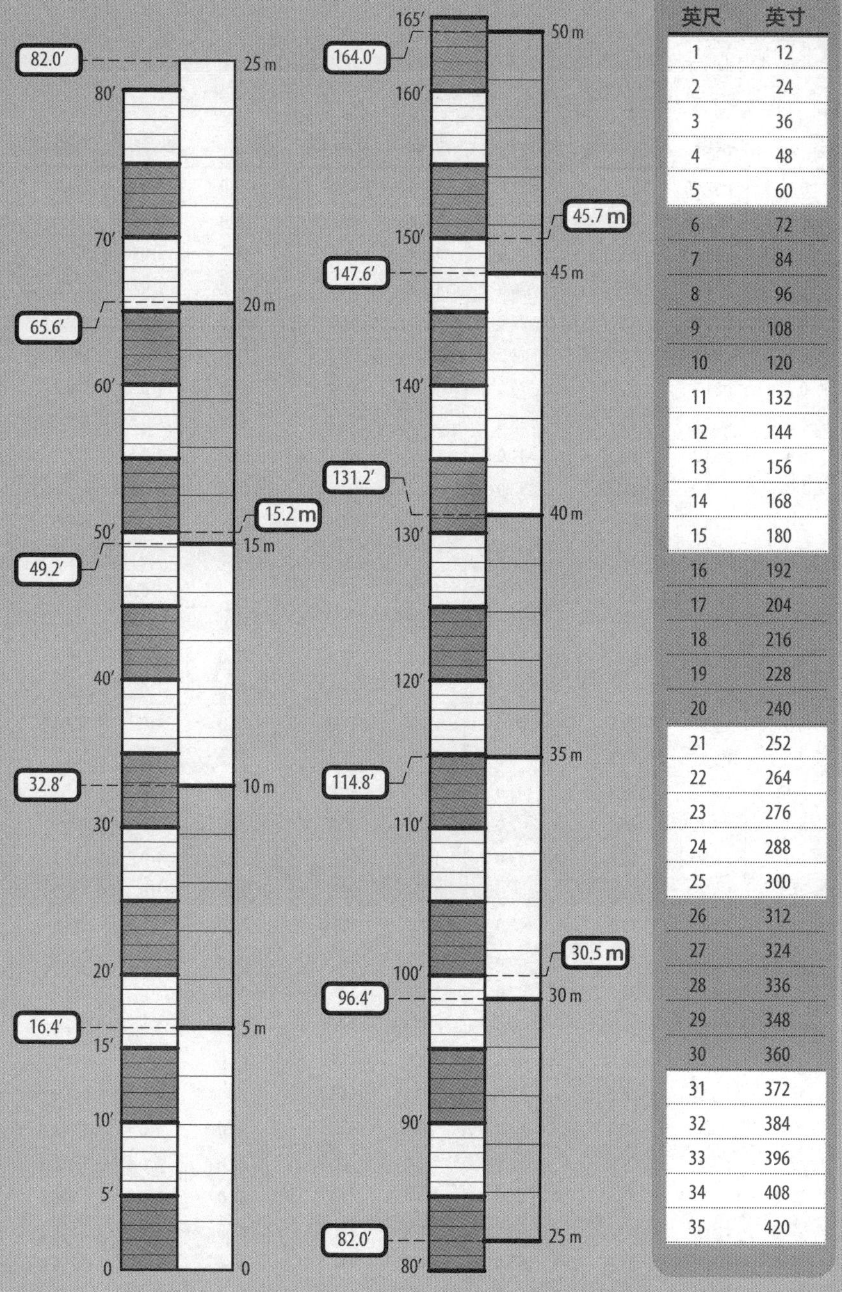

英尺	英寸
1	12
2	24
3	36
4	48
5	60
6	72
7	84
8	96
9	108
10	120
11	132
12	144
13	156
14	168
15	180
16	192
17	204
18	216
19	228
20	240
21	252
22	264
23	276
24	288
25	300
26	312
27	324
28	336
29	348
30	360
31	372
32	384
33	396
34	408
35	420

斜坡和百分等级

注意：蓝色实体指示的是经常使用的斜坡。坡率低于1:20的斜坡不需要扶手；对于坡道来说，1:12是最大的自动数据获取系统（ADA）准许的坡道，1:8是最大的规范准许的斜坡（非ADA）。

度	坡度	%等级	度	坡度	%等级	度	坡度	%等级
0.1	1:573.0	0.2	23.0	1:2.4	42.4	57.0	1:0.6	154.0
0.2	1:286.5	0.3	24.0	1:2.2	44.5	58.0	1:0.6	160.0
0.3	1:191.0	0.5	25.0	1:2.1	46.6	59.0	1:0.6	166.4
0.4	1:143.2	0.7	26.0	1:2.1	48.8	60.0	1:0.6	173.2
0.5	1:114.6	0.9	27.0	1:2.0	51.0	61.0	1:0.6	180.4
0.6	1:95.5	1.0	28.0	1:1.9	53.2	62.0	1:0.5	188.1
0.7	1:81.8	1.2	29.0	1:1.8	55.4	63.0	1:0.5	196.2
0.8	1:71.6	1.4	30.0	1:1.7	57.7	64.0	1:0.5	205.0
0.9	1:63.7	1.6	31.0	1:1.7	60.1	65.0	1:0.5	214.5
1.0	1:57.3	1.7	32.0	1:1.6	62.5	66.0	1:0.4	224.6
2.0	1:28.6	3.5	33.0	1:1.5	64.9	67.0	1:0.4	235.6
2.86	1:20.0	5.0	34.0	1:1.5	67.5	68.0	1:0.4	247.5
3.0	1:19.1	5.2	35.0	1:1.4	70.0	69.0	1:0.4	260.5
4.0	1:14.3	7.0	36.0	1:1.4	72.7	70.0	1:0.4	274.7
4.76	1:12.0	8.3	37.0	1:1.3	75.4	71.0	1:0.3	290.4
5.0	1:11.4	8.7	38.0	1:1.3	78.1	72.0	1:0.3	307.8
6.0	1:9.5	10.5	39.0	1:1.2	81.0	73.0	1:0.3	327.1
7.0	1:8.1	12.3	40.0	1:1.2	83.9	74.0	1:0.3	348.7
7.13	1:8.0	12.5	41.0	1:1.2	86.9	75.0	1:0.3	373.2
8.0	1:7.1	14.1	42.0	1:1.1	90.0	76.0	1:0.2	401.1
9.0	1:6.3	15.8	43.0	1:1.1	93.3	77.0	1:0.2	433.1
10.0	1:5.7	17.6	44.0	1:1.0	96.6	78.0	1:0.2	470.5
11.0	1:5.1	19.4	45.0	1:1.0	100.0	79.0	1:0.2	514.5
12.0	1:4.7	21.3	46.0	1:1.0	103.6	80.0	1:0.2	567.1
13.0	1:4.3	23.1	47.0	1:0.9	107.2	81.0	1:0.2	631.4
14.0	1:4.0	24.9	48.0	1:0.9	111.1	82.0	1:0.1	711.5
15.0	1:3.7	26.8	49.0	1:0.9	115.0	83.0	1:0.1	814.4
16.0	1:3.5	28.7	50.0	1:0.8	119.2	84.0	1:0.1	951.4
17.0	1:3.3	30.6	51.0	1:0.8	123.5	85.0	1:0.1	1,143.0
18.0	1:3.1	32.5	52.0	1:0.8	128.0	86.0	1:0.1	1,430.1
19.0	1:2.9	34.4	53.0	1:0.8	132.7	87.0	1:0.1	1,908.1
20.0	1:2.7	36.4	54.0	1:0.7	137.6	88.0	1:0.0	2,863.6
21.0	1:2.6	38.4	55.0	1:0.7	142.8	89.0	1:0.0	5,729.0
22.0	1:2.5	40.4	56.0	1:0.7	148.3	90.0	1:0.0	∞

计算斜坡度：

$$斜坡=\frac{垂直向上距离（V）}{水平距离（H）}=\tan m$$

坡角= tan m

计算坡度：

$$=\frac{垂直向上距离（H）}{水平距离（V）}\times 100\%$$

计算%等级：

= 100 × tan（斜坡）或 100 × V/H

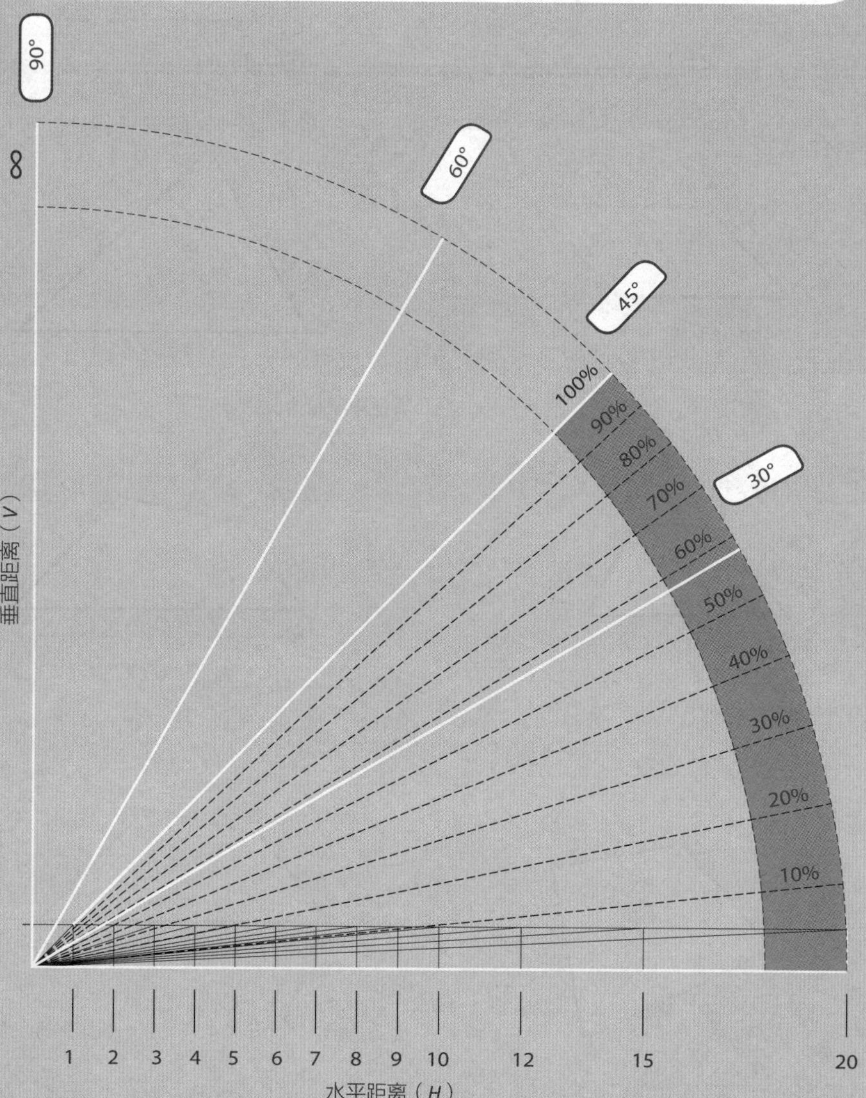

平面图形公式

长方形

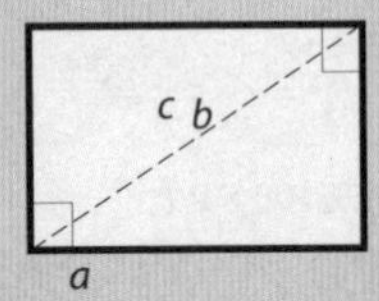

面积 = ab
周长 = $2(a+b)$
$a^2+b^2=c^2$

等边三角形

（所有的边都相等）

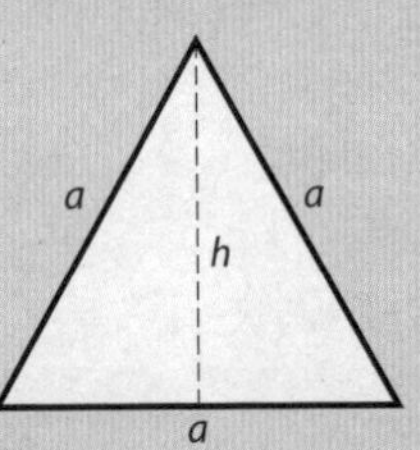

面积 = $\frac{\sqrt{3}}{4}a^2=0.433\ a^2$
周长 = $3a$　　$h=\frac{\sqrt{3}}{2}a=0.866a$

平行四边形

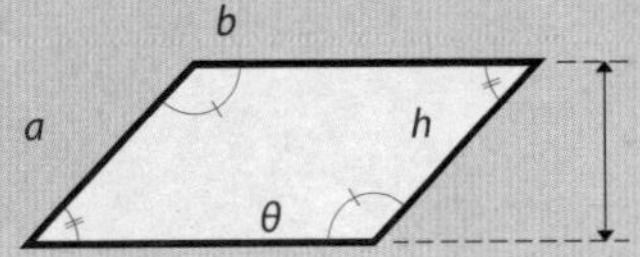

面积 = $ah=ab\sin\theta$
周长 = $2(a+b)$

三角形

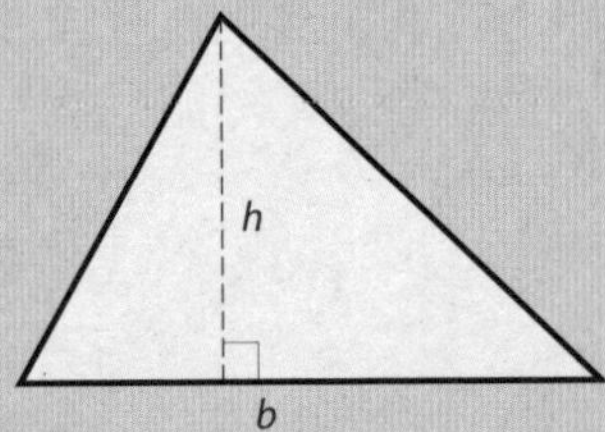

面积 = $\frac{bh}{2}$
周长 = 所有边长之和

梯形

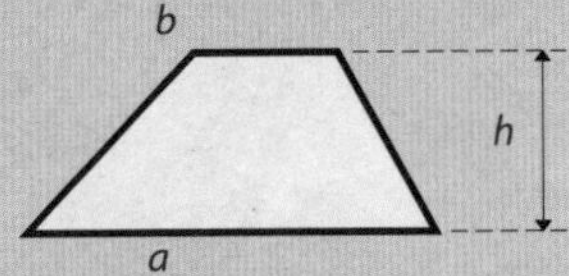

面积 = $\frac{(a+b)}{2}h$
周长 =各边长之和

梯形

（不规则的四边形）

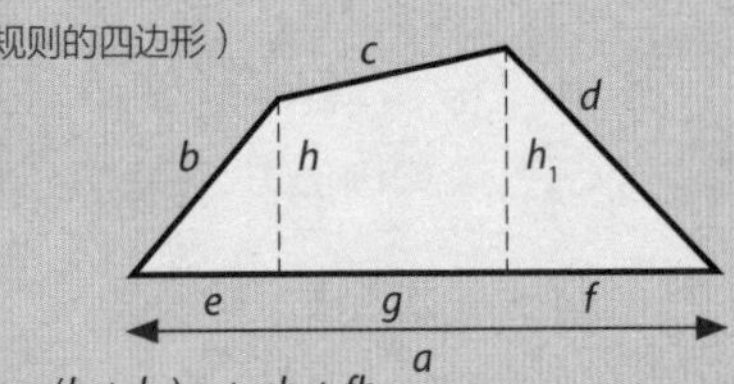

面积 = $\frac{(h+h_1)g+eh+fh_1}{2}$
周长 = 所有边长之和

四边形

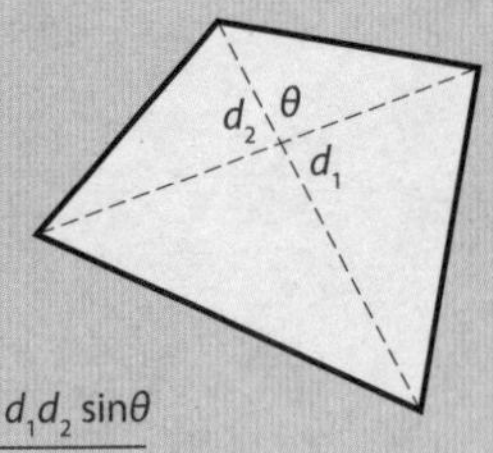

面积 = $\frac{d_1d_2\sin\theta}{2}$

或

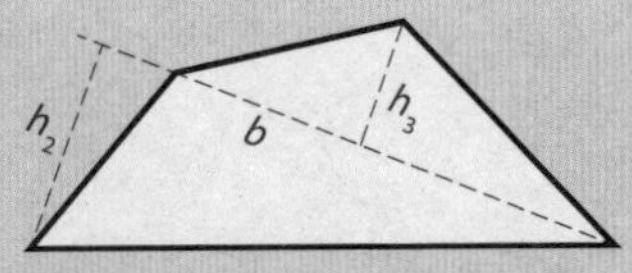

面积 = $\frac{bh_2}{2}+\frac{bh_3}{2}$

（分图形为两个三角形并将它们的面积加在一起。）

规则的多边形

（所有的边相等）

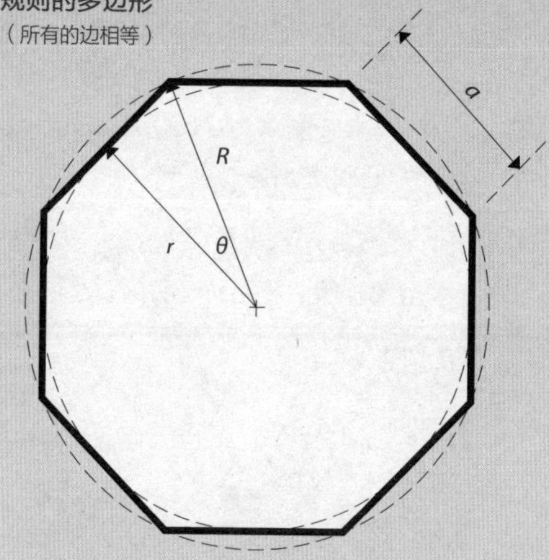

n = 边数

面积 $= \frac{nar}{2} = nr^2 \tan\theta = \frac{nR^2}{2}\sin 2\theta$

周长 $= n\,a$

多边形	边的个数	面积
三角形（等边的）	3	$0.4330\,a^2$
正方形	4	$1.0000\,a^2$
五边形	5	$1.7205\,a^2$
六边形	6	$2.5981\,a^2$
七边形	7	$3.6339\,a^2$
八边形	8	$4.8284\,a^2$
九边形	9	$6.1818\,a^2$
十边形	10	$7.6942\,a^2$
十一边形	11	$9.3656\,a^2$
十二边形	12	$11.1962\,a^2$

体积

棱柱或圆柱（正的或斜的、规则的或不规则的）

体积=底面积×高度

高度（h）=平行平面之间的距离，以和底面相垂直的方式测量。当基面之间不相平行时，则高度=一个基面到另一基面中心之间的垂直距离。

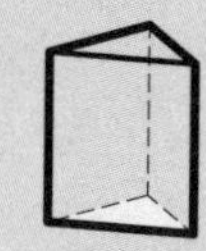

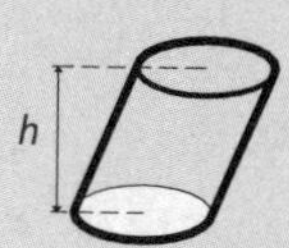

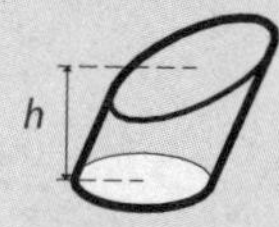

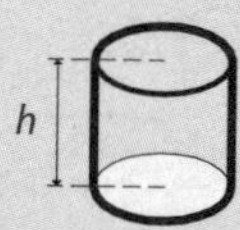

角锥体或圆锥体（正的或斜的、规则的或不规则的）

体积=底面积×1/3 高度

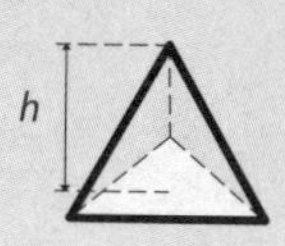

高度（h）=底面到尖端的距离，以垂直于底面的方式测量。

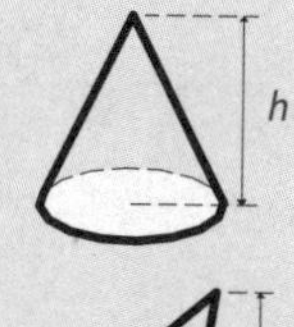

圆

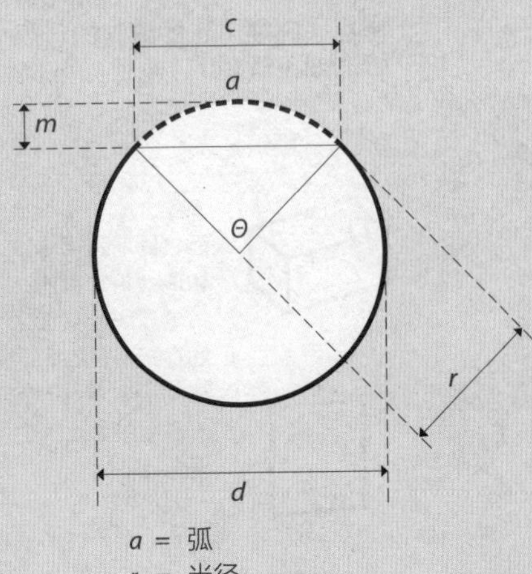

a = 弧
r = 半径
d = 直径
c = 弦
m = 距离
Θ = 角度

圆周 = $2\pi r = \pi d = 3.14159\,d$

面积 = $\pi r^2 = \pi\frac{d^2}{4} = 0.78539\,d^2$

弧长 $a = \Theta\frac{\pi}{180}r = 0.017453\,\Theta\,r$

$r = \frac{m^2 + c^2/4}{2m} = \frac{c/2}{\sin\Theta/2}$

$c = 2\sqrt{2mr - m^2} = 2r\sin\Theta/2$

$m = r \pm \sqrt{r^2 - \frac{c^2}{4}}$ 若弧度≥180° 用“+”号 若弧度<180° 用“–”号

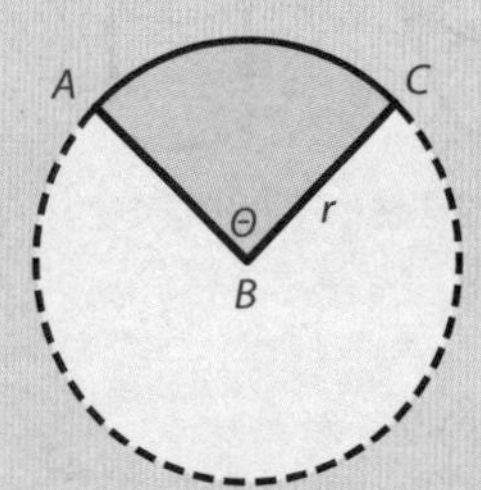

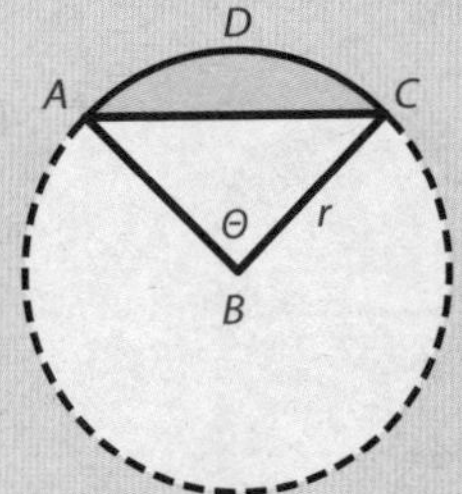

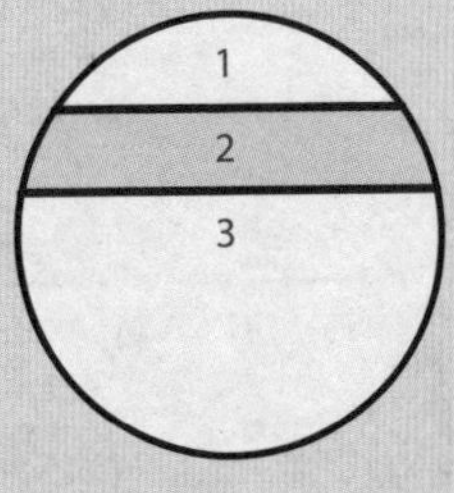

扇形

弧长 $AC = \frac{\pi r\Theta}{180}$

面积 $ABCA = \frac{\pi\Theta r^2}{360}$

或

面积 $ABCA = \frac{弧长\ AC \times r}{2}$

弓形

弧长 $ACDA =$

$\frac{r^2}{2} \times \left(\frac{\pi\Theta}{180} - \sin\Theta\right)$

r = 半径
Θ = 角度
A、B、C、D 为点
π = 3.14159

环状带

面积 2 =
圆周面积 – 面积1 –
面积 3

1 = 部分
2 = 带
3 = 部分

椭圆形

周长（近似的）=

$\pi\,[1.5\,(x+y)-\sqrt{x\,y}]$

保证点G是椭圆的中心点，同时x、y坐标轴是以（0, 0）为原点的坐标轴，点B的坐标为（B_x，B_y）

面积 ABFEA =
$(B_x \times B_y) + ab \arcsin (B_x/a)$

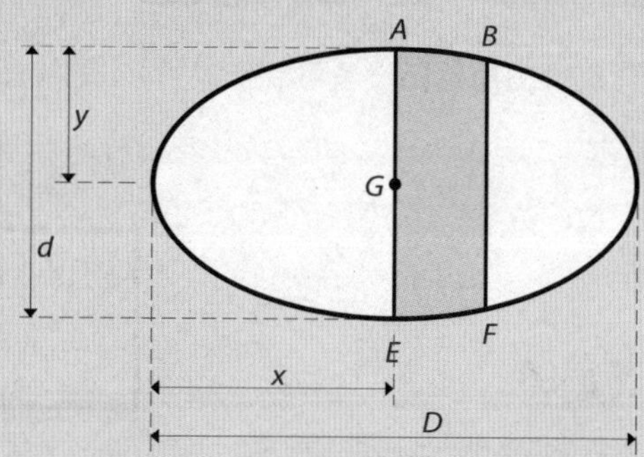

双曲立体

球

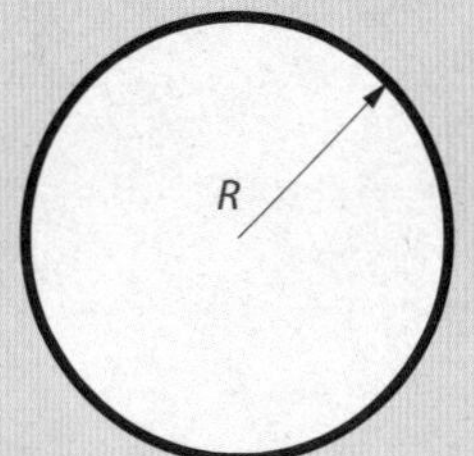

体积 = $\dfrac{4\,\pi\,R^3}{3}$

表面积 = $4\,\pi\,R^2$

球缺

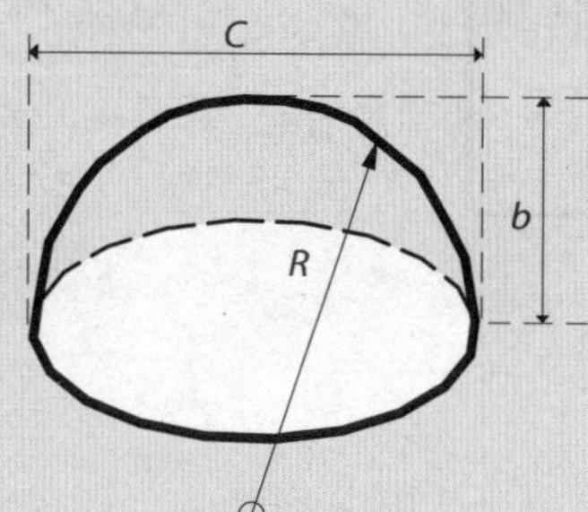

体积 = $\dfrac{\pi\,b^2\,(3R-b)}{3}$

（扇形－圆锥形）

表面积 = $2\,\pi Rb$

球心角体

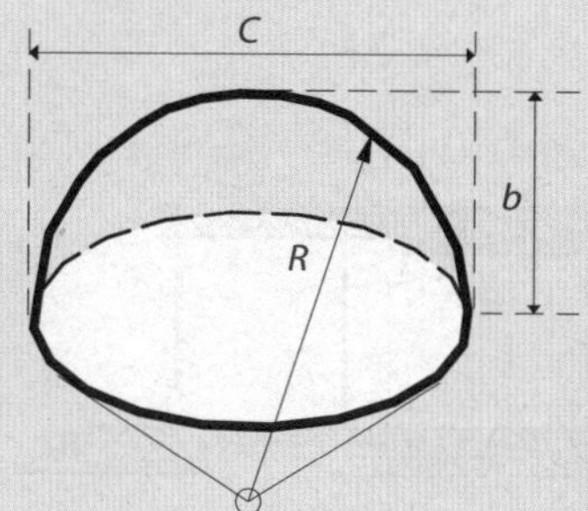

体积 = $\dfrac{2\pi\,R^2\,b}{3}$

表面积 = $\dfrac{\pi\,R(4b+C)}{2}$

（扇形＋圆锥形）

椭圆体

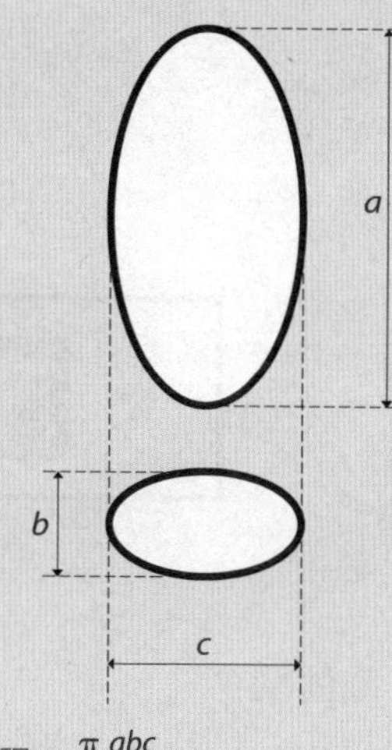

体积 = $\dfrac{\pi\,abc}{6}$

表面积无一般的公式

第11章　建筑绘图类型

建筑师使用绘图设备可制作8种基本的绘图类型，以求完整地描述建筑物的设计意图。

平面图

建筑物的水平平面视图，展示了它们相互之间的关系。一张平面图是水平的截面，尽管从其楼板切割了大约915mm，但却典型地描述了建筑物。

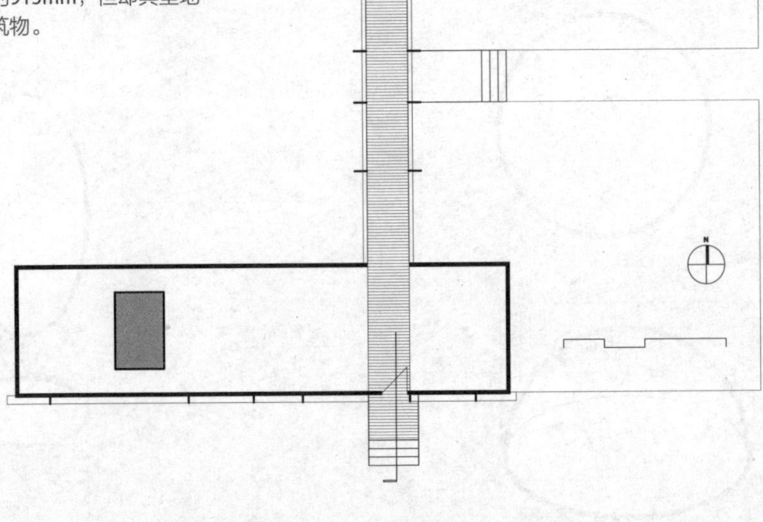

截面图

通过建筑物组成部分的垂直方向切割的视角。截面图可起到垂直方向上规划图的作用，并且经常包含着高度信息，例如门和窗户。这些信息以比截面切割更细的线来表现。

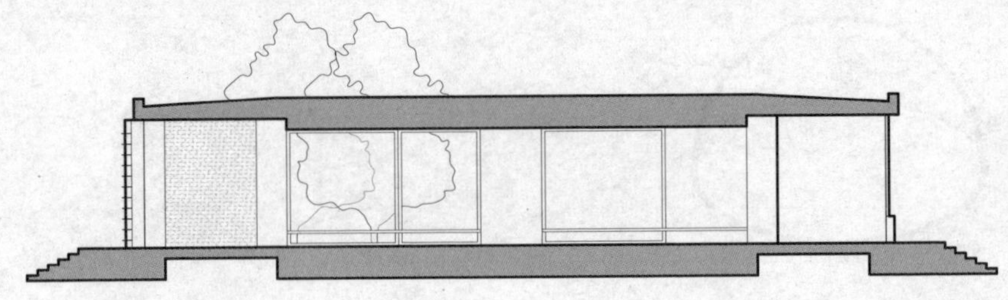

正面图

建筑物的水平平面视图，展示了它们相互之间的关系。正面图从正交于一个经选择过的平面的视角观察而得出。

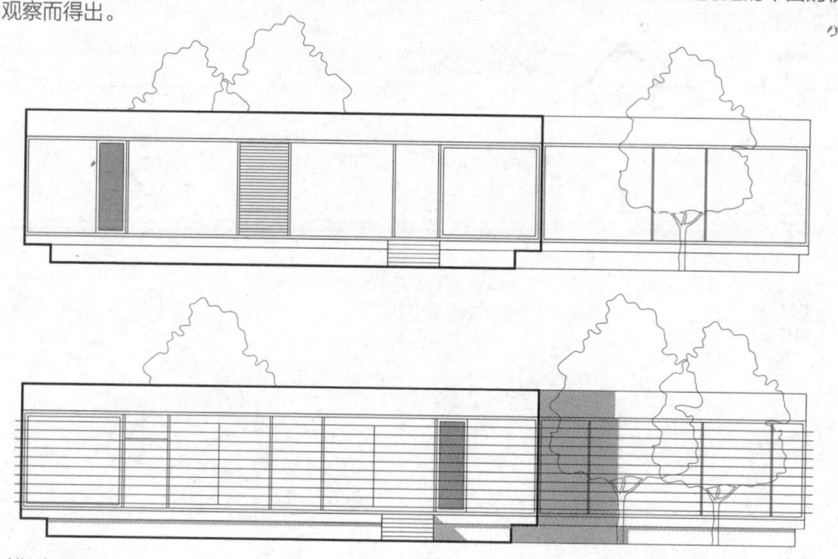

三维表现图

透视图（不是鳞次栉比的）、轴测图和等轴图以一种和传统的平面图、正面图和截面图不同的方式描述了建筑物或空间。透视图在创造一种可以身处设计空间中的实际体验式视图上尤其有效。

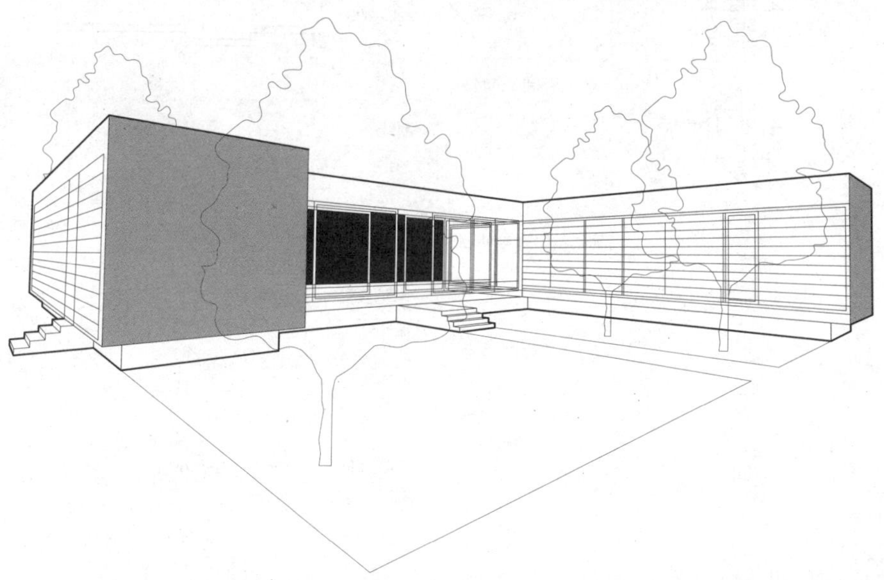

准备绘图装置

绘图符号

符号和参考标识对于绘制图纸是必需的，通过它们正在观察图纸的用户可以知道去哪里找出特定要素的更多信息。

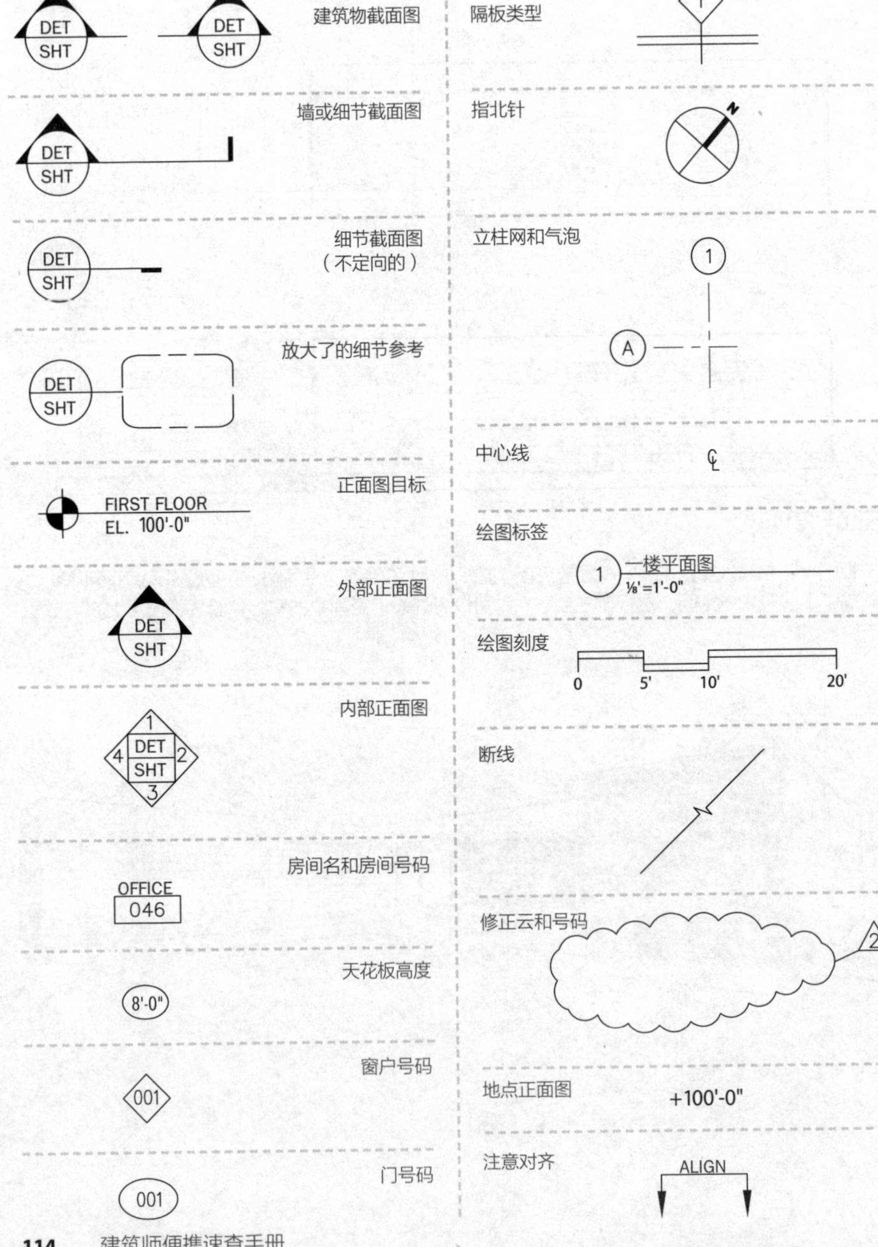

楼层平面图

总建筑物平面图通常以能够使一个人看到整个平面的尺度来描画。在需要更大尺度的平面图、细节图、截面图和正面图的情况下，总平面图中大多数要素都要和图集中其他绘图相协调。一些信息在多重绘图中可能被锁定或交叉引用。展示于下面的关键信息在后面的绘图中重复出现。

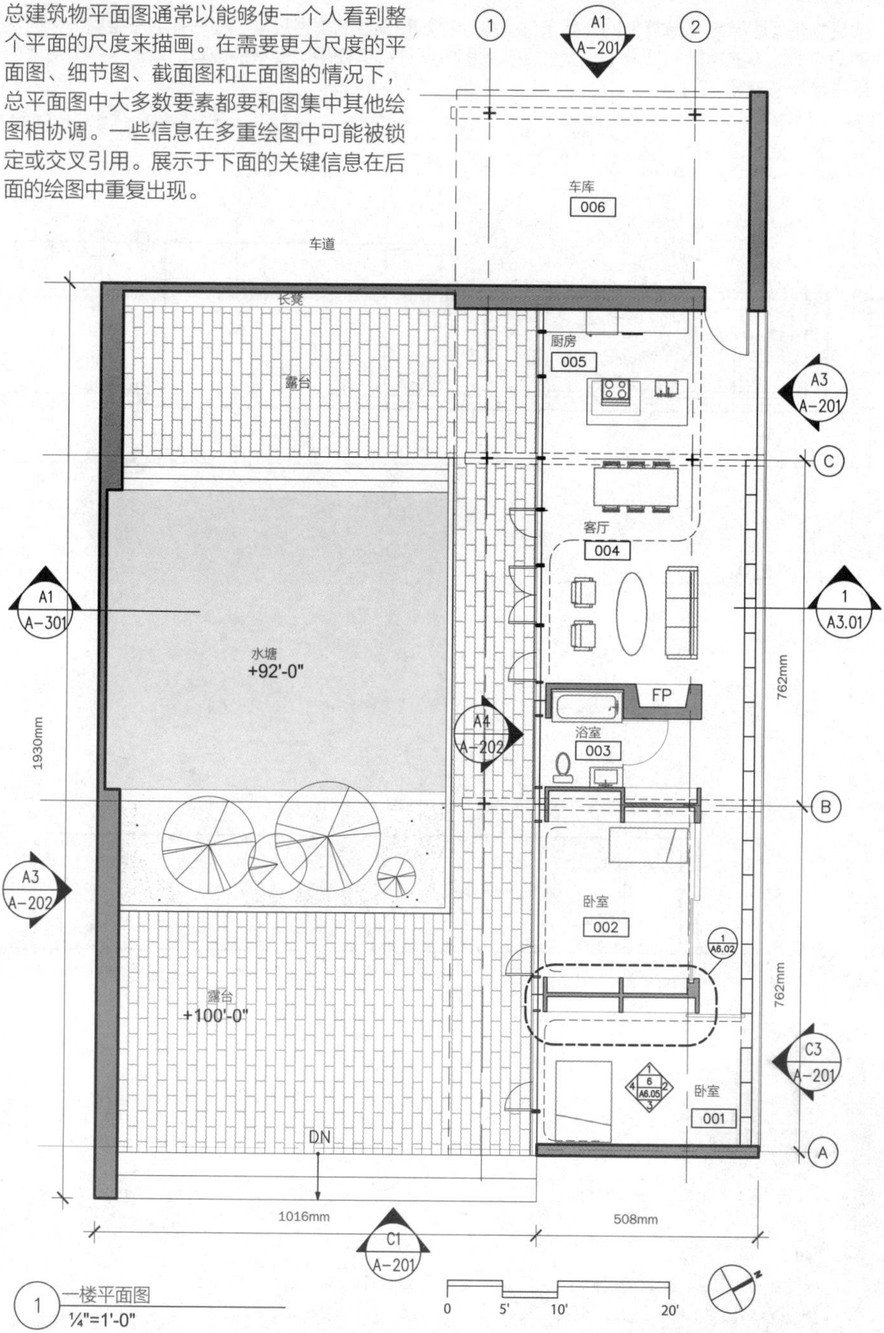

1
A1
A-201
2
车库
006
车道
长凳
露台
厨房
005
A3
A-201
C
客厅
004
A1
A-301
1
A3.01
水塘
+92'-0"
FP
A4
A-202
浴室
003
762mm
1930mm
B
A3
A-202
卧室
002
1
A6.02
762mm
露台
+100'-0"
C3
A-201
1
4
6
A6.05
2
3
卧室
001
DN
A
1016mm
508mm
C1
A-201

1 一楼平面图
¼"=1'-0"

0 5' 10' 20'

建筑物正面图

建筑物正面图展示了建筑物的外部条件，描述材料和重要的垂直尺度。在一种由于绘图太大而不能适应一标准的单板的情况下，就必须将绘图分解并继续使用同一单板或其他单板，这时需要使用拼接线来校准。

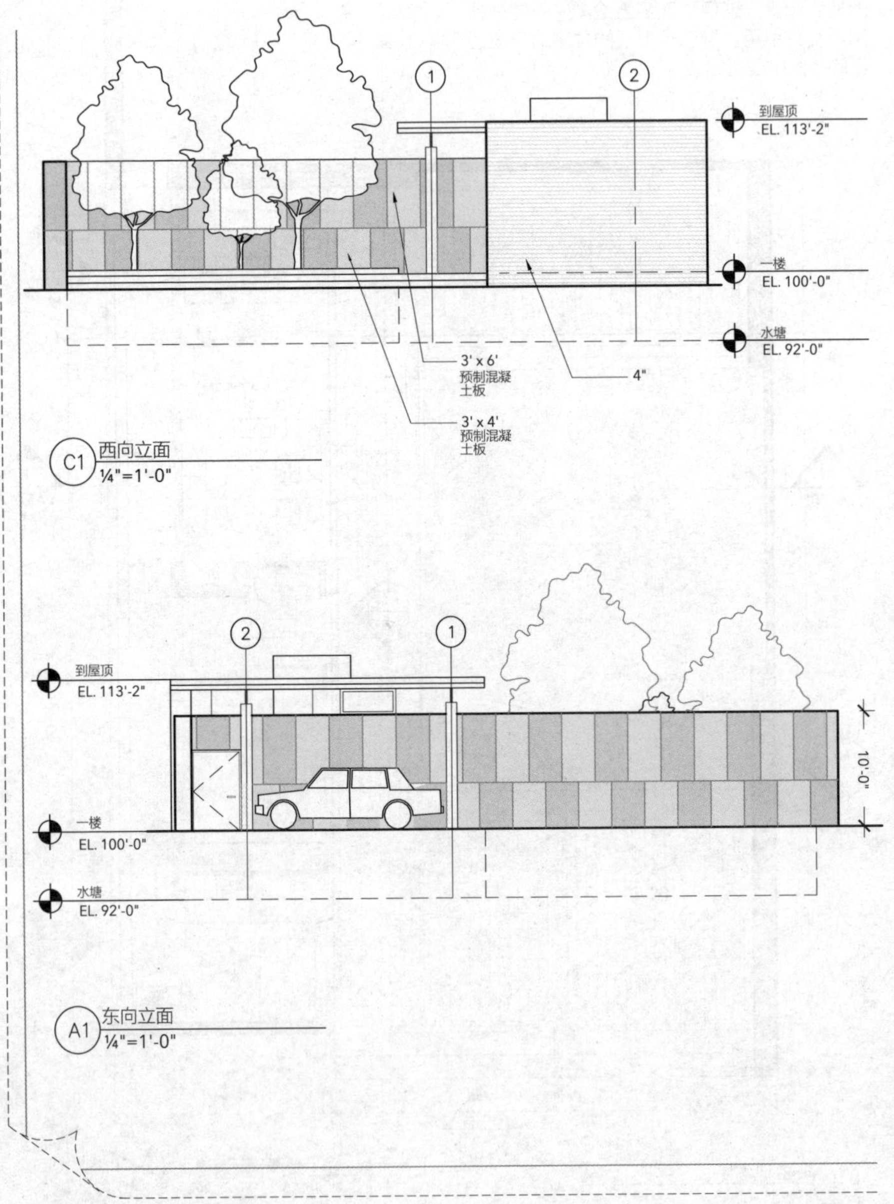

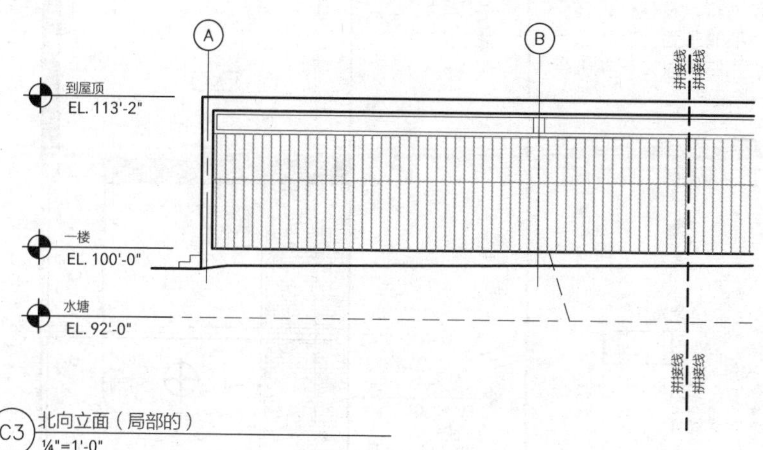

C3 北向立面（局部的）
¼"=1'-0"

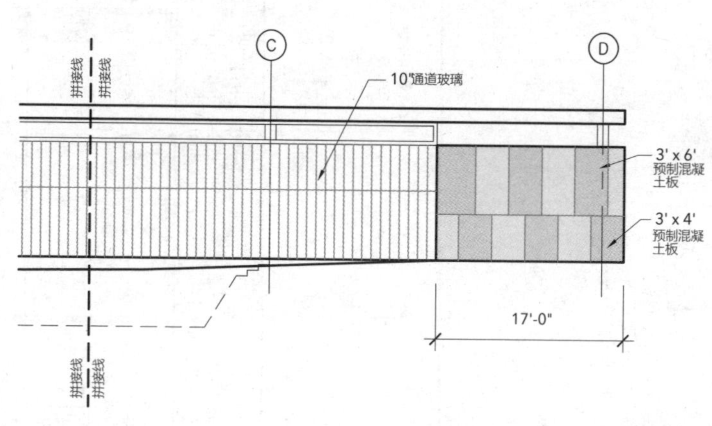

A3 北向立面（局部的）
¼"=1'-0"

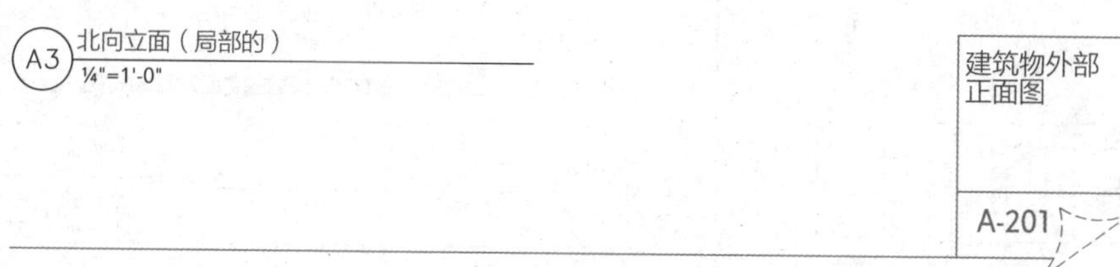

天花反向图

天花反向图（RCPs）可能被认为是颠倒的楼板平面图，因为它们确实是天花板的平面图。它们用于描述照明设备布置和类型、天花板高度和材料以及任何可在天花板平面找到的东西。RCPs采用标准的方法和符号以及天花板平面图上的一些细节。

照明设备经常具有标签，这些标签参考了它们在照明规范中的描述。

回风扩散器
供风扩散器
烟气探测器
S
烟气探测器/音响装置
S D
ADA光/扬声器
安装于墙上的出口标志
天花板洒水器头
墙洒水器头
◀ 聚酯薄膜包被的声学天花板砖
2x4荧光灯
嵌入式荧光灯
荧光垂饰
装饰垂饰
嵌入式墙洗涤器
嵌入式筒灯
墙头
声学的天花板砖

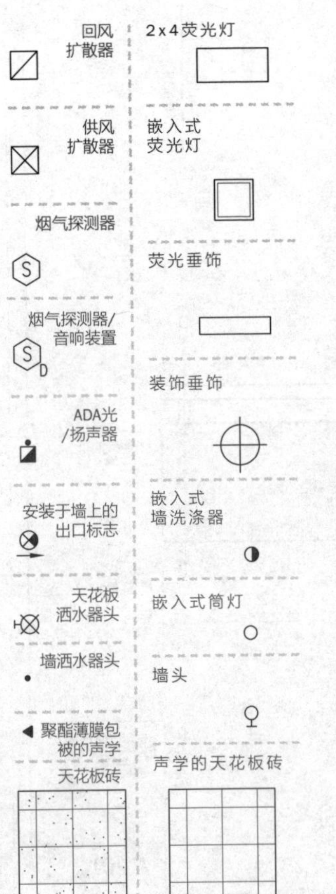

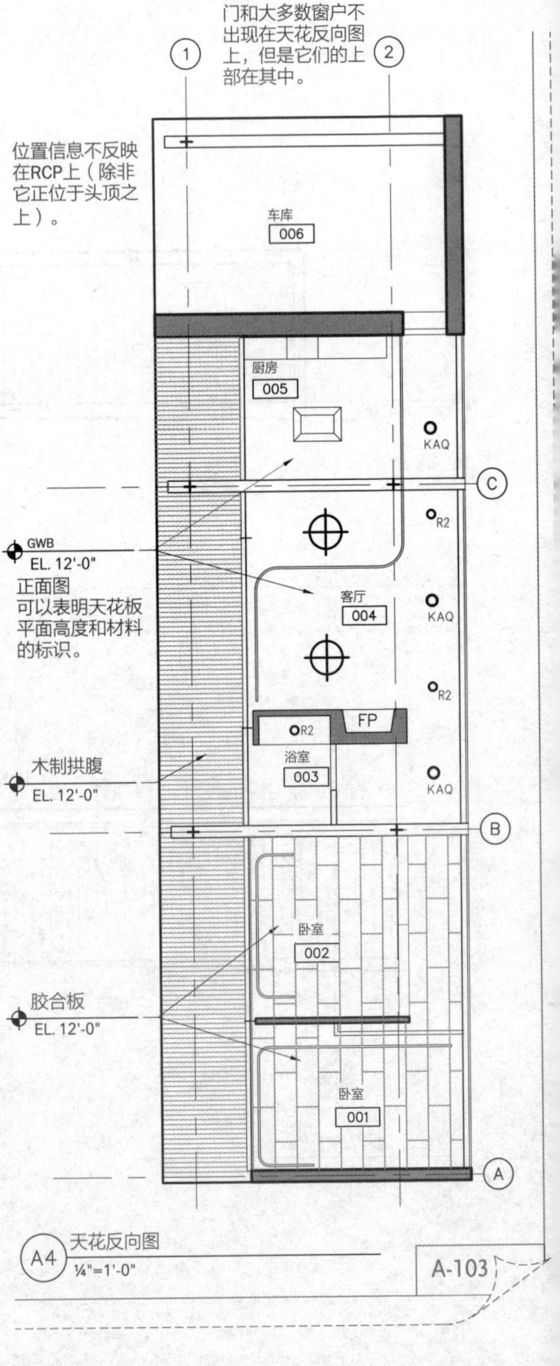

门和大多数窗户不出现在天花反向图上，但是它们的上部在其中。
1
2
位置信息不反映在RCP上（除非它正位于头顶之上）。
车库
006
厨房
005
KAQ
C
R2
GWB
EL. 12'-0"
正面图可以表明天花板平面高度和材料的标识。
客厅
004
KAQ
R2
FP
R2
浴室
003
木制拱腹
EL. 12'-0"
KAQ
B
卧室
002
胶合板
EL. 12'-0"
卧室
001
A
A4
天花反向图
¼"=1'-0"
A-103

内部正面图

内部正面图要以比总建筑物平面图更大的比例来描画，可允许表现更多的细节、注解和尺寸。适合于建筑物平面图、内部正面图的要素，反过来也适合于其他的更大尺度的视图，例如截面图和平面图中橱柜建造细节和墙体截面图。

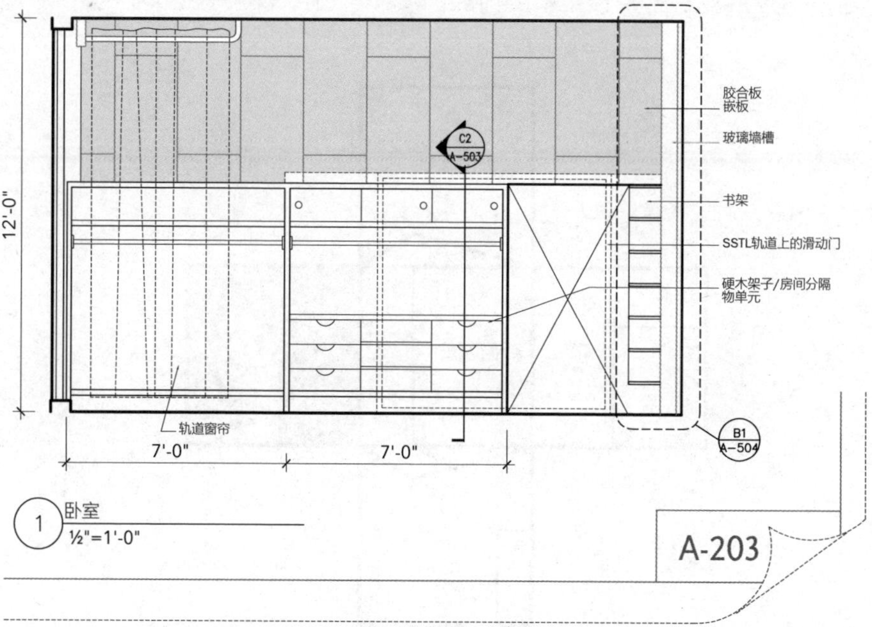

胶合板
嵌板
玻璃墙槽
书架
SSTL轨道上的滑动门
硬木架子/房间分隔物单元
C2
A-503
B1
A-504
轨道窗帘
12'-0"
7'-0"
7'-0"
1
卧室
½"=1'-0"
A-203

细节图

细节都以更大的比例如1½″=1′-0″，3″=1′-0″，6″=1′-0″来描画，甚至有时采用全尺寸，其也适合于众多其他的绘图。

B1
A-504
胶合板
嵌板
SSTL轨道上
的滑动门
硬木架子/
房间分隔物单元
12'-0"
7'-0"
1'-6"
4"
1'-6"
C2
卧室搁架
1½"=1'-0"
A-503

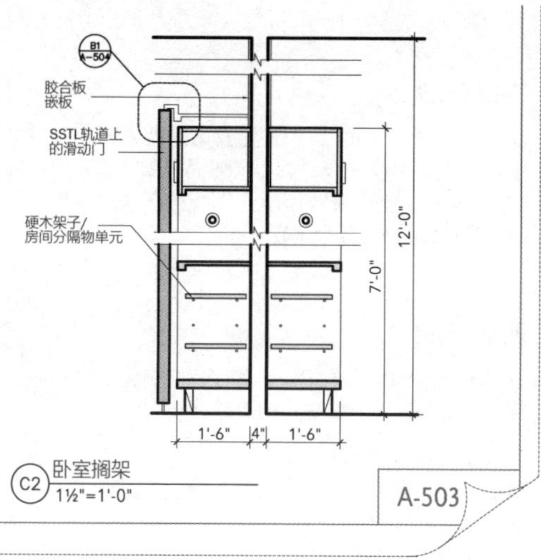

立体三维绘图

平行线立体图

平行线立体图是经投影的形象化地表示一物体的三维特性。这些绘图可以归类为正射投影，正射投影以旋转的平面图视角和倾斜的边视角来进行投影。它们通常也指的是轴测法绘图或公理化绘图。不同于透视法绘图，平行线立体图中的投影线保持平行而不是相交于视线中的一点。

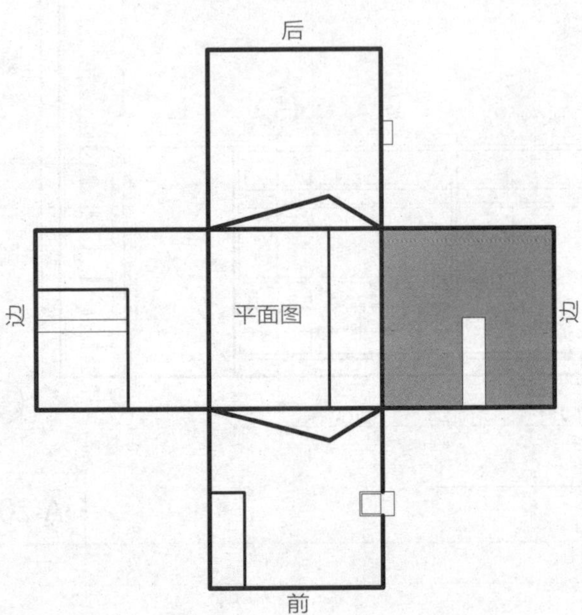

展开的物体

斜投影的

在斜视图中，一面（平面图或正面图）直接绘在画面中。投影线以与图面成30°或45°角描画。当投影线展示于相反的图表中时，投影线的长度就可确定。

四边形的

正二轴测图和斜视图相似，除了其物体是旋转的以使只有一角和图面相接触。

等轴的

等轴绘图是一种特殊类型的正二轴测图，物体所有的轴从图面同时旋开并保持以同样的角度（30°）来投影。

不等角的

不等角图和正二轴测图相类似，除了其物体的平面图是旋转的以使两暴露的边和图面成角不等。

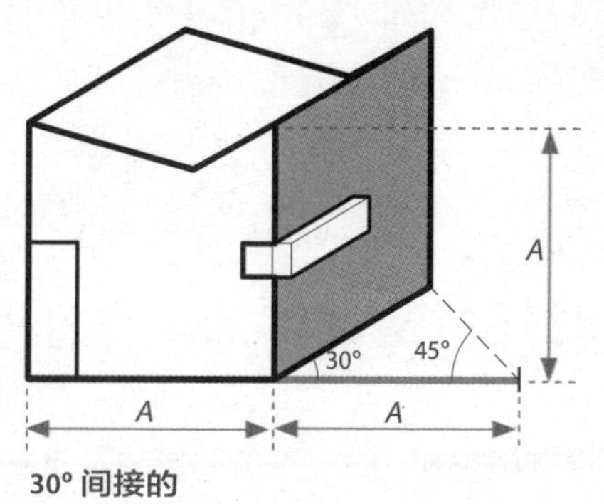

30° 间接的

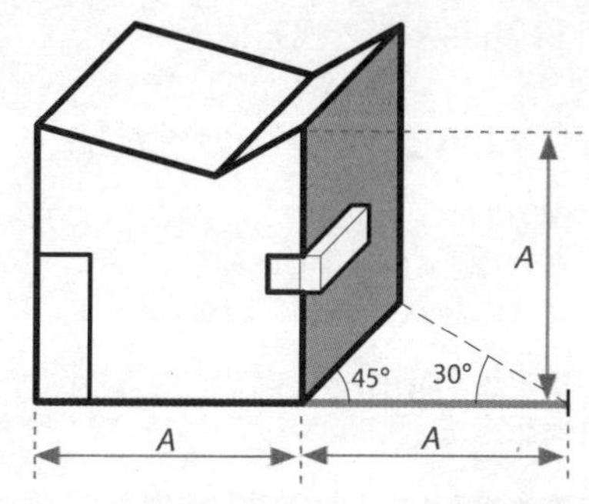

45° 间接的

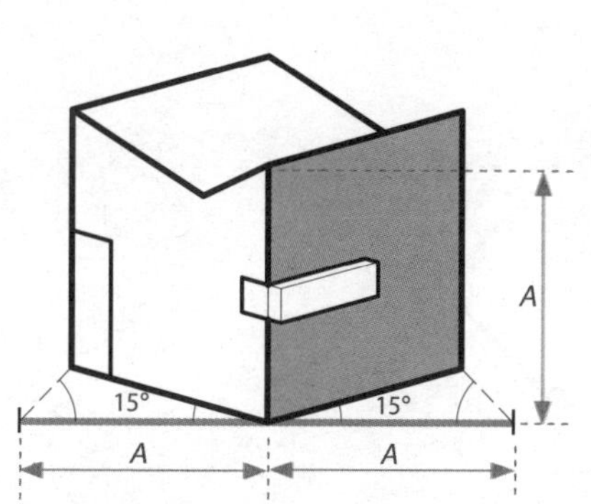

15° 四边形的

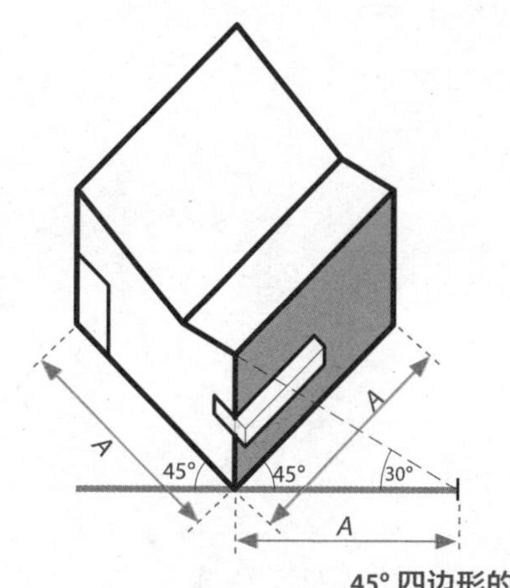

45° 四边形的

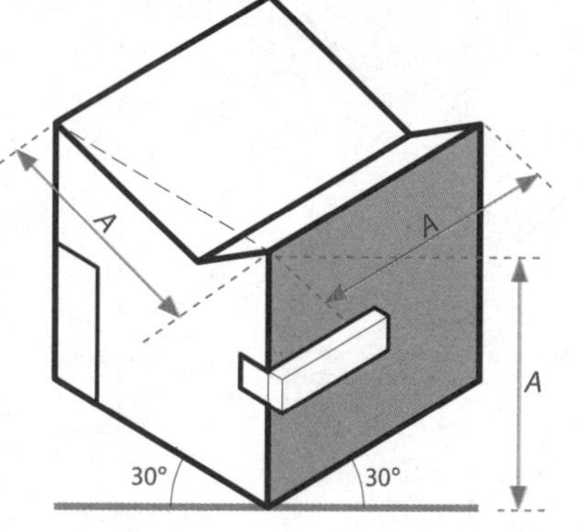

等轴的
(30° 四边形的)

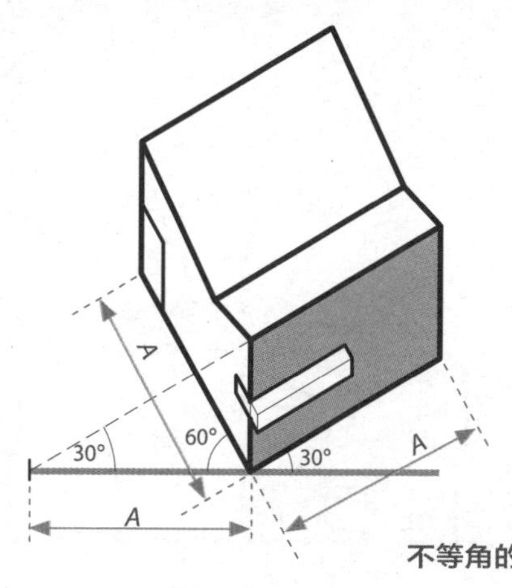

不等角的

常见的两点透视方法

视点（SP）： 定位观察者的固定位置。

图面（PP）： 记录投影的透视图图像并和观察者的视线中心垂直对齐的平整的二维表面。图面是在透视图域内仅有的真实尺寸平面：投影于图面表面的物体小于其真实的轮廓，然而位于观察者和物体图面投影图之间的物体大于其真实的轮廓。

测量线（ML）： 测量线位于图面之上，它是透视图中唯一的真实尺度的线。通常情况下，它是一条垂直线，从其可以投影物体的关键垂直维度。

水平线（HL）： 横于图面和观察者眼睛所能望及的水平面的交叉处。

灭点： 透视图中平行线仿佛会相交的一点。物体的左灭点（灭点L）和右灭点（灭点R）由源自视点并平行于和图面相交的物体线的一组线点决定。

地线（GL）： 横于图面和地平面的交叉处

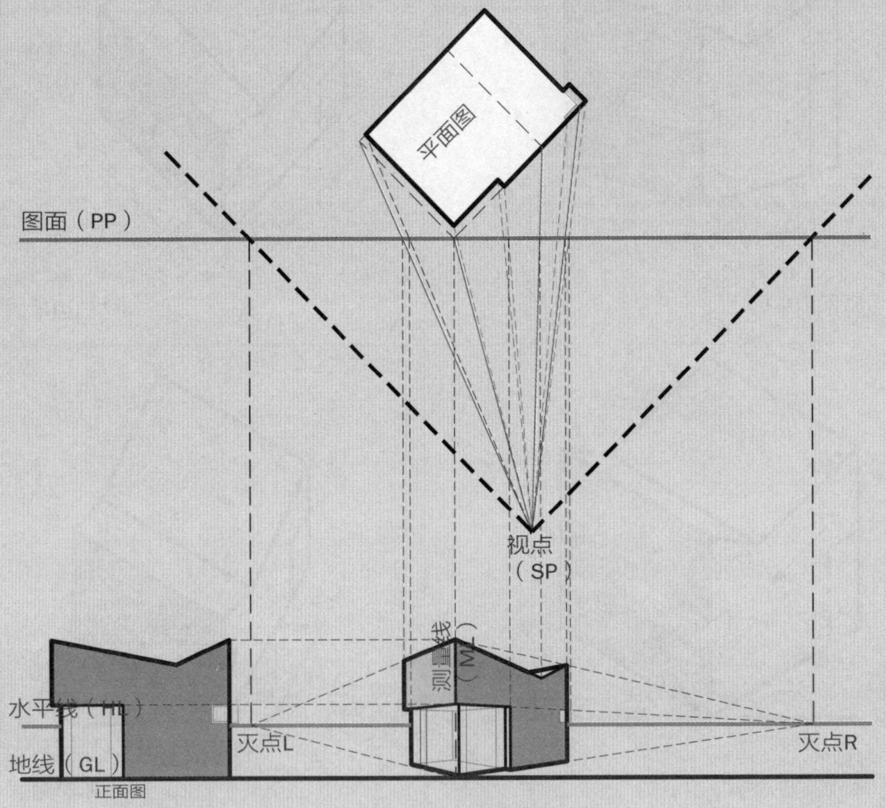

常见的一点透视方法

一点透视使用单个灭点，并且所有垂直于图面的边和平面都消失于这一点。为了定位这一点（*C*），需从视点描画一条垂直线到水平线。平行于图面的建筑物边缘以平行线的形式出现在透视图中，其没有灭点。

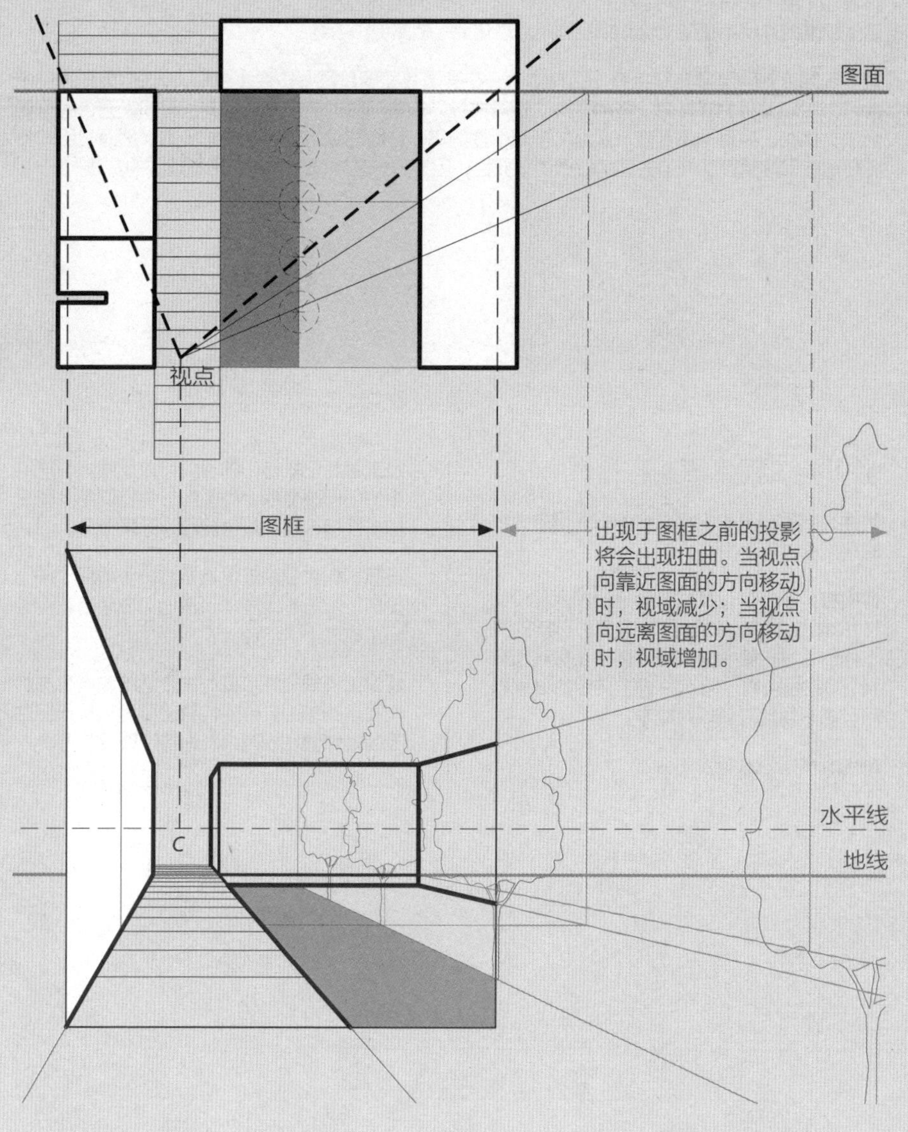

第12章　建筑文件

建筑学实践

讲建筑学的术语就要做很多事情：它可以包括形式和类型的艺术或者合同管理等更乏味的事务。建筑学及其实践活动有时不仅需要艺术、科学和工程学科的知识，还需要商业、经济和社会学科的知识。所有的专业群体在某种程度上都讲它们自己的语言。对于它们的书面和口头语言，建筑师增加了绘图和符号，将它们组织成为已被接受的具描述性和易读性的标准。当有好的方法时，这些标准的作用不是使交流和相互作用复杂化而是使其变得容易。

大多数国家在建筑学实践上有一管理体——在美国有美国建筑师协会（AIA），它们负责监督道德行为和职业行为并针对一些问题建立指导方针，这些问题的范围从项目交付时间表到合同再到合法文件。已完整地掌握建筑实践的多重个性的每一方面的建筑师可能非常少见。然而，所有负责任的在职建筑师都被迫去理解业务的职业性，因为建筑艺术取决于使建筑物建成的实践。

常见的工程术语

附件：归类或更改投标文件的书面信息，经常在投标过程中发布。

替换物：额外的设计或材料选择加入建设文件和/或规范中以为项目获得多种可能的成本估价。“加-替换物”暗示增加了材料和花费；“减-替换物”暗示移去了特定的要素以尽可能必要地降低项目成本。

ANSI：美国国家标准协会。

竣工图：已被标记的直到可以反映建设项目中的任何改变的合约图纸，将它们自身同投标文件相区别。其也被称为记录绘图。

投标：提供提议或价格。当一个项目“推出投标”，承包人要求呈递他们在项目花费时间和成本上的估计。

建设工程规划许可证：由合适的政府权威机构发布的书面文件，内容主要为根据已经批准的规划图和规范来准许特定项目的建设。

居住证明： 由合适的当地政府机构要求居住者出示的文件，声明建筑物或资产符合当地居住标准并且是遵从公共健康和建筑物规范的。

工程变更通知单： 由项目所有者和承包商签署的授权工程变更的书面文件，或者在合同总数或时间长度上作出调整。但是只要经过项目所有者（以书面形式）授权，建筑师和工程师可能也要签署工程变更通知单。

专家研讨会议： 为快速解决建筑上的问题而设的加强的设计过程；经常由建筑学专业的学生承担，而且还需要设计过程中不同环节的专业人员忙于其中。位于法国巴黎的巴黎艺术学院的教员会使用专家研讨会议，为的是“小木制马车”，目的是在这一过程之后收集学生们的设计作品。

建设成本： 直接的承包人成本包括劳动力、材料、设备和服务以及日常开支和利润。排除建设成本就是支付给建筑师、工程师、顾问、土地成本或任何其他项目的费用，这些任何其他项目由合同所限定，是项目所有者的职责。

建设管理： 对劳动力、材料和由建筑师设计的用来建造建筑项目的设备进行组织和指导。

建设管理合同： 赋予建设管理公司或个体职责的书面合同，建设管理公司或个体又被称为建设管理者（CM），这些职责包括协调和完成总体项目规划、设计和建设。

咨询商： 受雇于项目所有者或建筑师的职业人员，他们负责提供信息以及在他们（她们）的专业知识领域内为项目提出建议。

合同管理： 列明了建筑师和工程师在一个项目的建设过程中所应承担的合同上的责任和职责。

合同预算超支（或结余）： 初始的合同价和最后的完成价之间的差异，其包括所有的工程变更通知单上的调整。

承包商： 已注册的个体或公司同意执行合同上规定的任务，其有合适的劳动力、设备和材料。

实际竣工日期： 当工作任务将要完成时经建筑师保证的日期。

总承包建设： 对一承包商出价或谈判为整个项目提供设计和建设服务过程进行管理。

估算： 为完成规定的项目所需要的材料、劳动力和设备数量的计算。

快-通道建设： 建造工作开始于完成建设文件之前，导致一个连续的设计-建设处境，建设管理方法就在其中。

家具、固定装置和设备： 可移动的家具、固定装置或设备，其不需要和一座建筑物的结构或设施有永久的联系。

变更通知：书面的命令，要求在建设工作中进行分类或细微的改变并且不对合同的条款做出任何调整。

总承包人：对建设工作负主要责任的已注册的个体或公司。

间接成本：一特定的工程或任务中不可支付的花费，例如日常开支。

检查单：由项目所有者准备的清单或授权所有者为建设工作项目的代表，这些工作项目需要由承包商修正或完成；通常是在建设结束时施行。其也被称为竣工查核事项表。

NIBS：建筑科学协会。

业主-建筑师协议：在建筑师和需要专业的建筑服务的客户之间订立的书面合同。

帕尔蒂：统治和组织建筑物作品的中心思想，从法国Partir到“带着去某地的打算起程”。

程序：期望中的空间、房间和要素以及它们的尺寸和用作设计建筑物的清单。

进度时间表：展示一个项目被提议的和实际的开始和完成时间的线形表。

工程成本：为一特定的项目所付出的所有成本，包括土地、专业人员、建设、家具、设备、装备、财务和任何其他的和项目有关的花费。

项目目录：所有参与到项目中的团队的名称和地址的书面清单，包括项目所有者、建筑师、工程师和承包商。

项目经理：项目所有者授权有资格的个体或公司负责为整个或部分项目协调时间、装备、金钱、任务和人员。

工程手册：描述可接受的建设材料和方法的详细的书面说明书。

信息请求（RFI）：承包商写给项目所有者或建筑师的有关合同文件分类的书面请求。

提议请求（RFP）：写给承包商、建筑师或转包商的请求估价或成本建议的书面文件。

一览表：执行工作的计划；也是一带有绘图布景的图表和表格。

计划：图表、图解或被提议的系统的概要。

工作范围：书面的特定项目的意见或行动范围。

施工图：由承包商或转包商、三包商、制造商、供应商或经销商特别准备的绘图、图表、时间表和其他数据，以阐释部分正在做的工作。这些绘图展示了特定的承包商或工场打算以特定的方法供应、制造、组装或安装其产品。建筑师有义务遵照业主-建筑师协议去复审和批准这些绘图或者去采取其他合适的行动。

位置：一座建筑或一群建筑的所在地点。

软成本：加上直接建设成本的花费，包括建筑上的和工程上的费用、许可证费用、合法的财务费用、建设利息和操作费用、租赁和房地产授权、广告和推销以及监管费用。软成本和建设成本合计为工程成本。

专业实践标准：最小的可接受的道德原则和被有资格的和有组织的专业组织采用的实践，这些实践的目的是在执行特定的专业实践的过程中指导其成员。

结构系统：在地基之上起承重作用的组装而成的横梁和立柱。

转包商：地位次于首要的或主要的承包商的专业承包商。

替换：经提议的对具有相等的成本和质量的材料或过程的更换或选择。

房客改进（TIs）：在建筑物外皮完成之后对项目内部进行的改进。

时间和材料（T&M）：一种书面协议，其中的成本内容是基于实际为劳动力、装备、材料和提供的服务包括日常开支中所支付的成本来记写的。

价值工程（VE）：分析成本相对于选择的材料、装备和系统的价值的过程，通常是为了取得最低的总项目成本。

区划：在一特定的区域范围内基于由城市管理机构建立的可允许的建筑物体量、特色和用途对土地区域或地区作出限制。

区划许可证：由城市管理机构发布的允许以特定的目的使用土地的文件。

常见的纸尺寸

ASNI（美国国家标准协会）

纸尺寸	in	mm
ANSI-A	8 1/2 x 11	216 x 279
ANSI-B	11 x 17	279 x 432
ANSI-C	17 x 22	432 x 559
ANSI-D	22 x 34	559 x 864
ANSI-E	34 x 44	864 x 1118

建筑的

纸尺寸	in	mm
Arch-A	9 x 12	229 x 305
Arch-B	12 x 18	305 x 457
Arch-C	18 x 24	457 x 610
Arch-D	24 x 36	610 x 914
Arch-E	36 x 48	914 x 1219

ISO（国际标准化组织）——基于1m²

纸尺寸	in	mm
4A0	66 1/4 x 93 3/8	1682 x 2378
2A0	46 3/4 x 66 1/4	1189 x 1682
A0	33 1/8 x 46 3/4	841 x 1189
A1	23 3/8 x 33 1/8	594 x 841
A2	16 1/2 x 23 3/8	420 x 594
A3	11 3/4 x 16 1/2	297 x 420
A4	8 1/4 x 113/4	210 x 297

纸尺寸	in	mm
B0	39 3/8 x 55 5/8	1000 x 1414
B1	27 7/8 x 39 3/8	707 x 1000
B2	19 5/8 x 27 7/8	500 x 707
B3	13 7/8 x 19 5/8	353 x 500
B4	9 7/8 x 13 7/8	250 x 353

纸尺寸	in	mm
C0	36 1/8 x 51	917 x 1297
C1	25 1/2 x 36 1/8	648 x 917
C2	18 x 25 1/2	458 x 648
C3	12 3/4 x 18	324 x 458
C4	9 x 12 1/2	229 x 324

纸张折叠

必须折叠的单张纸（为文件储存或发邮件）应该以一种有逻辑的和前后一致的方式来折叠，以允许标题和纸张页码信息在折叠的纸张的右下角可见。纸张数量很大时最好捆束成套并经卷曲以方便海运或摊平储存。

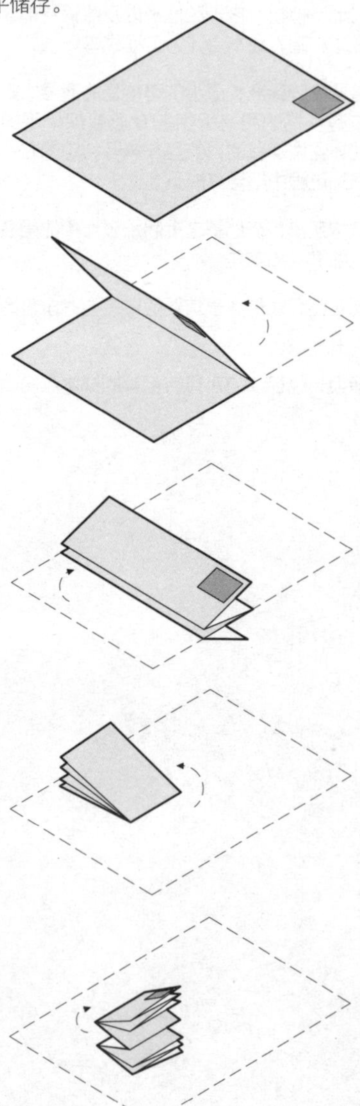

绘图纸布局和装置组装

在国家建筑科学研究院标准纸张布局中（根据国家CAD标准），纸张之内的绘图由如下所示的坐标系统模板来编号。图表的或文本的信息模板称为绘图块，且它们的数码由其模板左下角的坐标确定。这个系统可以使新的绘图块在不需要重新为已经存在的绘图块编号的条件下增加一纸张，这样一旦绘图开始锁定到其他的绘图和时间表中就可节省大量的时间。

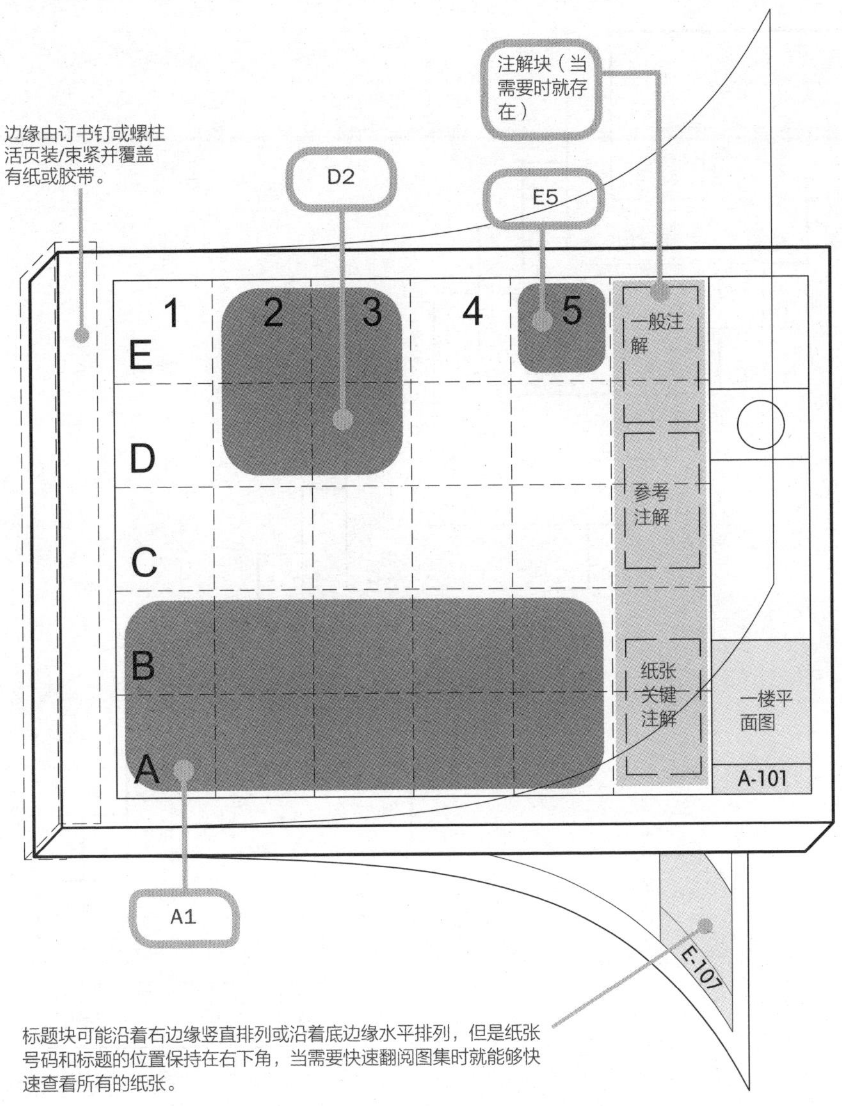

绘图集合顺序

学科典型顺序

绘图集合中的学科顺序标准可能在不同的办公室中不一样。下面的顺序是由统一绘图系统（UDS）所推荐的，其目的是在将用到这套集合的行业中将混淆减到最小。请注意大多数项目将不包括所有列举在这里的学科，并且其他的项目可能需要额外的、带特定的项目性质的学科。

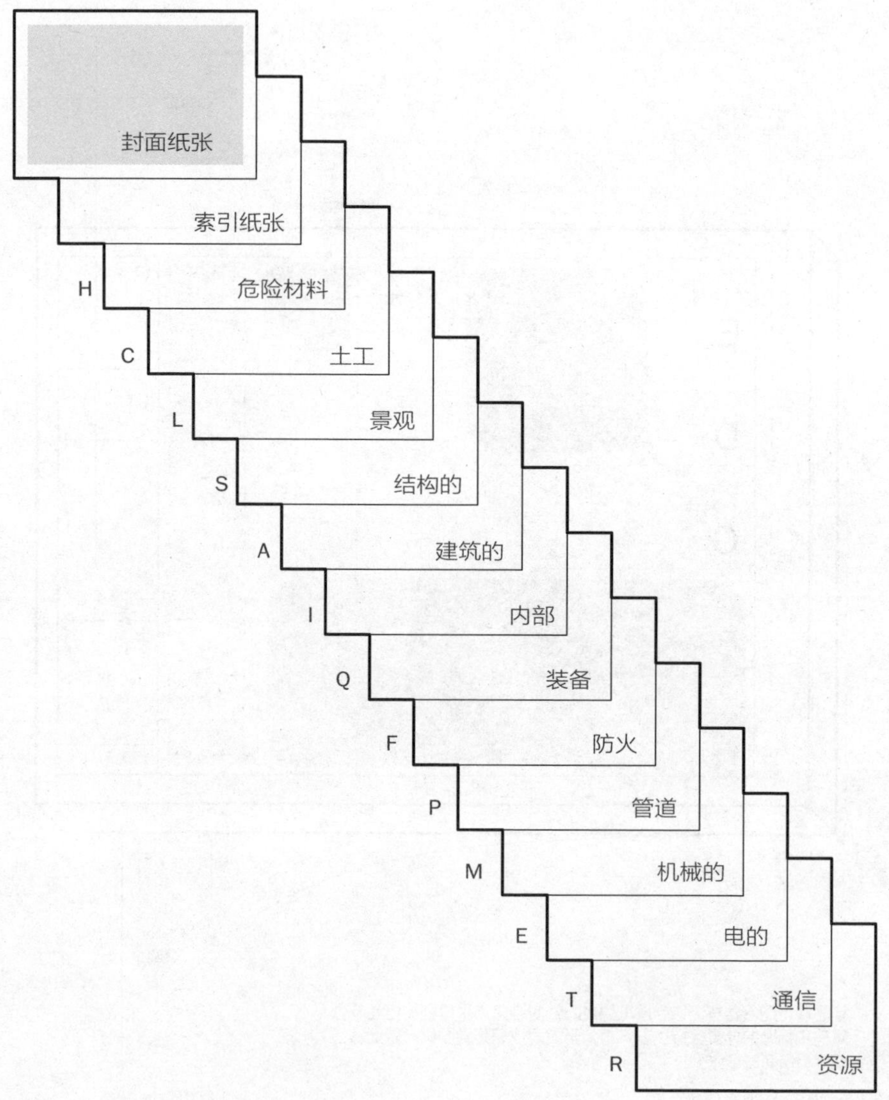

建筑学科内纸张的典型顺序

A-0:	通用
A-001	注解和符号
A-1:	建筑楼层平面图
A-101	一楼平面图
A-102	二楼平面图
A-103	三楼平面图
A-104	一楼钢筋混凝土管
A-105	二楼钢筋混凝土管
A-106	三楼钢筋混凝土管
A-107	屋顶平面图
A-2:	建筑正面图
A-201	外部正面图
A-202	外部正面图
A-203	内部正面图
A-3:	建筑截面图
A-301	建筑物截面图
A-302	建筑物截面图
A-303	墙体截面图
A-4:	大比例视图
A-401	放大的厕所平面图
A-402	放大的平面图
A-403	楼梯和电梯平面图和截面图
A-5:	建筑细节
A-501	外部细节
A-502	外部细节
A-503	内部细节
A-504	内部细节
A-6:	一览表和图表
A-601	隔墙类型
A-602	房间装修一览表
A-603	门窗一览表

绘图集合缩写

当所有的绘图都由手工来绘制，建筑学上书写的文字——其本身是一种艺术形式——可能会是乏味的和费时的。结果建筑师和技术人员就会缩写单词。尽管我们制定了许多标准，但它们不是前后一致的并且以前还被承包商作为说明性的错误。CAD技术使文本生产和管理成为耗时更短的工作并且使缩写能够被更少的使用。如果空间命令必须使用缩写，就需省略间空和句号并且将所有的字母大写。尽管其变体仍然存在，但下面所列举的是被广泛接受的缩写形式。

ACT：声学的天花板砖
ADD：额外的
ADJ：可调节的
AFF：上部装修层
ALUM：铝
APPX: 大约

BD：板
BIT：沥青的
BLDG：建筑物
BLK：街区
BLKG：大块
BM：横梁
BOT：底部
BC：砖层
BUR：组合屋顶

CB：沉泥井
CBD：黑板
CI：铸铁
CIP：现浇
CJ：控制接头
CMU：混凝土砌块单元
CEM：水泥
CLG：天花板
CLR：净空
CLO：壁橱
COL：立柱
COMP：可压缩的
CONC：混凝土
CONST：建设
CONT：连续的

CPT：地毯
CRS：过程
CT：瓷砖
CUB：柱工具盒

DF：自动饮水器
DEF：细节
DIA：直径
DN：向下
DR：门
DWG：绘图

EA：每个
ENC：围护结构
EJ：扩大接缝
EL：正面图或有关电的
ELEV：电梯
EQ：相等
EQUIP：装备
ERD：紧急屋顶排水
EWC：电的水冷却器
EXIST：现存的
EXP：膨胀
EXT：外部

FE：灭火器
FEC：灭火器匣
FHC：消防水龙带匣
FD：楼面排水

FDN：地基
FFT：整饰的楼板过渡
FIN：装修
FIR：楼层
FLUOR：荧光灯
FOC：混凝土面
FOF：装修面
FOM：砌体面
FTG：基础
FIXT：固定装置
FR：防火等级
FT：英尺
FUB：地板工具盒

GA：标准尺寸
GALV：电镀的
GC：总承包人
GL：玻璃
GWB：石膏墙板
GYP：石膏

HC：空心或无障碍设施
HDW：硬件
HM：中空金属
HORIZ：水平的
HP：高点
HGT：高度
HTR：加热装置
HVAC：加热、通风和空气调节

IN：英寸
INCAN：白炽灯
INCL：包括
INS：绝缘
INT：内部

JAN：门警
JC：门警室
JT：结合处

LP：低点
LAM：薄板状的
LAV：盥洗室
LINO：油毡
LTG：照明

MAT：材料
MO：砌块开口
MAX：最大量
MECH：机械的
MEMB：部件
MFR：制造商
MIN：最小量
MISC：混杂的
MTL：金属

NIC：不属本工程
NTS：不按比例
NO：数字

OC：在中心
OD：在直径之外或溢出沟道
OHD：升降门
OHG：升降格栅
OPNG：开口
OPP：相反的
OPPH：反面

PC：预制的
PGL：平板玻璃
PTN：隔断
PL：平板
PLAM：塑料层板

PLUM：水管工
PTD：刷油漆的
PT：油漆
PVC：聚氯乙烯

QT：缸砖
QTY：数量

R：半径或竖板
RA：回气
RD：屋顶排水
REG：登记
RO：粗略的开口
REINF：加强
REQD：必需的
RM：房间
REV：修正或相反
RSL：弹性地板

SC：实心
SECT：截面图
SHT：纸张
SIM：相似的
SPEC：说明书
STD：标准
SSTL：不锈钢
STL：钢
SUSP：悬浮的
SQ：正方形的
STURC：建造的
STOR：存储
STA：站

T：梯级
TBD：布告板
TD：排水沟
THK：厚度
TEL：电话
TO：在……顶部
TOC：在混凝土顶部
TOF：在基础顶部
TOR：在围栏顶部
TOS：在钢铁顶部
TRT：已处理过的

TOW：在墙体顶部
TYP：典型的

UNO：除非注解过，否则

VCT：乙烯基瓷砖
VERT：垂直的
VIF：在核查领域
VP：饰面灰泥
VWC：塑料墙面处理

W/：带有
WD：木头
WC：厕所
WF：宽肢
WPR：防水
W/O：没有
WWF：焊接的金属丝网
WDW：窗户
WUB：墙工具盒

&：和
<：角
"：英寸
'：英尺
@：在
CL：中线
[：槽
#：数字
Ø：直径

项目时间轴

呈现在这里的信息是一典型的建筑项目的阶段和事件的概括。它不尝试去解释所有的工程大小和客户类型。每一阶段的时长是对正常的、中等大小项目的大致的估计，但是时间框架可以非常多样。这些阶段中的任何一个阶段的预期和持续都得遵守项目的业主-建筑师协议中的规定。

设计前

即使在开始实际的项目设计之前，建筑师可能单独地或和咨询商联合起来被要求去执行下列的任务：位置选择和评价、环境分析、社区参与、可行性研究、程序、成本分析和概念设计。建筑师把提供这些服务作为（获报偿或无偿）市场效能是平常的，它们期望项目能得奖。

时长无定数

市场

在建筑学竞争的环境中，取得一个项目可以比建成一个项目需要更多的时间投入和劳动力投入。市场中会采取许多形式，但是常见的获取工作的模式如下：

竞争：公司或个人呈递一份特定项目和位置的设计，获胜者就从中选出。竞争有许多形式——他们可能获得补偿或不获得补偿，是公开的或受邀请的——并且不是经常取得项目建成的结果。

申请资格（RFQs）：潜在的客户要求建筑师呈递他们的资质，有时以特定的格式。

提案申请（RFPs）：尽管公司被特别要求提供其他它们已经完成的项目的信息，但是其和申请资格形式相似。提议可能囊括多种信息类型，包括建议的预算和时间表，有时包括可能需要为项目而制定的设计。

访谈：一潜在的客户将会想要和建筑师，有时是和他的（她的）有远见的咨询商会面。在这样的会议中，设计团队需要针对正在讨论中的项目提出一个提议。

SD 概要设计

人们提议和探索主要的设计思想，包括轮流的方案。绘图在这一阶段产生，其包括修建性详细规划图、平面图、正面图和截面图，这些对于成本评估来说是足够的。概要设计经常要求为应对客户复审和批准进行多种陈述，可以包括透视图作品和表现图作品以及描述设计概念的模型。

3个月

DD 设计发展

详细的设计发展结果将是得到一个适合于更实际的成本估算的绘图集。和咨询商们进行协调是这个阶段中在设计进行得太深入之前识别和解决潜在问题的关键。向客户陈述更多地转向解决这些问题，包括协调问题、成本控制问题和考虑更多关于房间和空间固有特性的特定反馈的问题。设计的内外都备有证明文件，包括建设细节、内部正面图、时间表和规范，所有的这些文件将会在建设文件阶段得到更深层的精炼。

6个月

CD 建设文件

项目“施工图”阶段是这样一个阶段，设计的每一个方面在其中都被描画到规定的尺度和合适度，它是一个包含时间集中和能量集中的工作，在这个过程中项目团队为适应这项工作经常会变得更大。在这一阶段点上，必须很好地确立项目设计，并且大多数业主-建筑师协议规定任何在建设文件阶段之后的改变主要设计的请求都必须成为“额外服务”协议的一部分，以弥补项目到目前为止用文件证明时所耗费的时间。

建设文件集是关于项目的官方证明文件被分发给承包商用以投标和建筑部门以及其他公务员以取得必需的许可，建筑师在这个过程中有责任帮助客户。

建设文件集至少包括修建性详细规划图、楼层平面图、天花反向图、内部和外部建筑物平面图、建筑物截面图、描述建设细节的墙体截面图、内部细节图、门窗一览表、装备一览表（如果可应用的话）、装修一览表和文本说明书，还包括工程师和其他咨询商的绘图。

9个月

CA 建设管理

尽管项目在建设中，建筑师却必须仍然通过定期地参观建设地点和监督针对意料之外的问题的解决方案的行动来维持其对项目成果的控制，其中通过定期地参观建设地点可以依据其是否遵循建设文件集来观察建设质量。建筑师必须复审施工图、变更单和请求提供来自承包商的信息，这些行动代表客户和预算的最大利益。在建设项目结束之时，建筑师准备竣工查核事项表并帮助获取居住证明。

建设持续

市场

一旦项目落成，就会给项目拍照和存入文献。建筑师可能将其呈递给不定数的专业杂志以期发表，包括发表在公司手册上，或者公布在公司的网页上。现在这些方式已作为市场工具以求获取更多的项目，并且这一过程还在持续中。

规范

建筑学的规范可作为承包商和所有参与到建筑物建设过程中的团队的书面指导。规范是建设文件集的一部分，通常作为分开的项目手册。它们提供详细的有关建筑物所有方面的可接受的建设材料的描述，包括从油漆的类型和颜色到建筑防火的类型和方法。书写规范是一件耗时的和吃力的工作；其大多数经常由规范写作者或专于书写规范的建筑师承担。有资质的规范写作者在他们的名字之后列出后缀CCS（持有证件的建设指示符）。为保证项目安全和控制在预算内，并且确保其符合建筑师和业主的需要，有必要写好规范集。

建设规范协会（CSI）雇主表格系统

建设规范协会（CSI）成立于1948年，其成立的目的是为“二战”后建筑繁荣时期进行规范。建设规范协会制定了规范写作的标准化和格式，并且其项目资源手册（以前是实践手册，或MOP）是工业参考书目。规范写作者可能会利用预先写就的主要的指导规范，这些指导规范可作为很多项目的基础，或者他们可能完全地从头开始写作规范集。

建设规范协会雇主表格系统已经成为美国和加拿大非居住的建筑物项目标准的格式系统。它由一列数字和标题组成，这些标题组织了项目手册规范中的信息。

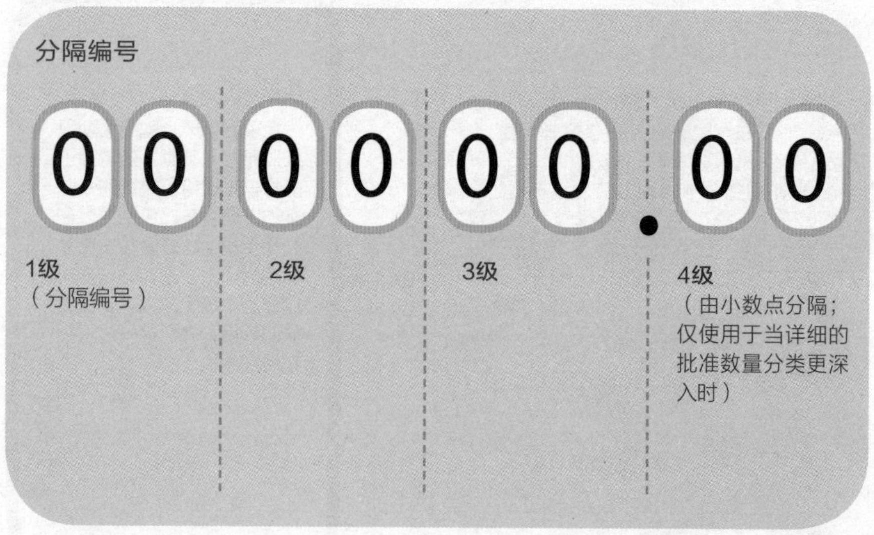

形式上的主要规范样本部分

章节编号
章节标题

第1部分　综述

1.01　摘要

1.02　价格和支付步骤

1.03　参考

1.04　管理要求

1.05　建议

1.06　质量保证

1.07　交付、储存和处理

1.08　担保

第2部分　产品

2.01　制造业

2.02　制造商和产品

2.03　材料

2.04　装修

2.05　附件

第3部分　安装

3.01　检查

3.02　准备

3.03　建造

3.04　场地质量控制

3.05　调整

3.06　清理

建设规范协会（CSI）雇主表格分隔标题

保留的分隔提供了未来发展和扩张的空间，建设规范协会建议使用者不要为了他们自己的使用占用这些分隔。

采购和签订合同组

00——采购和签订合同

规范组

总体要求

01—总体要求

设施建设

02——存在条件
03——混凝土
04——砌块
05——金属
06——木头、塑料和合成材料
07——防热和防潮
08——开口
09——装修
10——特性
11——装备
12——家具
13——特别建设
14——传输设备
15——保留为未来扩张
16——保留为未来扩张
17——保留为未来扩张
18——保留为未来扩张
19——保留为未来扩张

设施服务

20——保留的
21——灭火
22——管道
23——加热、通风和空气调节
24——保留的
25——整体的自动化
26——电气
27——通信
28——电安全和保证
29——保留为未来扩张

地点和基础设施

30——保留为未来扩张
31——土方工程
32——外部改进
33——公共设施
34——运输
35——水路和海运建设
36——保留的
37——保留的
38——保留的
39——保留的

加工设备

40——过程一体化
41——材料加工和处理设备
42——加热、冷却和干燥过程设备
43——气体、液体处理和净化及储存过程设备
44——污染和废水控制设备
45——产业特定的制造业设备
46——水和废水设备
47——保留为未来扩张
48——电能产生
49——保留为未来扩张

第13章　手工绘图

尽管手工制图正被计算机辅助制图快速地取代，但是一些从业者仍在使用手工制图，并且它的原理仍然可以应用于计算机绘图。手工制图实践会运用到若干关键工具。

工作面

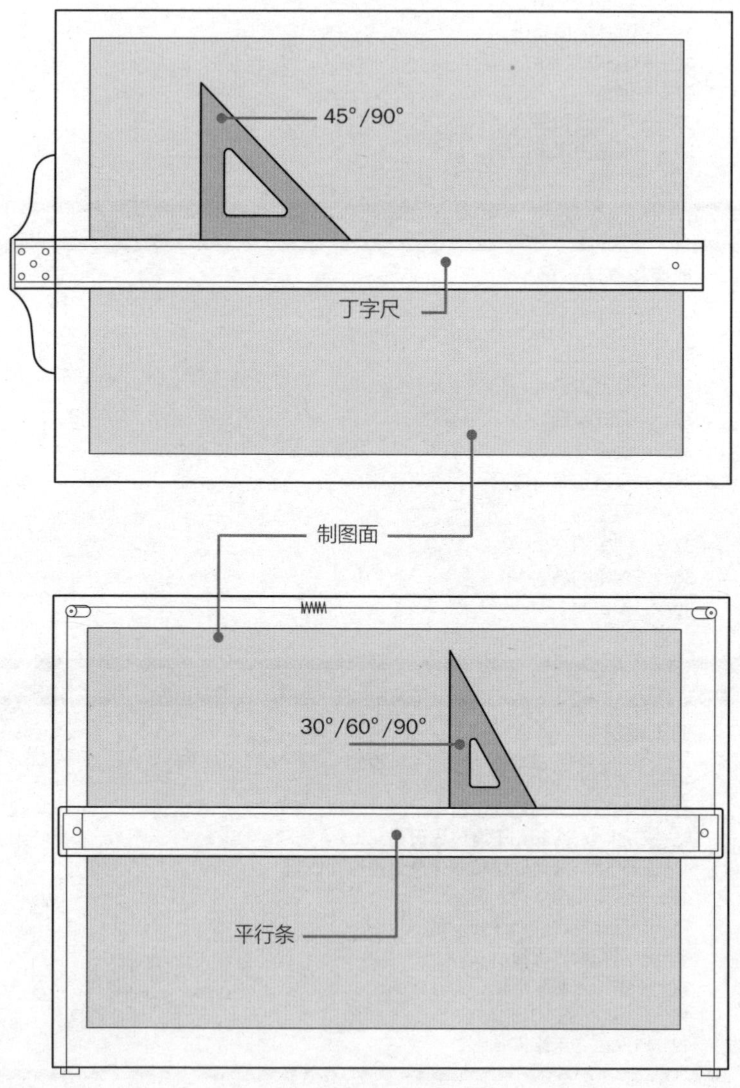

纸和板

纸类型	特性	形式	最佳用途	用作覆盖物
摹图纸	白色、浅黄色或黄色；便宜的	多种尺寸成捆（305mm、457mm、609mm、914mm、1219mm）；衬垫	素描覆盖物；设计	是
牛皮纸	用油处理以取得透明度	卷、纸张和衬垫	铅笔和工艺笔工作；覆盖图工作	是
聚酯薄膜（制图胶片）	不吸水的聚酯薄膜（有1面的或2面的）	卷和纸张	铅笔和工艺笔工作；用作档案工作是理想的	是
铜版纸和制图纸	重量、质地和颜色多样	卷和纸张	书写平顺；有织纹的最适于铅笔	否
图解板	高质量白色的碎布粘贴于木板	大尺度纸张尺寸	用水彩、铅笔、粉笔或钢笔做装修工作	否
粗纸板	各种各样的桩；大多是灰色	大尺度纸张尺寸	模型制作；一些干裱	否
泡沫板	在纸衬垫之间是聚苯乙烯泡沫；白色/黑色	大尺度木板；3mm、5mm、6mm、13mm厚度	模型制作；干裱纸张	否

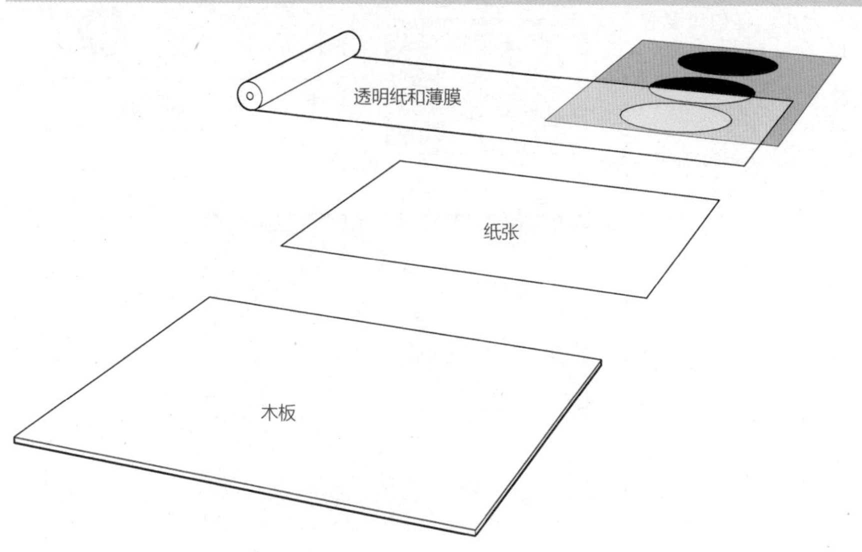

制图工具

1. 制图刷
用于刷去涂擦痕迹和制图粉末的工具。

2. 制图粉
精制的研磨成的白色化合物，其可以阻止灰尘、污垢和污迹研磨成绘图媒质。

3. 曲线板
用作引导平顺地描画大多数期望中的弯曲程度的模板。

4. 美工刀
用于模型制作和应用的切割工具。

5. 擦图孔板
用作在不影响其他的线和区域的条件下擦去特定的线和区域。

6. 活动三角尺
单独使用或结合其他三角尺一起来画任何角度的工具。

7. 模板
可得到多种类型（刻字、卫生间、人）和比例的模式引导。

8. 圆规
适合于用一支笔或铅笔去描画精确的圆或圆弧的铰链脚式工具。

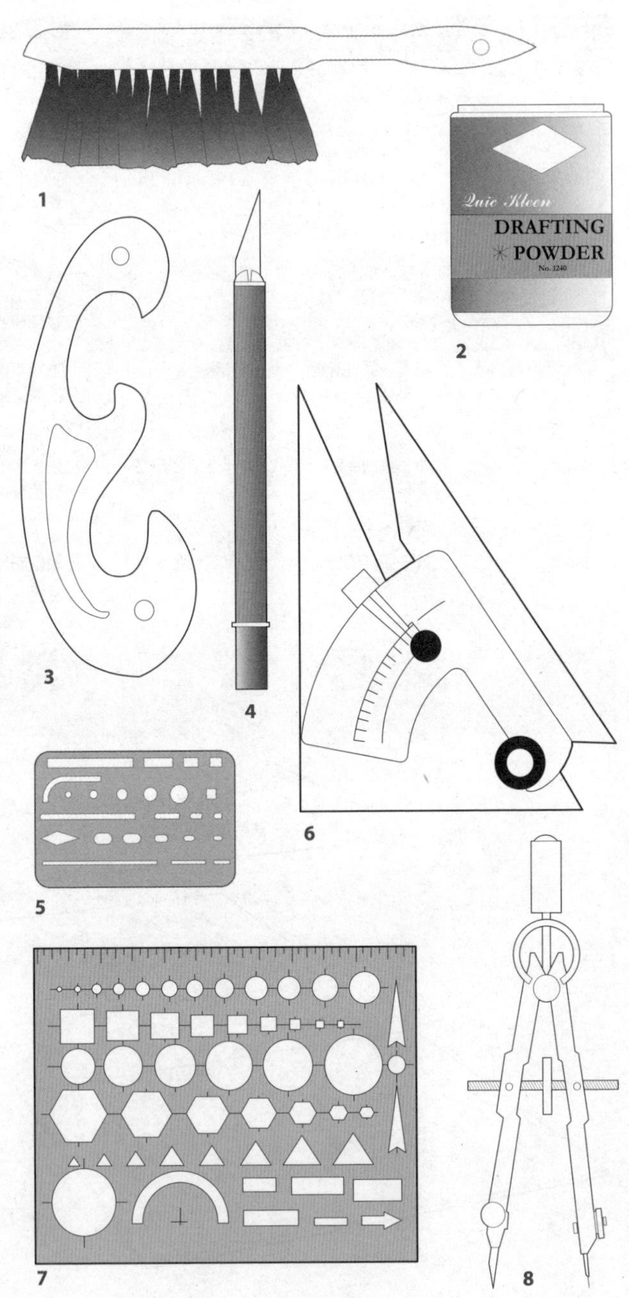

三角的建筑师的比例（1:1）

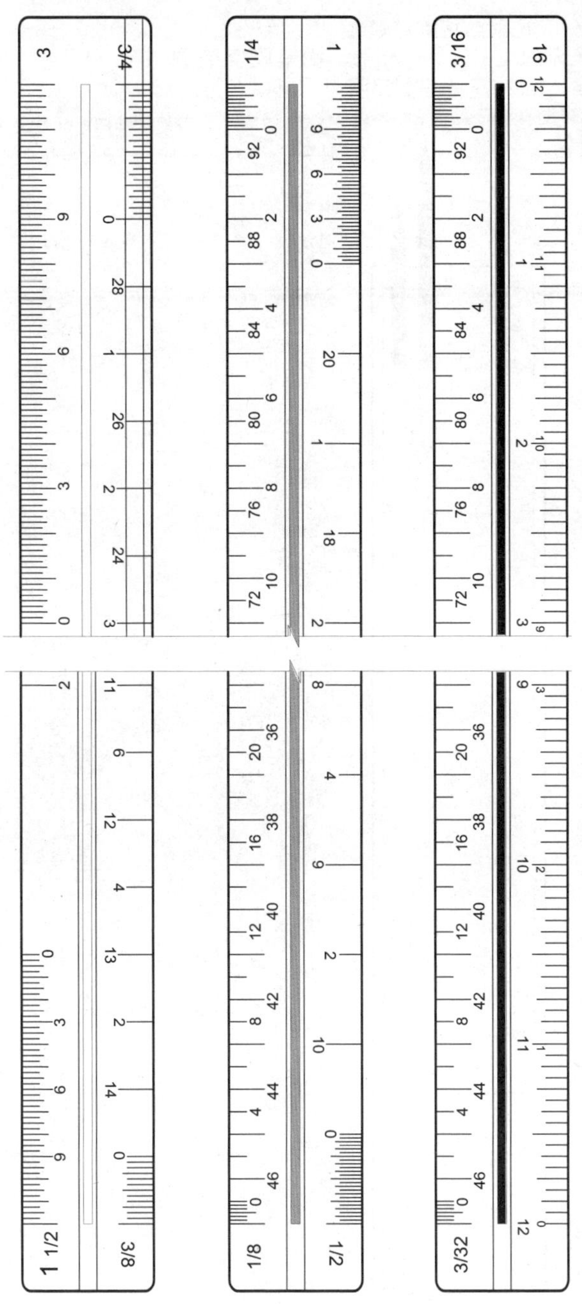

除了透视图和一些三维的表现图，大多数建筑绘图是根据比例制成的。简单地说，若一楼层的平面图或正面图以全比例（25mm=25mm）来描绘，就会太大而不能表现，必须降低到使其适应单张纸的尺寸。为了达到这个目的，就要采用标准的建筑师的比例。例如，1/4in 6:304的比例表现，表示的是绘图中1/4in的距离等于1ft的实际距离。

三角的建筑师比例的三边总共提供了11种比例，书写如下所示：

2:304
3:304
4:304
5:304
6:304
10:304
13:304
19:304
25:304
38:304
76:304

工程师比例经常用于更大比例的绘图如地点平面图；它们遵循和建筑师比例同样的原理但是有更大的基于10的增值（25:3048、25:15240、25:25480，等等）。公制单位也可用比例。

铅笔

更坚硬的铅笔芯含有更多的黏土，而更柔软的铅笔芯则含有更多的石墨。铅笔杆采用完全自动的，其可以使2mm长的铅笔芯提前露出，铅笔杆有多种硬度、颜色并且无照片蓝（不出现复色）。铅笔芯用磨尖器或普通的金刚砂纸或砂纸块磨尖。

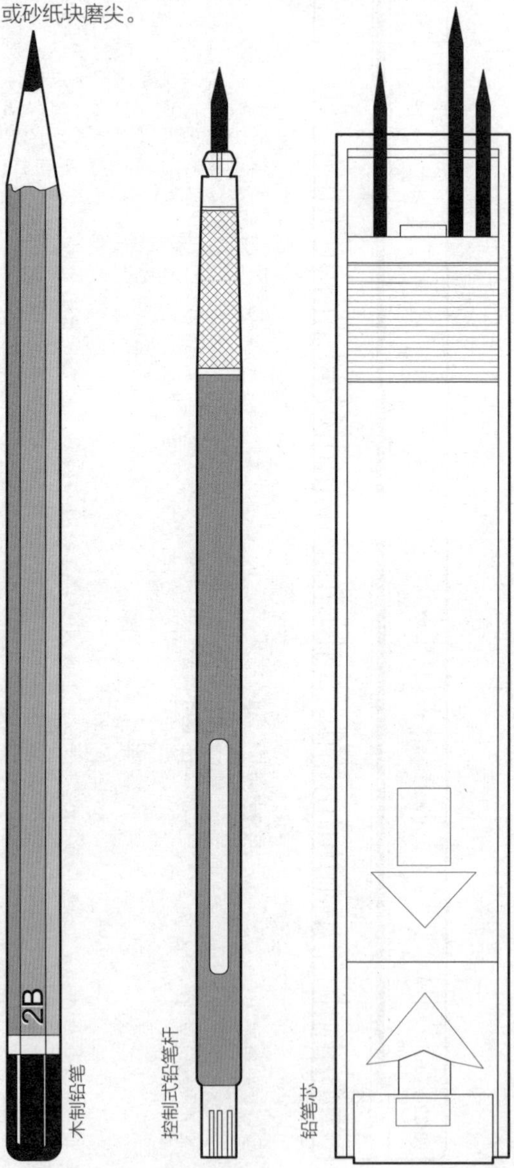

铅笔硬度范围

等级	重量和使用	
9H	非常硬且稠密	用作书写指导方针和做衬底工作的理想范围
8H		
7H		
6H		
5H		
4H		
3H		
2H	中等硬	完成的绘图的最好范围
H	中等	
F	中等，一般目的	
HB	中等软，粗线工作	
B		用于粗线和底纹的范围，不太适合手制图
2B		
3B		
4B		
5B		
6B	非常软	

工艺墨水笔

针笔使用一控制墨水流的带管式点（笔尖）的金属丝，其可以产生非常精确的线宽。根据笔的类型，墨水可以分为预先包装好的盒装式或按需装墨水于笔管。笔尖越好，其就越脆弱且容易堵塞。所有的笔尖都需要清洁和维修以保持其使用顺畅。墨水应该是防水的、不褪色的和不透明的。墨水笔可用于大多数纸张类型，且牛皮纸和聚酯薄膜是其理想的书写用纸；墨水笔笔迹甚至可以用软质制图橡皮擦或电橡皮擦从聚酯薄膜纸上擦去。

工艺笔线宽

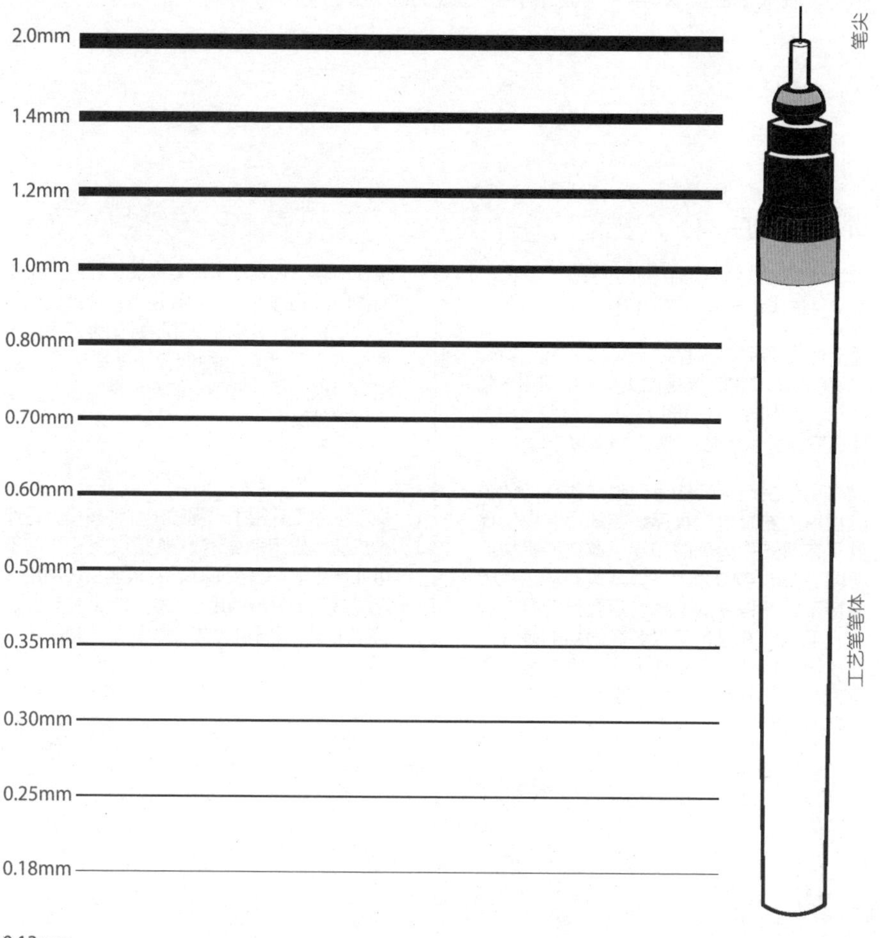

第14章　计算机标准与指南

当需要在众多感兴趣的群体和活跃的团体之间进行组织和宣传时，建筑物设计和建造包含巨量的信息。将计算机引入这一过程已经改变了建筑物被感知、设计和文件记录的方式，这一点是可以理解的。事实上，许多事情可以以更快和更容易的方式来做，但是使用计算机也带来了新问题，包括计算机文件管理、可传送材料的质量标准以及在快速地技术演进中恒定的需求会保持现状。因此把标准和参考作为静止和绝对的并以文件的方式来记录，这其中的前景既是没有生产性的也是不可能的——唯一可以确定的事情就是所有的事情将会改变。带着这种思想，本章集中于介绍影响AutoCAD的参考，在本书的此次印刷中仍然使用的是现时的为生产建设文件的产业标准。

计算机程序

建筑成果可以分为两主要的组分：可交付合同文件成果和一般的陈述材料。

可交付成果经常被理解为建设文件集，建设文件集由基本的二维绘图类型（平面图、截面图、正面图、细节图）组成，这些绘图为建设它的承包商充分地描绘了建筑物。

过去用于生产标准的可交付成果集的计算机程序主要是绘图程序。实质上，它们提供了有效的、精确的和易于改进的机械的绘图。AutoCAD为大多数建筑师和工程师保持了绘图程序的选择。尽管其拥有三维的表现能力并且也可以为高质量的表现图适应渲染插件，但是作为一个多功能的绘图程序，AutoCAD仍然主要是因其准确性而受到重视。

表现材料可包括标准的平面图、截面图和正面图以及物理的三维空间模型、计算机透视图和仿真。计算机模型和透视图表现程序多种多样，选用哪一种取决于期望的产出效果。可以预见，计划中的产品越复杂，制图工具就越昂贵。

模型程序不只限于产品输出。许多模型程序被广泛地应用来设计复杂的形式，否则将不可能产生这些复杂形式。建筑学正在利用程序发展其他领域的用途，例如自动化产业、航空工程、电子游戏发展和动画片制作。

AUTOCAD术语

纵横比： 屏幕高和宽的比率。

块： 一个或多个物体分组结合而成的单个物体。在创建时，赋予块一个名字和一插入点。

CAD： 计算机辅助设计或计算机辅助制图。也简称为CADD，全称为计算机辅助设计或制图。

命令线： 保留为键盘输入、信息和提示的文本区域。

坐标： 相对于模型原点（0,0,0）的*x*、*y*和*z*轴位置。

十字光标： 光标类型。

光标： 使用者能够放置图表信息和文本的出现在电子屏幕上的活跃的物体。

绘图文件： 一建筑物或物体的电子的表现图。

绘图网格式（DWF）： 创造自DWG文件的压缩的文件格式，在网格上公示或观看是理想的。

DWG： 来自AutoCAD内的保留了矢量图形的文件格式。

绘图交换格式（DXF）： AutoCAD绘图的美国信息交换标准码（ASC Ⅱ）或二进制的文件格式，为输出AutoCAD绘图到其他的应用中或从其他的应用中输出这些到AutoCAD中。

实体： CAD绘图中的地理要素或数据块，例如一条线、一个点、一个圆、一条折线、一个符号或一块文本。

炸裂： 分解复杂的物体如块和多段线。

外部参考： 在其他的绘图中用作背景，但是其本身不能而其原始绘图能进行编辑的文件或绘图。例子包括建筑物栅格和地点信息。其也被称为X-参考。

图层： 用于在CAD绘图中进行分类的实体，其性能考虑到操作和绘图中信息的适应性。

模型： 在AutoCAD中，一个物体的二维或三维表现；或者一项设计的三维复制品，不论其是物理的还是数字的。

模型空间： AutoCAD实体所存在的两种主要空间中的一个空间。模型空间是三维的坐标空间，二维和三维的制图和设计都在其中以全比例（1:1）制作。

图纸空间： 另一种主要的AutoCAD空间。用于创造一个完结了的可印刷的或可绘图的布局；通常包含一标题块。

多线： 由一个或更多连接着的部分或弧组成的物体，作为单个的物体来处理。

表文件： 一张描述表格的准备印刷或绘制的电子的表现图，包含一个视图或模型、文本、符号以及标题块的视图。

用户坐标系统（UCS）： 在三维空间中规定*x*、*y*和*z*轴的方向的系统。

用户坐标系统图标： 指示*x*、*y*和*z*平面方向的关键，以及指示用户是否在纸空间或模型空间内。

视口： 展示一绘图部分模型空间的有界限的区域。

窗口： 绘图区域，包括命令行和周围的菜单。

AUTOCAD窗口

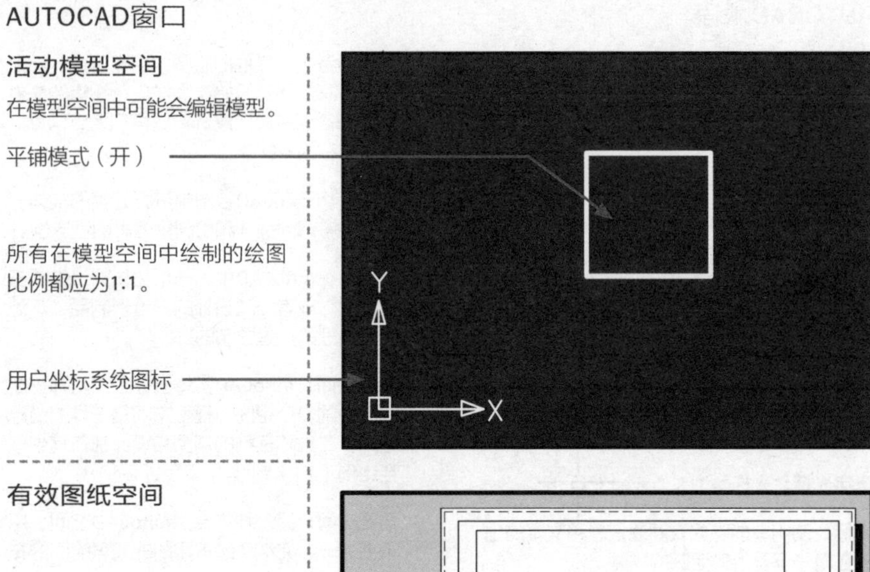

活动模型空间

在模型空间中可能会编辑模型。

平铺模式（开）

所有在模型空间中绘制的绘图比例都应为1:1。

用户坐标系统图标

有效图纸空间

标题块或其他非模型空间信息可能会编辑进图纸空间视点。

平铺模式（关）
当平铺模式关闭时，视口是可移动和可调整尺寸的物体。

用户坐标系统图标

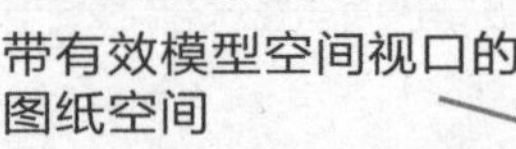

带有效模型空间视口的图纸空间

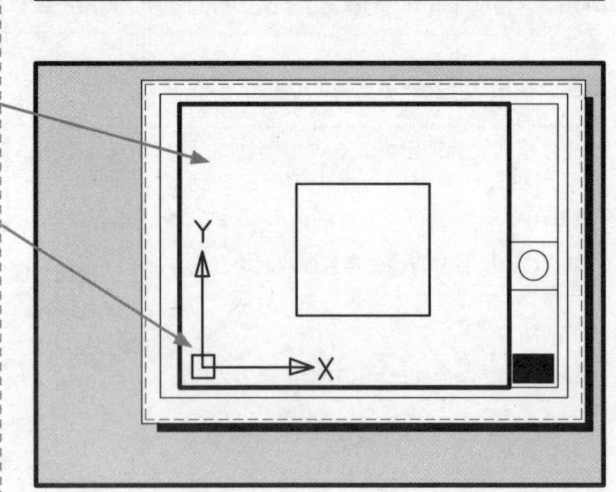

为进入视点，需在命令行输入ms；注意用户坐标系统图标。

平铺模式（关）

当在这种空间中时，图纸空间比例（XP）可能通过图像缩放来设置。尽管不鼓励模型编辑，但模型编辑是可能的。

外部参考

外部参考（X-Ref）绘图通常包含多种图纸文件的建筑信息。这些绘图通常是可以服务于多种目的的楼层平面图；这些楼层平面图都有其自身的图纸文件。例如，同一平面图模型可以用作楼层平面图、天花反向图和大比例的平面图。如下所示的图解描述了外部参考绘图和图纸文件之间的相互作用。

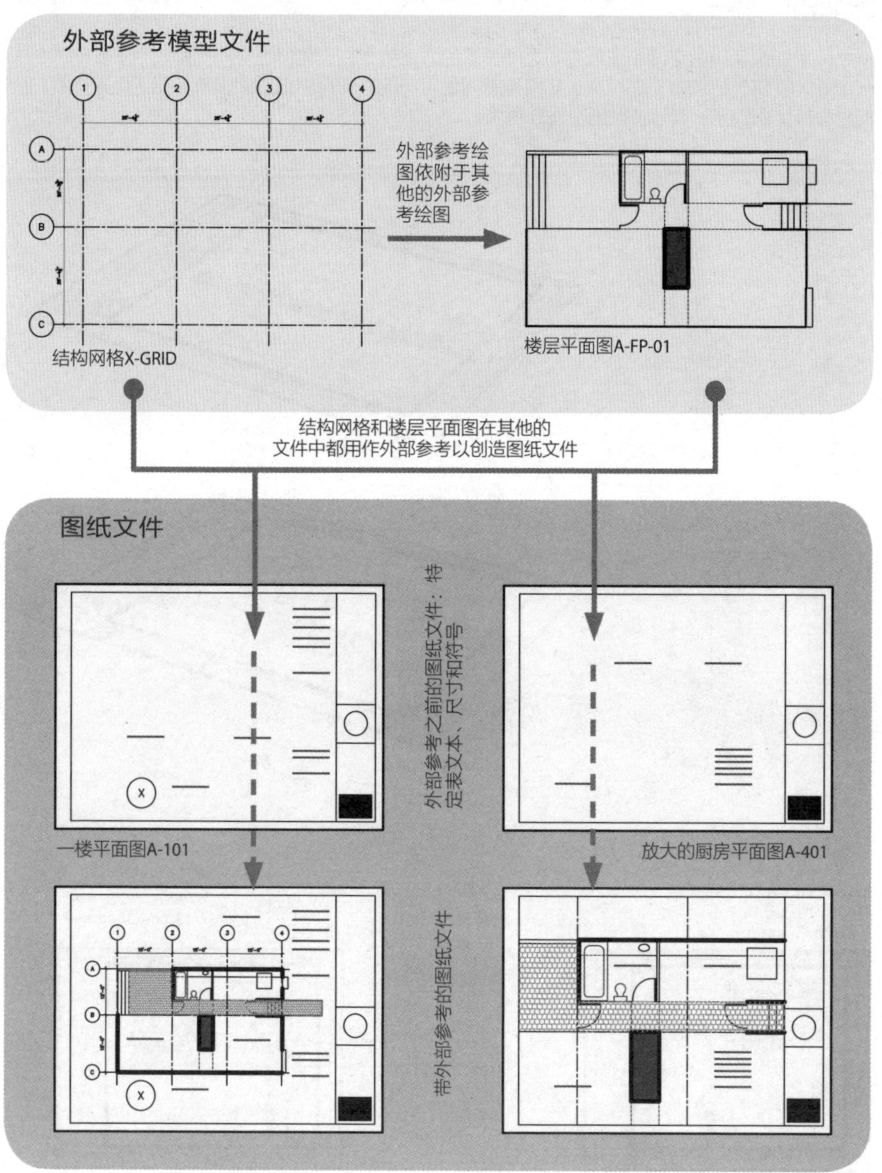

模型空间和图纸空间比例

从详细的墙体截面图到昂贵的位置平面图，所有的AutoCAD模型和绘图都以全比例（1:1）在模型空间中描画。图纸空间习惯用于建立有打印和绘图价值的图纸（经常会使用标题块），这些图纸能够使模型空间中的信息以特定的或实际的比例来打印。这样的系统可以使建筑师在进行设计和绘图时具有很大的灵活性，因为一张绘图可以以许多不同的比例和目的来使用并且不需要“按规定的比例”来描画。

一个简单的想象模型空间和图纸空间之间关系的方法就是去设想图纸空间标题块为一实际的剪去一个孔（视口）的纸张，通过这一孔模型空间是可见的。使用图纸空间因素（见下页），视口中的模型按比例确定，其涉及图纸空间标题块。

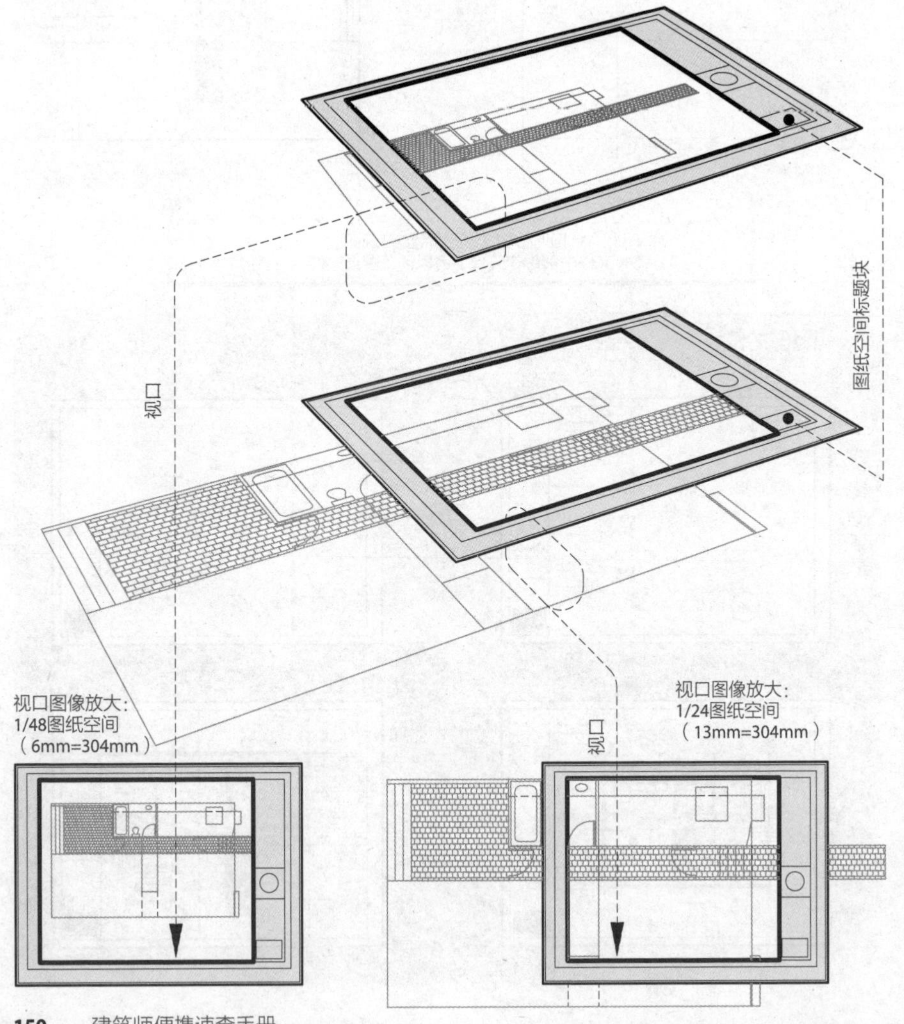

AutoCAD文本比例表

DWG比例	比例因素	图纸空间因素	期望的文本高度									
			2mm	3mm	4mm	5mm	6mm	7mm	10mm	13mm	19mm	25mm
全比例			0.0625	0.09375	0.125	0.1875	0.25	0.3125	0.375	0.5	0.75	1
6″=1′	0.5	1/2	0.125	0.1875	0.25	0.375	0.5	0.625	0.75	1	1.5	2
3″=1′	0.25	1/4	0.25	0.375	0.5	0.75	1	1.25	1.5	2	3	4
1 1/2″=1′	0.125	1/8	0.5	0.75	1	1.5	2	2.5	3	4	6	8
1″=1′	0.08333	1/12	0.75	1.125	1.5	2.25	3	3.75	4.5	6	9	12
3/4″=1′	0.0625	1/16	1	1.5	2	3	4	5	6	8	12	16
1/2″=1′	0.04167	1/24	1.5	2.25	3	4.5	6	7.5	9	12	18	24
3/8″=1′	0.03125	1/32	2	3	4	6	8	10	12	16	24	32
1/4″=1′	0.02083	1/48	3	4.5	6	9	12	15	18	24	36	48
3/16″=1′	0.015625	1/64	4	6	8	12	16	20	24	32	48	64
1/8″=1′	0.01042	1/96	6	9	12	18	24	30	36	48	72	96
1/16″=1′	0.005208	1/192	12	18	24	36	48	60	72	96	144	192
1″=10′	0.0083	1/120	7.5	11.25	15	22.5	30	37.5	45	60	90	120
1″=20′	0.004167	1/240	15	22.5	30	45	60	75	90	120	180	240
1″=30′	0.002778	1/360	22.5	33.75	45	67.5	90	112.5	135	180	270	360

使用这张表

因为所有的工作在模型空间中都必须以1:1的比例来操作，文本和标签必须调整到合适的尺寸，这个尺寸是基于图纸将会被打印的比例。

例如：如果详细的绘图将会以76mm=304mm的比例打印，那么文本期望的高度打印出来是4mm时，模型中的文本必须设置为13mm。如果同样的绘图以6mm=304mm的比例打印，那么文本的高度也需要为4mm，任何和这一比例相关的文本输出都将在模型中被设置成152mm。许多客户包括政府代理机构为了易读性会需要最小的文本尺寸。

使用图纸空间比例（XP）

图纸空间比例是期望的绘图用的比例和将会用作绘图的纸张之间的比例关系。在手工绘图中，人们通常会错误地使用建筑师比例或工程师的比例来帮助其“按规定的比例”制作绘图。在这样的比例中，若使用6mm=304mm的比例，304mm在高度上按这一比例展示为6mm；608mm展示为13mm，等等。实际上，比例已经经过大部分的计算，这对以期望的比例来绘图来说是必需的。为准确地描述这一过程，人们可以这样说：为了使绘图适合特定的纸张，绘图必须在全比例的1/48部分上绘制（若比例为6mm=305mm，$1/4 \times 1/12=X$，因此$X=1/48$）。

在AutoCAD中这一过程大部分是相同的。当在图纸空间的视口之内时，为设置一视口的比例，图像要放大到1/48的图纸空间（也相当于0.02083的图纸空间）。XP确实意味着“使图纸空间相乘”。这一行为将使视口窗口放大到涉及图纸空间标题块的6mm=304mm的比例，图纸空间标题块会以1:1的比例打印。

AUTOCAD文件命名惯例

文件类型和文件的格式及文件命名方式有直接的关系。文件类型包括模型、细节、纸张、一览表、文本、数据库、符号、边界和标题块。在这里讨论的文件和图层命名系统遵从美国建筑师协会（AIA）的CAD参考，正如同由美国国家CAD标准已经建立的参考。

模型文件

建筑物模型文件是建筑物的电子表示。模型可能是二维或三维的并且以真实的1:1比例来创造。模型文件中所有的几何结构包含一个三维的坐标（*x,y,z*）。在二维的坐标绘图中，*z*坐标轴是0。

图纸文件

电子的图纸文件包含一个或多个模型文件的一个或多个视图，以及文本、符号，经常为边界或标题块。标题块通常包含图表和文本信息，这些图表和文本信息在一个项目或部分项目所有其他的图纸中是常见的。

1级学科标志符

文件名和图层名都是按学科分类。学科代码是两个字符字段，在两个字符字段中第二个字母是连字号或由用户定义的修饰语。

A　建筑学的
B　地质技术的
C　公民的
D　过程
E　有关电的
F　防火
G　综合的
H　有害物质
I　内部
L　景观
M　机械的
O　操作
P　管道
Q　装备
R　资源
S　结构的
T　通信
V　测量/绘图
W　分散的能量
X　其他的学科
Z　承包商/施工图

标准模型文件识别

模型文件类型

FP 楼层平面图
SP 位置平面图
DP 拆迁计划
QP 设备方案
XP 现状规划
EL 正面图
SC 截面图
DT 细节图
SH 一览表
3D 三维绘图
DG 图表

学科标识符（和图纸文件命名相同）

A - A A U U U U

连字号（作为一个占位符并使名字更易读）

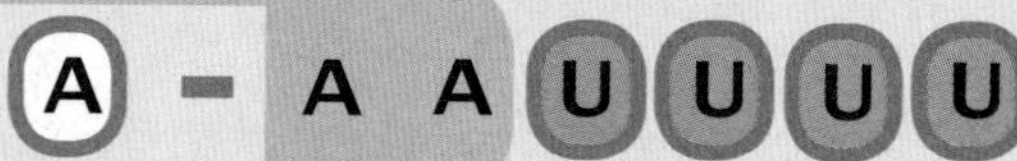

模型文件类型 用户定义（可选择的字母数字修饰语）

示例：A-FP-01（建筑的楼层平面图，标准1）
P-DP-010（管道拆除计划，标准1）

标准图纸识别

图纸文件标识符

0 总图
1 平面图
2 正面图
3 截面图
4 大比例视图
5 细节图
6 计划表和图表
7 用户定义
8 用户定义
9 三维绘图

A A - N N N - U U U

学科标识符（学科字母加上可选择的修饰语字母）

A A - N N N - U U U

图纸类型标识符

A A - N N N - U U U

图纸顺序号码 用户定义（可选择的字母数字修饰语）

示例：A-103（建筑平面图，标准3）
AD206（建筑拆除正面图，标准6）

标准 3

比例和形式

因为大多数建筑，甚至是设计作大尺度用途的建筑（例如飞机棚或大象谷仓），需要一些人类界面，因此我们自己的身体可作为居住空间有用的参考点。类似地，无论建筑结构多么复杂，大多数都可以分解成点、线或面，点、线或面可演变成形式和空间更复杂的结合，这就构成了设计。

纵观历史，建筑师已经在基于数律分析逻辑、算术、几何和人体之上，为建筑学设计和采用了排序系统和比例系统，其经常产生可见的和物理的秩序，即使这些组织逻辑不为人所知或理解，但对观察者来说秩序是明显的。

日常生活引领着我们和无穷无尽的管理和秩序系统发生联系，它们中的许多是以我们的身体和汽车怎样使用，和定位我们即时的周围环境及怎样和其他人一起分享它们为中心的。展现在这里的标准描述了各式各样的项目要求的基本净空，这些项目也是建筑师经常会遇到的。他们不以特定的设计为目的，而是期求对不同的身体如何占用不同的空间给出更好的理解。

第15章　人类尺度

人体尺度几乎向外界通告了建筑设计的每一个方面。这一章中的尺寸表现的是平均范围（较低的数字指示了2.5%的人群，较高的数字指示了97.5%的人群）。

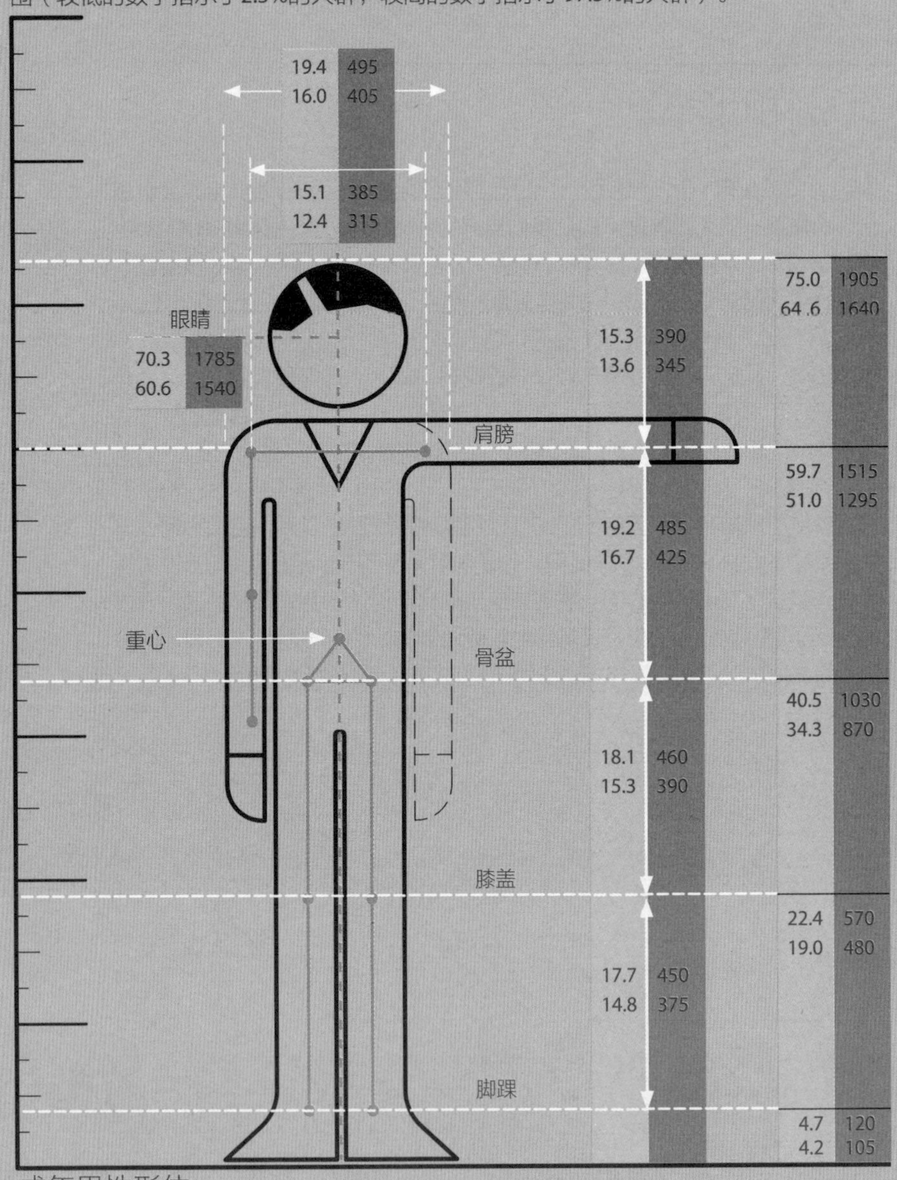

成年男性形体

在以下所示的绘图中，灰条指示的是英寸值，
蓝条指示的是毫米值。

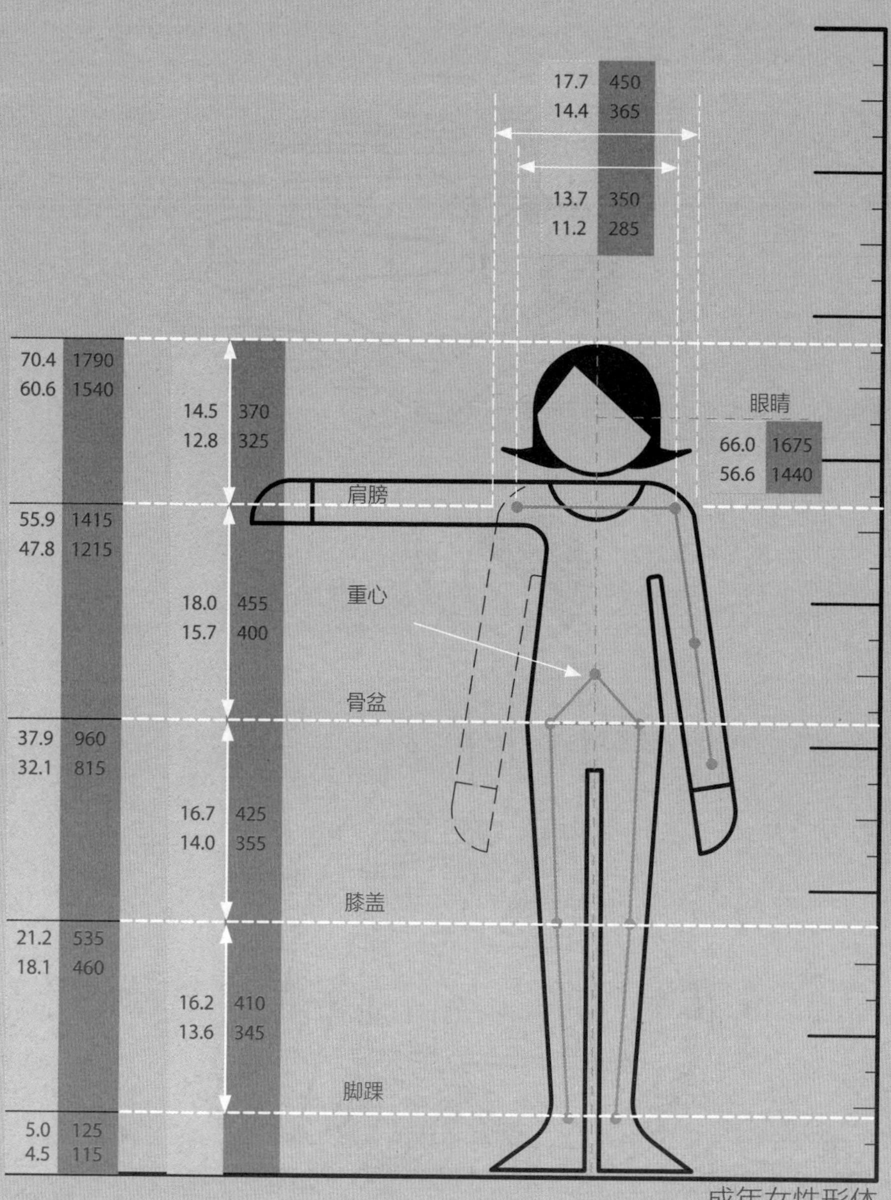

成年女性形体

无障碍设计尺寸（括号内数值单位为mm）

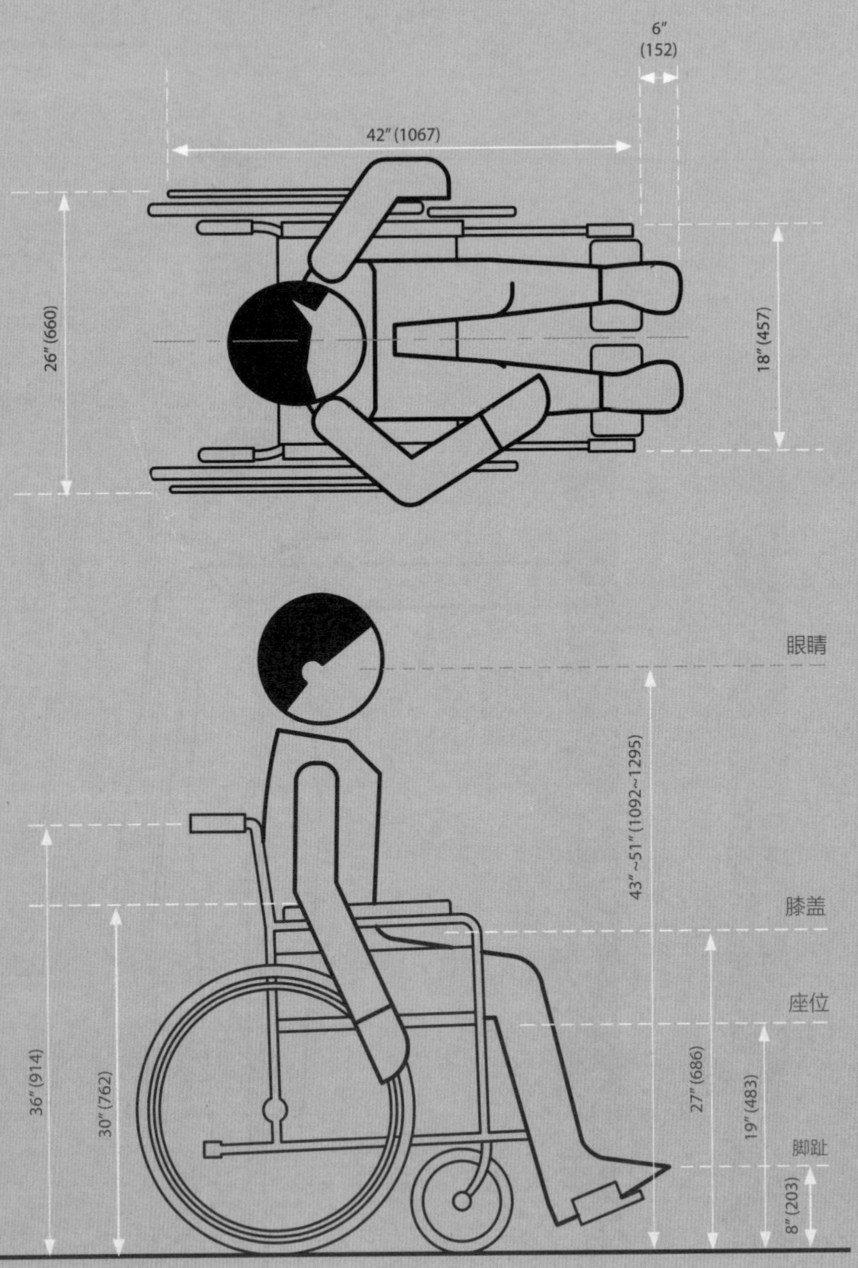

成年人式轮椅总体尺寸

建筑师必须同样地熟悉特殊用途上的尺寸，特别是由使用轮椅而造成的限制。设计以适合于轮椅和其他特殊需要越来越成为规则而不是例外，尤其是随着通用设计的概念得到更多的重视。通用设计提议使所有的要素和空间对所有尽可能广的人群来说是可接近和可使用的——这是一个目标，一个经过深思熟虑的规划和设计来实现且不需要增加生产成本的目标。

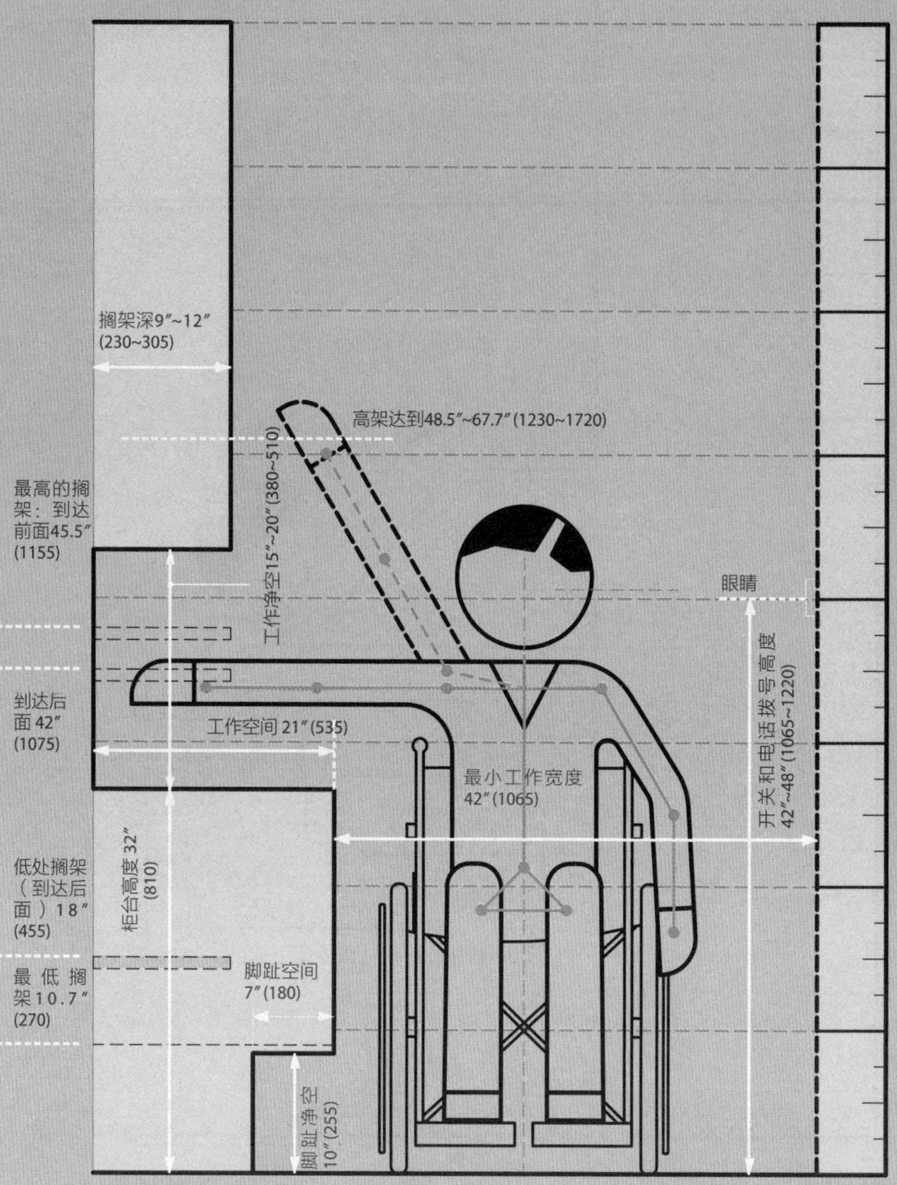

侧面接近工作站净空

就坐的尺寸（括号内单位为mm）

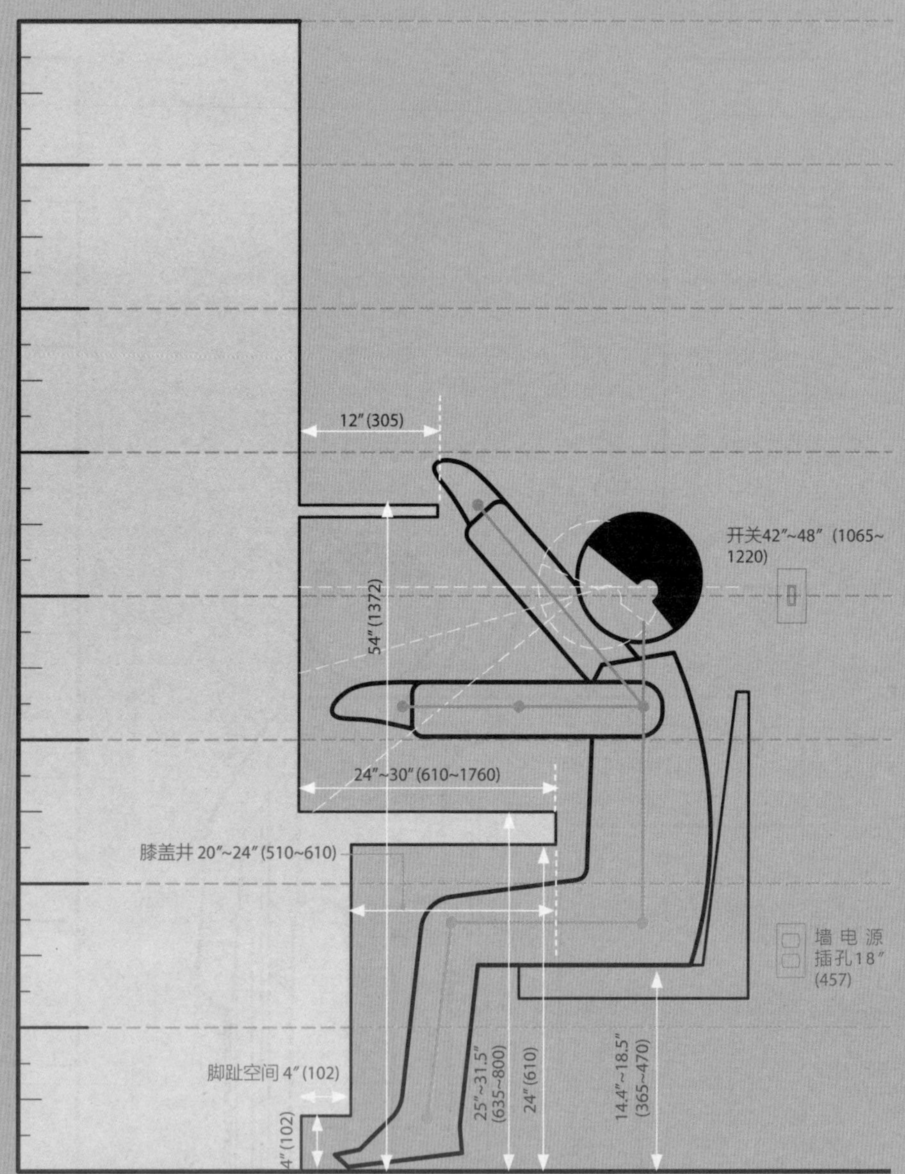

工作站净空

休息室位置一般空间考虑

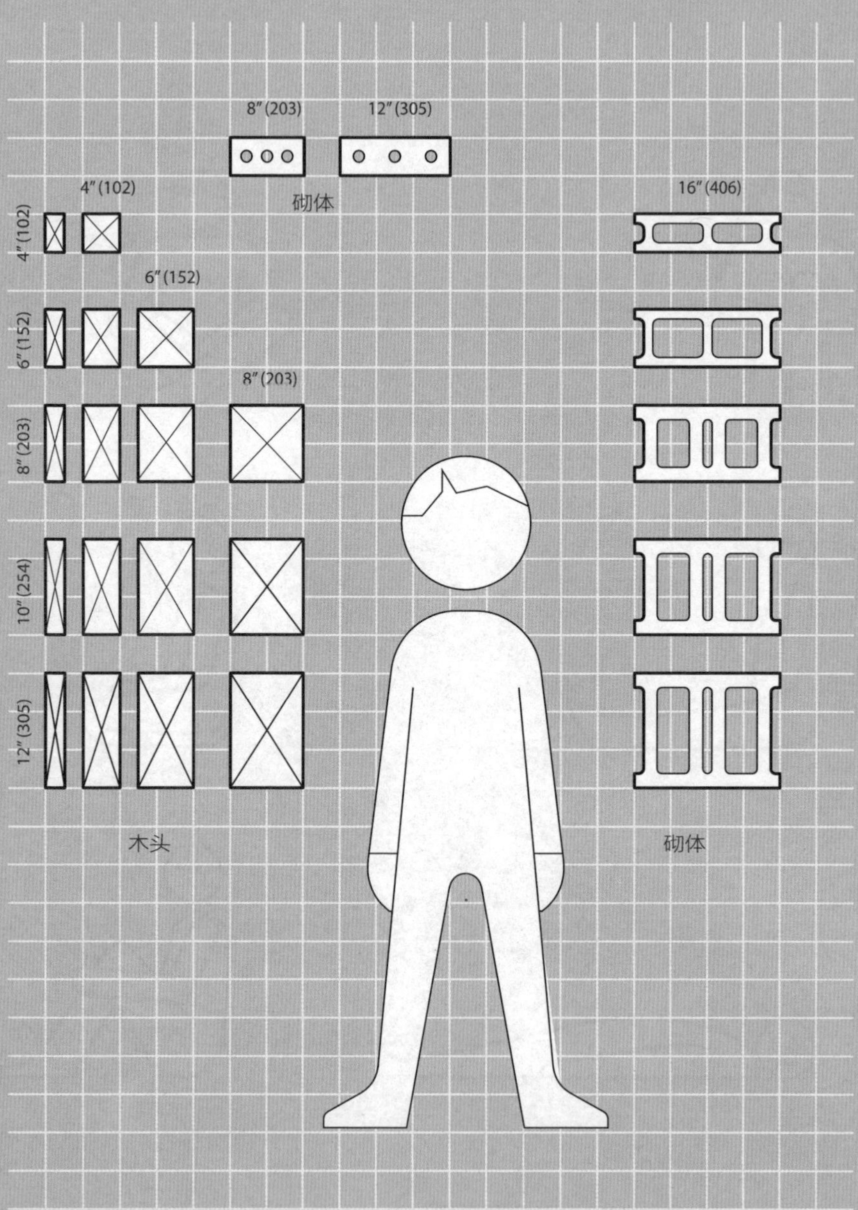
8″(203)
12″(305)
砌体
4″(102)
16″(406)
4″(102)
6″(152)
6″(152)
8″(203)
8″(203)
10″(254)
12″(305)
木头
砌体

部分材料

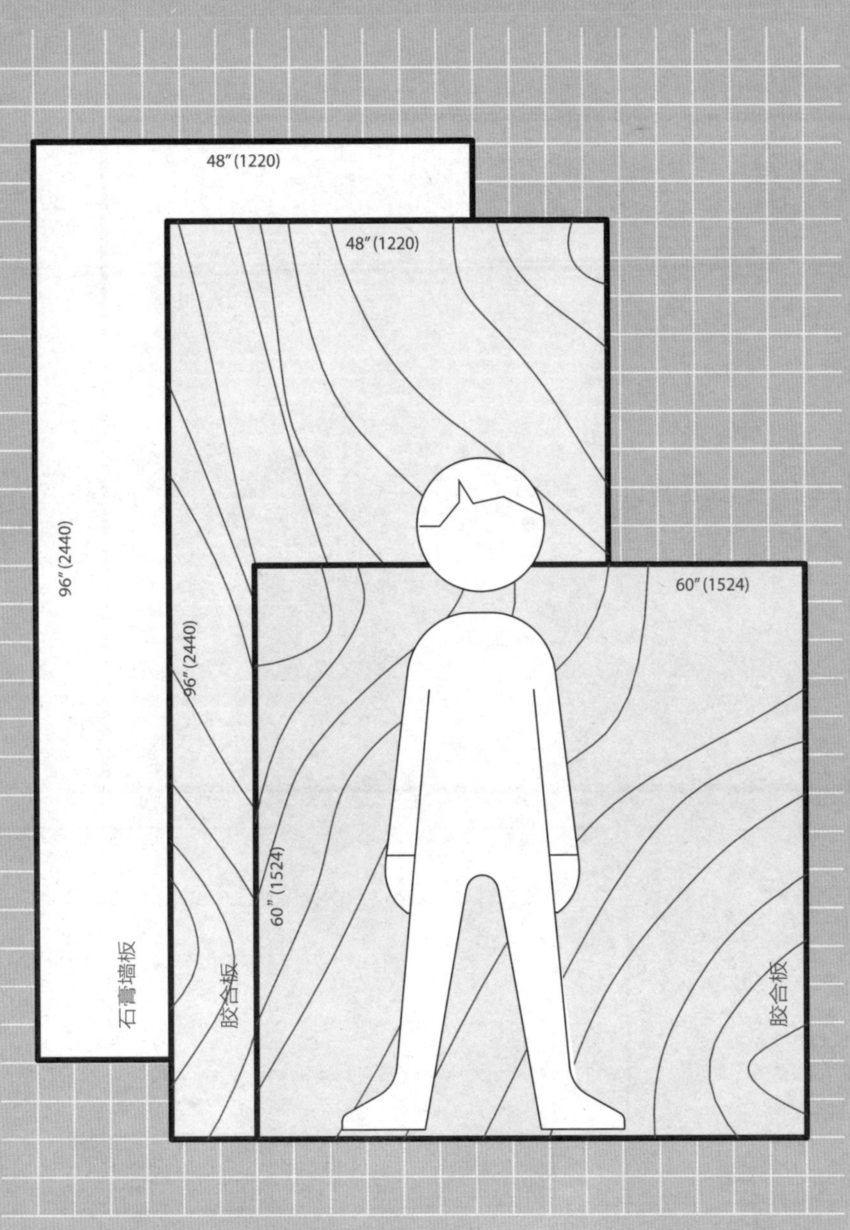

部分材料

第16章　居住空间

厨房

典型尺寸

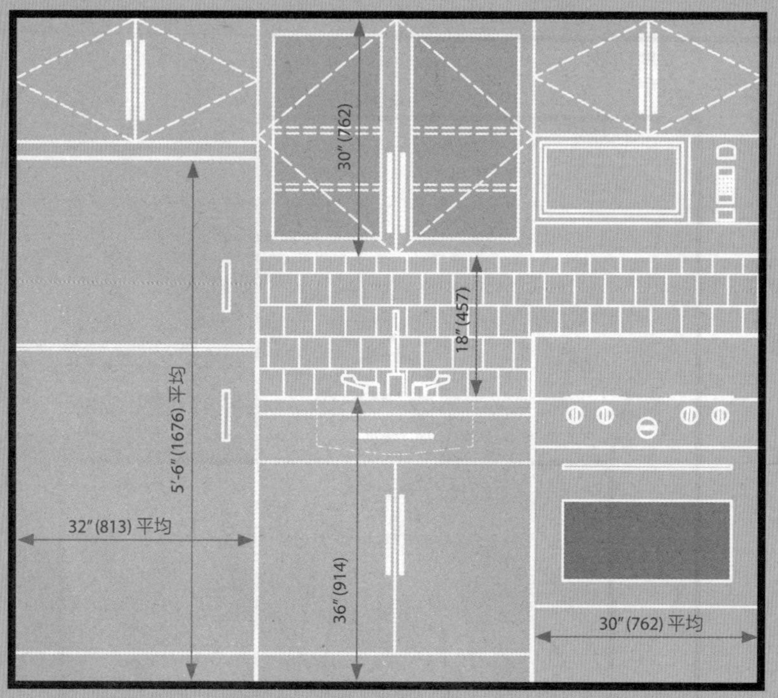

典型布局类型

储藏室参考：基本的储藏室最小为18ft²（1.67m²），加上为每一个人服务的6ft²（0.56m²）。

工作三角形的三边的总距离平均应在12ft（3660mm）和22ft（6705mm）之间。

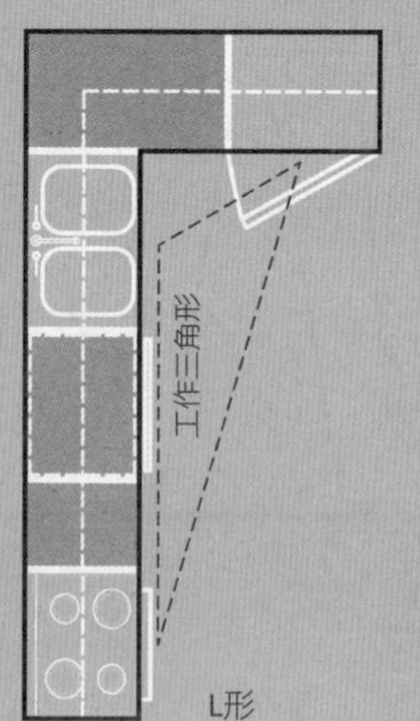

L形

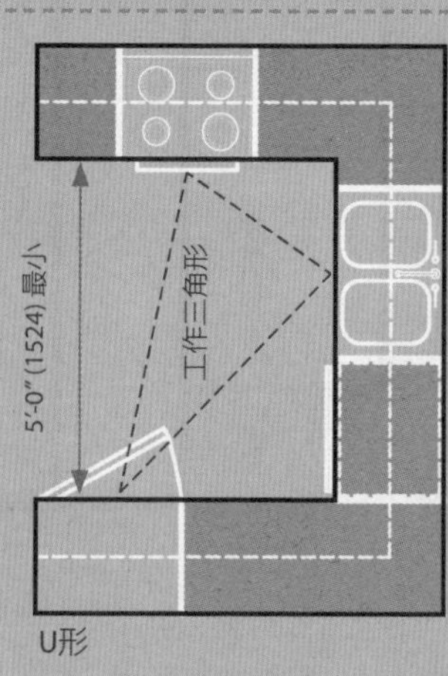

U形

橱柜组件

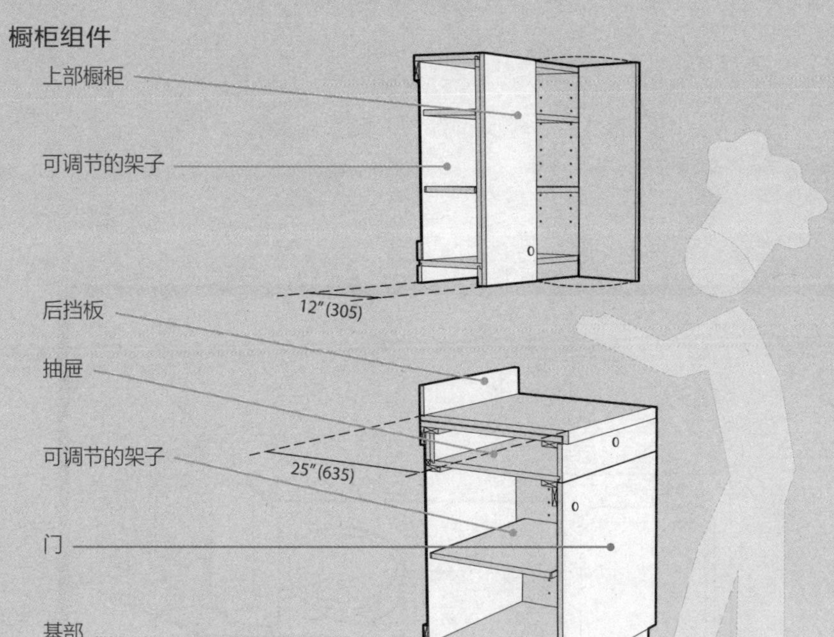

应用
许多应用已经在宽度上模块化，并且适合于76mm系统之内（例如228mm、304mm、380mm、456mm、532mm、608mm、⋮ 1216mm）

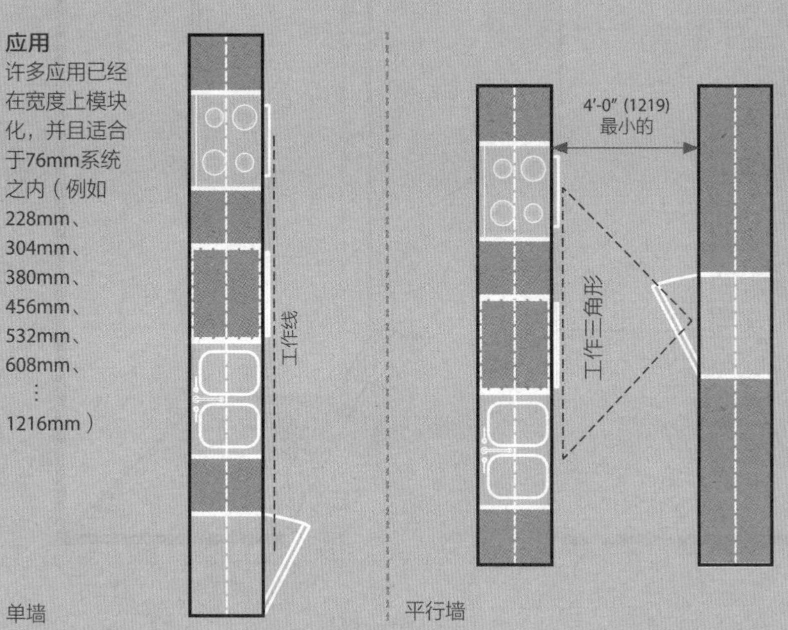

浴室

一般参考
（遵守当地规范）

位于浴盆或承水盘之上的墙区应该用防水材料覆盖，其高度不低于1829mm。

最低天花板高度

最小通风应是面积至少为3ft²（0.28m²）的窗口，其中窗口的一半是可操作的，或者是一机械通风系统，其至少每分钟能导出50ft³的空气到外界。

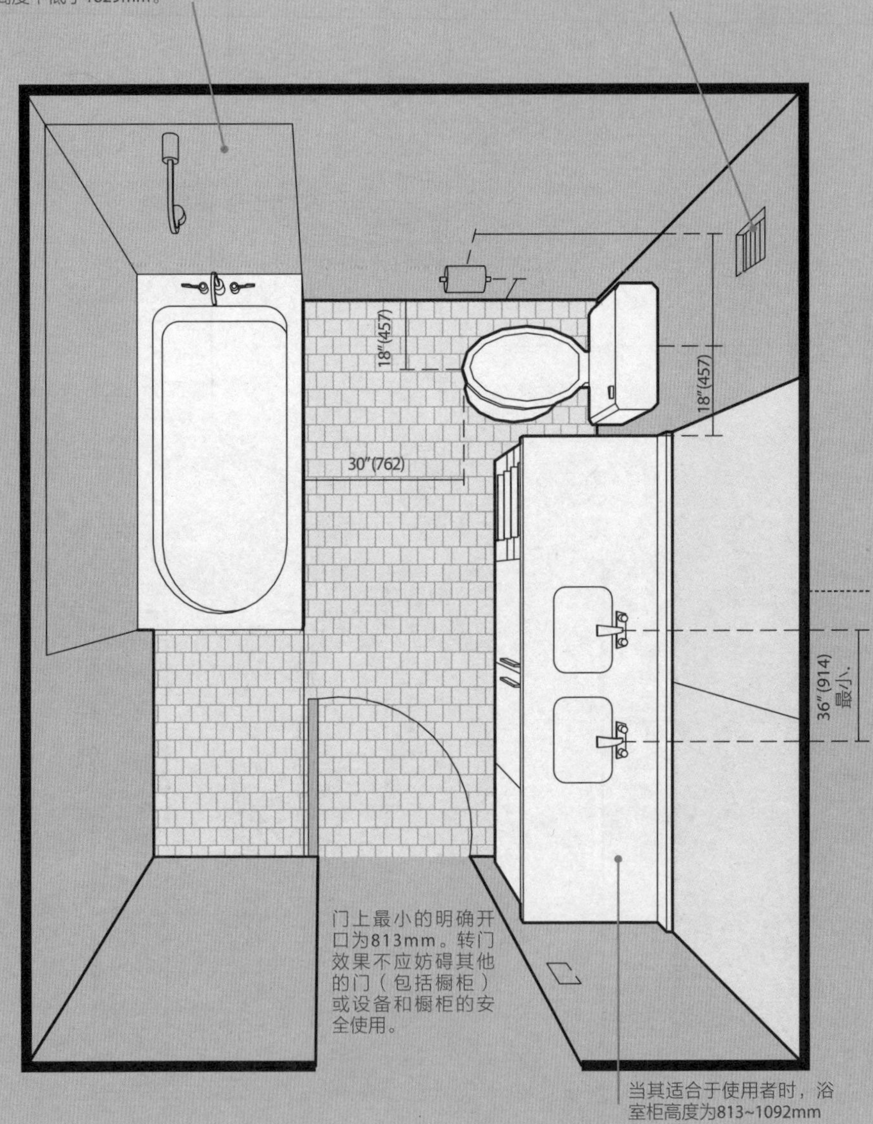

窗玻璃

钢化玻璃或被认可的类似的玻璃应该用于以下的条件：浴室门或其他的浴缸或浴室围护用的玻璃；浴缸或浴室用低于任何直立的表面1524mm以上的玻璃窗或玻璃墙包围；任何玻璃面例如窗玻璃或门玻璃的底边缘至少高于竣工楼面458mm。

地板

浴室地板和浴缸及淋浴处地板应该有防滑的表面。

电源插孔

所有的电源插座应由接地故障断路器（GFCI）保护器来保护，并且至少一个GFCI插座应安装在盥洗室外部边缘914mm以内。淋浴处空间或浴盆空间中不可安装任何种类的插座，或者不应将开关安装到浴盆和淋浴处空间中潮湿的地方（除非安装作为UL系列浴缸或淋浴组装的部分）。

照明

除了一般照明，工作照明装置应安装在浴室的每一功能区，并且必须至少提供一盏位于入口处的由墙开关控制的灯。在有潮气的/潮湿的地方是合适的。任何安装于浴缸或淋浴处的灯设备必须有记号标示。

典型的布置

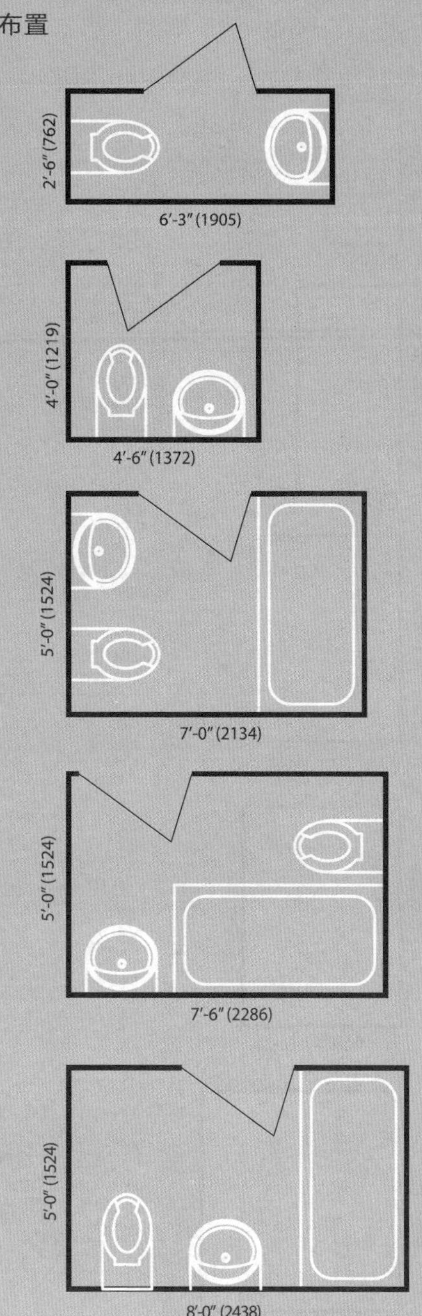

适于居住的房间

床（床垫尺寸）

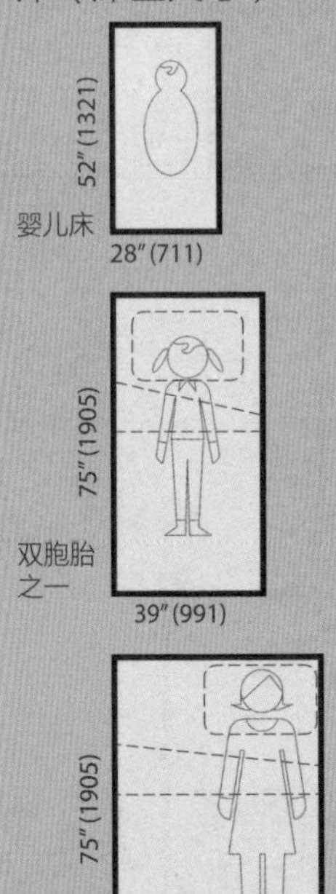

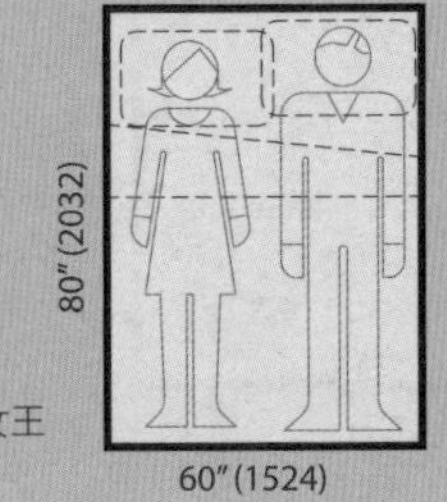

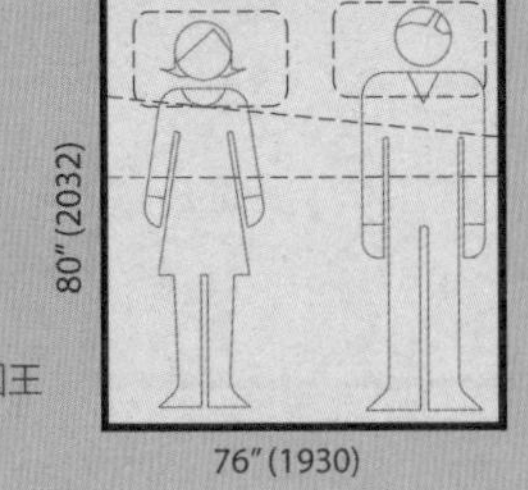

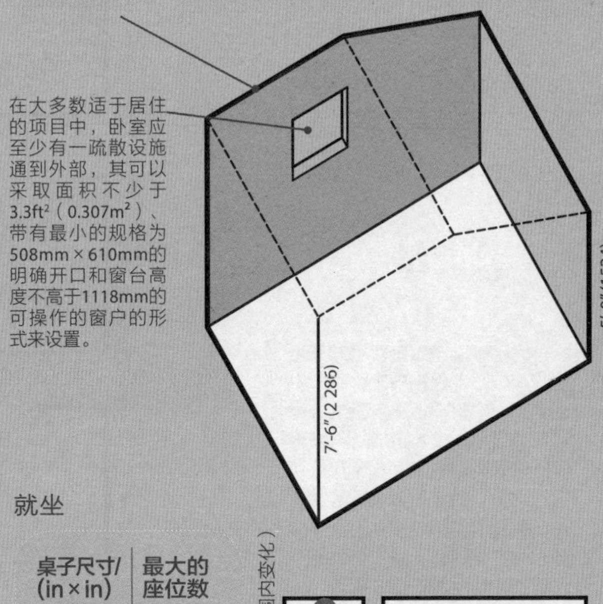

就坐

桌子尺寸/(in×in)	最大的座位数
24 x 48	4
30 x 48	4 (2 wch.)
30 x 60	6 (4 wch.)
36 x 72	6 (6 wch.)
36 x 84	8 (6 wch.)
30 x 30	2
36 x 36	4
42 x 42	4 (2 wch.)
48 x 48	8 (2 wch.)
54 x 54	8 (4 wch.)
30 dia.	2
36 dia.	4
42 dia.	4–5
48 dia.	6 (2 wch.)
54 dia.	6 (4 wch.)

wch. 表示轮椅。
dia. 表示直径。

28″~42″（在该范围内变化）

24″~40″（在该范围内变化）

4′-0″~10′-0″（在该范围内变化）

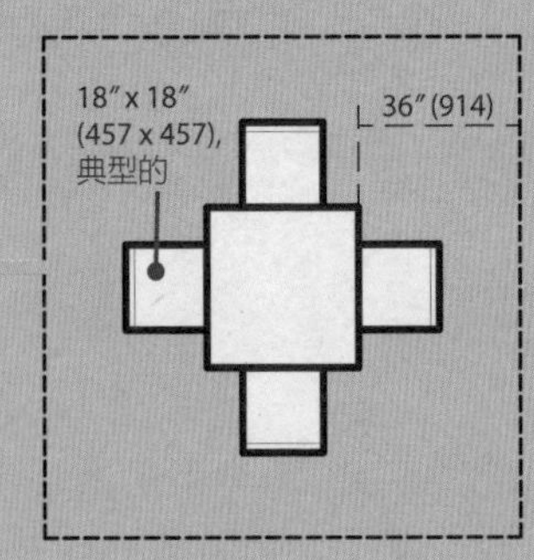

in	24	30	36	42	48	54	60	72	84
mm	610	762	914	1067	1219	1372	1524	1829	2134

每一住处应至少有一个房间的面积不少于120ft²（11.15m²）

适于居住的房间（除了浴室和厨房外）应有一区域的面积大于或等于70ft²（6.51m²），其在任何一方向上的长度应不少于2134mm

厨房面积可能为最小的50ft²（4.65m²）。

壁橱

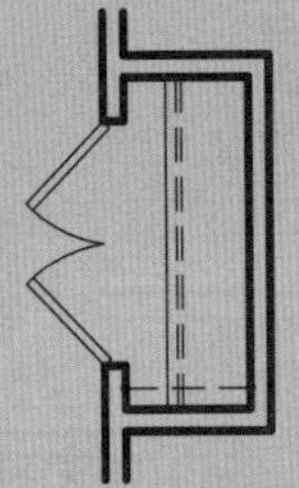

22″~30″ (559~762) 明确的内部深度

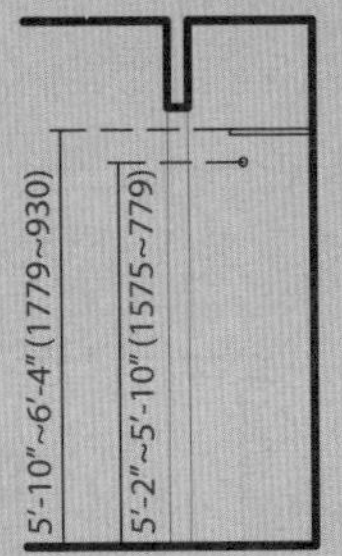

每人1219~1829mm的悬挂空间

305mm的空间可悬挂6套西装、12件衬衫、8条连衣裙或6条裤子

车库

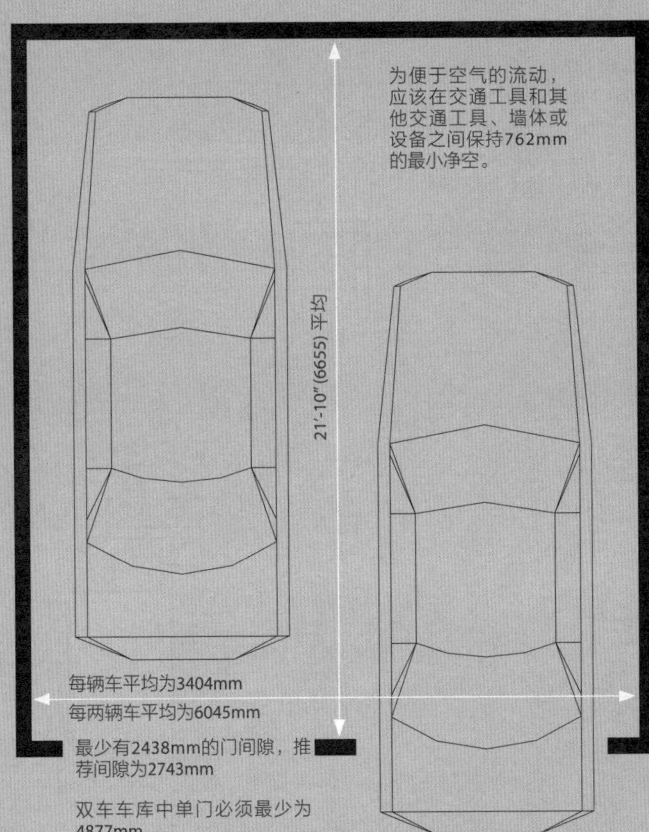

最少有2438mm的门间隙，推荐间隙为2743mm

双车车库中单门必须最少为4877mm

用餐

就坐类型

展台

展台桌可能比长条座椅矮51mm，并带有圆角以有利于进出用餐。

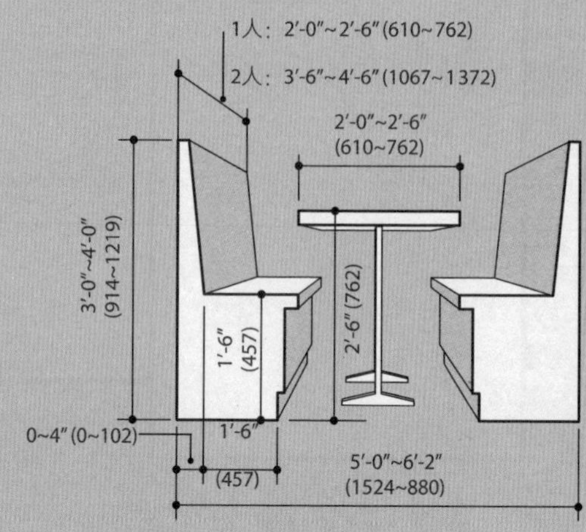

桌子

座椅尺寸平均为356~457mm。

具有广泛基础的桌子（如图所示）对坐下和站立这些动作来说比四腿的桌子更具实用性。

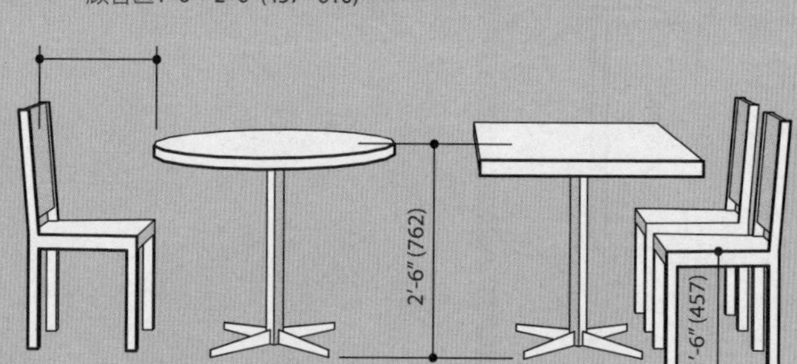

吧台和柜台

平均每个柜台应该有10张凳子。

顾客区1'-6"~2'-0"
(457~610)
2'-4"~3'-2"
(711~965)
1'-6"~2'-0"
(457~610)
6"~7"
(152~179)
2'-6"~2'-10"
(762~864)
2'-6"(762)
3'-6"~3'-9"(1067~1143)
5'-0"~5'-9"(1524~1753)
3'-0"~3'-6"
(914~1067)
2'-6"~3'-0"
(762~914)
2'-0"~2'-6"
(610~762)

就坐净空

为轮椅而设的明确的楼板区域面积为762mm × 1219mm，其中的483mm可能是用作必需的桌下膝盖空间。至少5%（但是不少于1张）的桌子必须是可接近的。

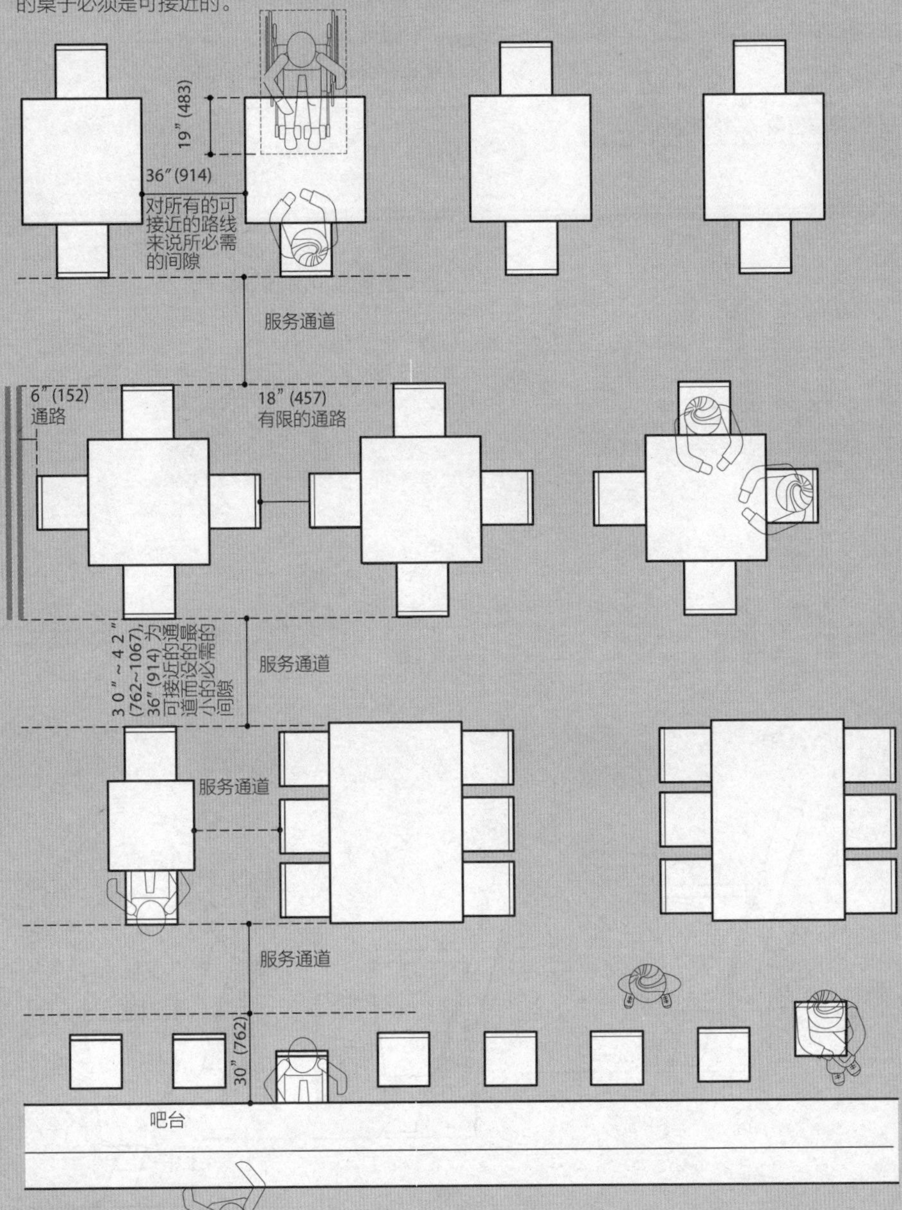

公共坐具

914mm × 1524mm可接近的空间应该是开放的、在水平的地面上，其按如下所示的形式提供：

总座位数	轮椅空间
4~25	1
26~50	2
51~300	4
301~500	6
500+	6（每增加100个座位轮椅空间数加1）

同样地，所有固定座位中的1%在走道一边必须具有可移动的或折叠着的靠手，并且必须能以合适的标志来识别。

典型的椅宽

椅宽通常为457~610mm；理想的宽度是533mm。

铅垂净空

未有人占的座椅的向上的位置和位于其前的座位的后背之间的距离。应该查阅当地规范中的最小净空。

排间隔

像梯级排空间，范围为813~1016mm并且后一排总比前一排更高。

紧密的间隔可能给坐着的人造成不舒服的感觉，也会使任何人尝试在坐着的人的前面通过变得困难。相反地，当坐下或要在坐着的人的前面通过时，排间更宽的间隔将提供更多的方便，但间隔太宽可能会使观众感觉过度地分散。另外，更宽的间隔可能促使一些人在退出时尝试挤过间隙，从而造成堵塞，这在紧急事件中可能是危险的。

满足所有这些因素的理想的间隔是914mm。

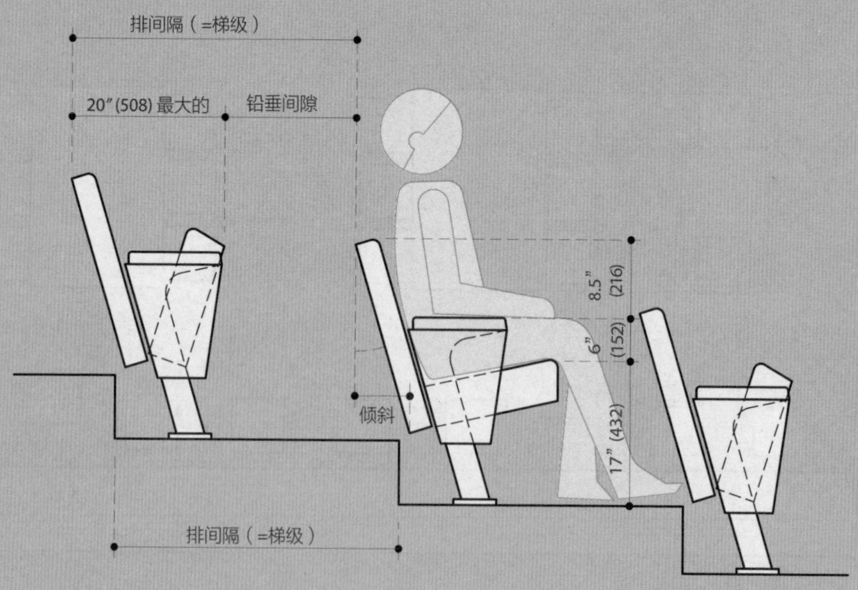

办公室工作空间

灵活的工作空间

许多公司生产灵活的办公室家具和工作空间模型，其有多种多样的类型和装修风格。这些图解仅仅为的是一般的布局目的并且为的是图解一系列的可行性，这些可行性以办公室隐私、互动和空间配置为目的。

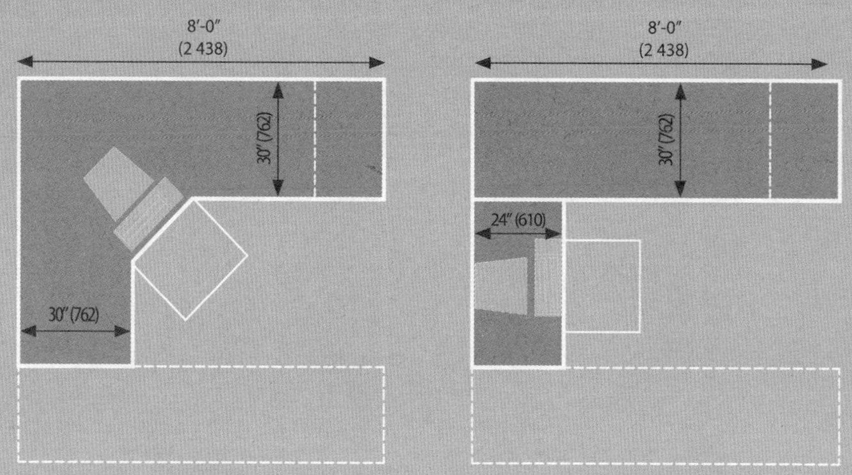

四个2438mm × 2438mm工作空间的多种布置方式，考虑到广泛系列级别的互动。

灵活的办公室家具的主要优点恰恰在于它的适应不断改变的员工水平、人员类型，甚至是适应在这个空间中进行工作时其变化的固有性这一特性。

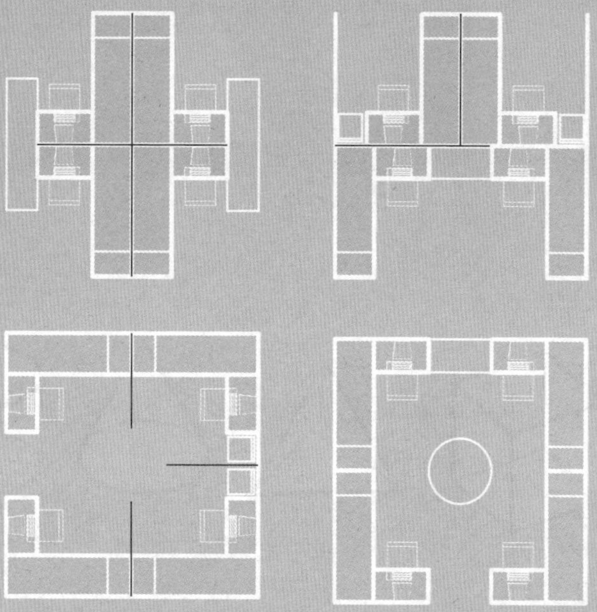

第17章　形式和组织

基本要素

点、线、面和体是形式的基本要素，它们中的每一个要素都由其他要素发展而来。点是空间中的一个位置且是形式的主要生产者。线是点的延展；它的性质有长度、位置和方向。面是线的延展，它的性质有宽度和长度、形状、表面、方向和位置。体是面的延展，它的性质有长、宽和深、形式和空间、表面、方向和位置。

基本形状

正方形

三角形

圆

柏拉图立体

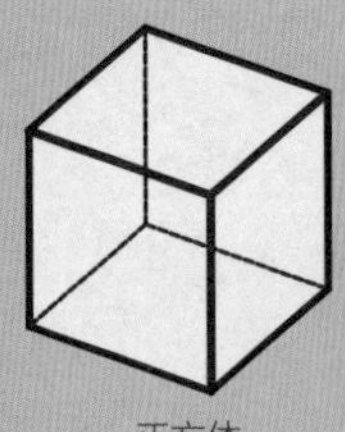

正方体

角锥体

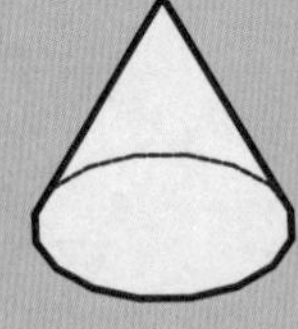

圆锥体

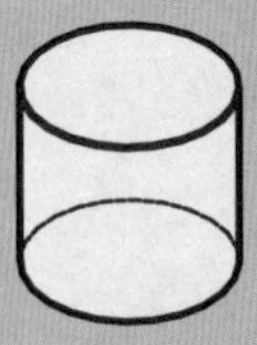

圆柱体

球体

多面体

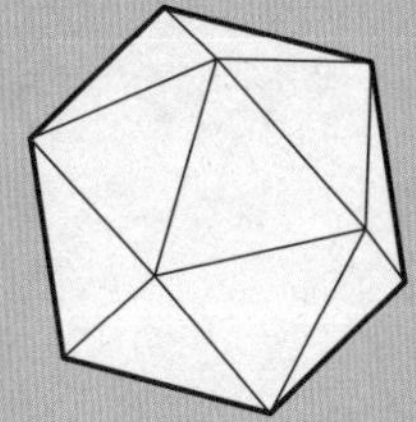

二十面体（有20个面的立体）

测地线球体

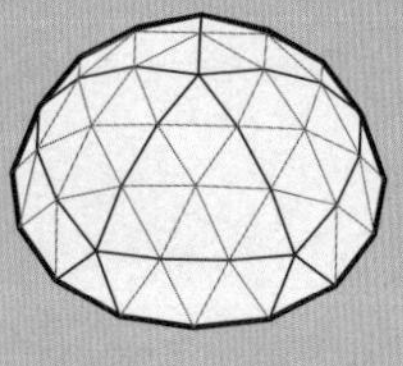

网格状球顶

几何的多面体通常是由多边形以各边相联结而成的三维的立体。

测地线球体和网格状球顶通过填充立体的每个面设计而成，例如二十面体有规则的三角形模式，外形凸出以使它们的顶点不共面而是都在球体的表面。作为一个结构的概念，三角形式测地线的子模式可分散压力至整个结构。

布尔运算

结合于一起或从一套或多套立体中减去一个立体。

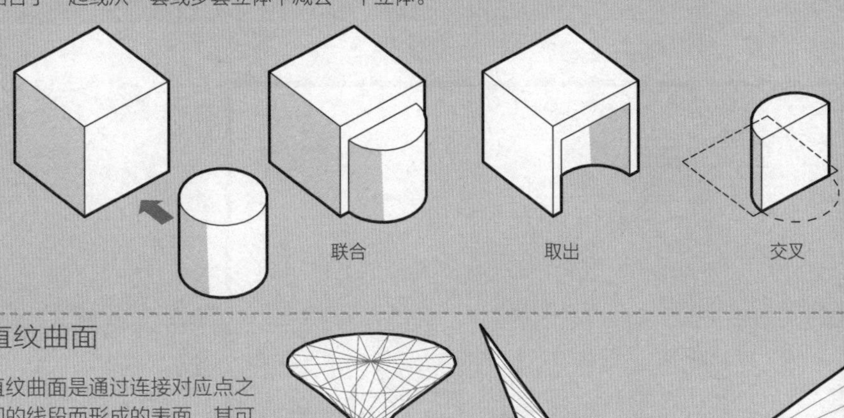

联合　　取出　　交叉

直纹曲面

直纹曲面是通过连接对应点之间的线段而形成的表面，其可以采取多种形式。

旋转双曲面

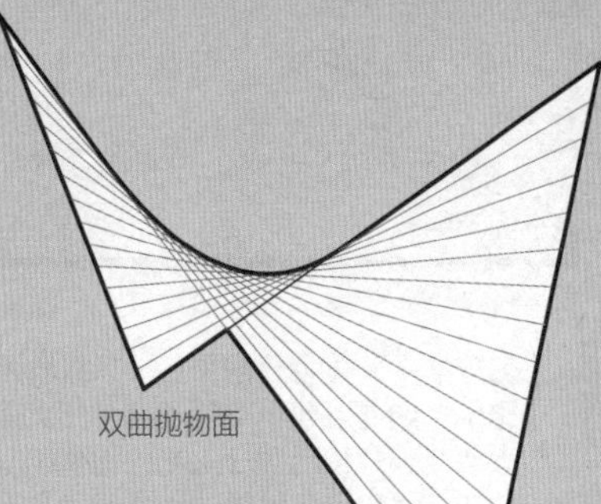

双曲抛物面

劈锥曲面

双曲抛物面是双直纹曲面，其由两张相互成歪斜状但从平面图看似乎是平行的线网生成。鞍点位于其中心。

黄金分割

自从古希腊人认识到了人体的比例秩序，建筑师、艺术家、数学家和音乐家就已经采用了黄金分割比例的特性。即使到了今天许多人仍相信黄金分割包含着神秘的特性，其独特的数学和几何关系创造了一种谐和条件，这种谐和条件是对称和不对称之间自然的美学观点上的“完美”平衡。

构造一黄金矩形

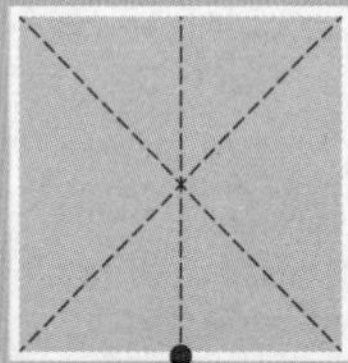

1.创造一个正方形并定其中一条边的中点。

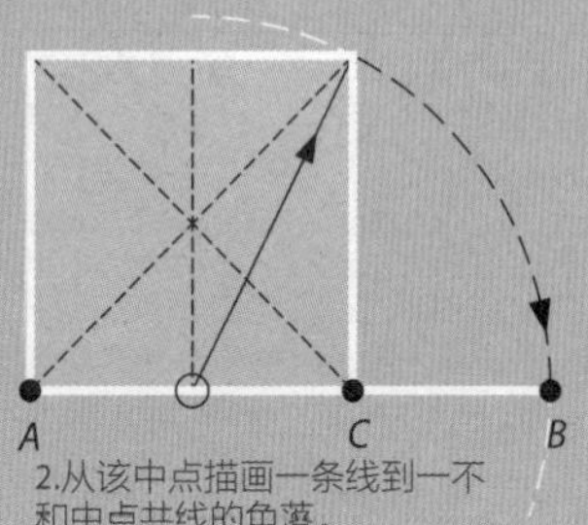

2.从该中点描画一条线到一不和中点共线的角落。

3.那条线就是以中点为圆心的圆的半径；该圆和直线*AC*的交点即为点*B*。

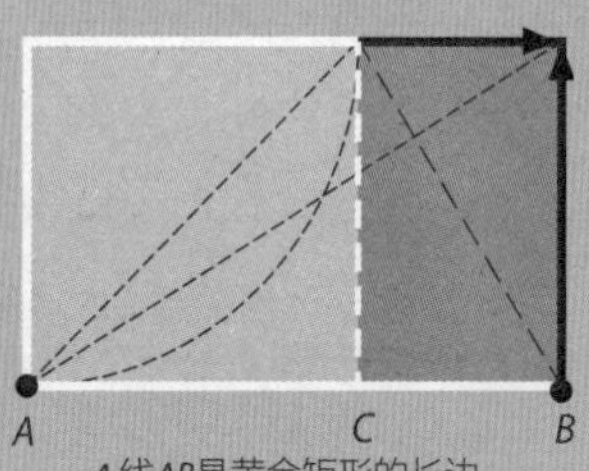

4.线*AB*是黄金矩形的长边。

5.黄金矩形已加入了最初的正方形，它们一起也形成了一个更大的黄金矩形。

6.这一过程可以无限地重复，以创造成比例的更大或更小系列的正方形和长方形。

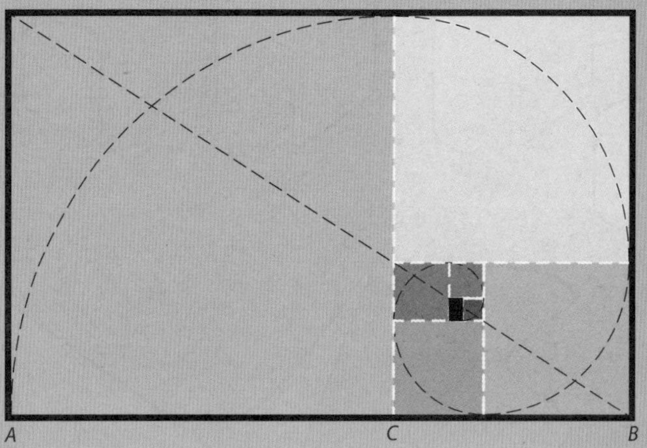

在数学中，黄金分割是由一条线分割而出的两部分的比率，如此以致小点儿的部分和大点儿部分的比值与大点儿部分和两部分之和的比值相等。另外，对于它的在艺术和音乐领域的许多用途来说，当其与结构有关时，黄金分割在其比例上对于数学的完整性具有实用性的用途。

计算黄金分割的方法

$AC/CB=AB/AC$（独特特点），若$AB=1$，令$AC=x$，则

$x=\frac{\sqrt{5}-1}{2}$ = 0.61803398 …（无穷）

因此，*AC*比*AB*的比率大约为61.8%；其倒数为(100/61.8) 1.61803398…

斐波那契数列

斐波那契数列是一系列循环的数字，数列中的每一个数字是该数字之前两个数字的和。一个简单的数列以0开始，如下所示：

0, 1, 1, 2, 3, 5, 8, 13, 21, 34, 55, …

数列中任何两个相邻的数字都可能被分开，用小的数字除以大的数字（例如：34/55）可以取得黄金分割的一个非常接近的近似值（在该例中，为0.6181818…）。数字越大，其答案就会越精确（例如：377/610 = 0.6180327…)。

控制线

参考线指出了绘图中的比例关系和校准关系，例如描述黄金矩形的那些参考线，被称为控制线。它们可用于这些情况，例如，在设计中确定和阐释比例上的关系。矩形的对角线正交于或平行于彼此并具有相似的比例（即使它们不是黄金矩形），对这种线的使用就是常见的比例指示工具。

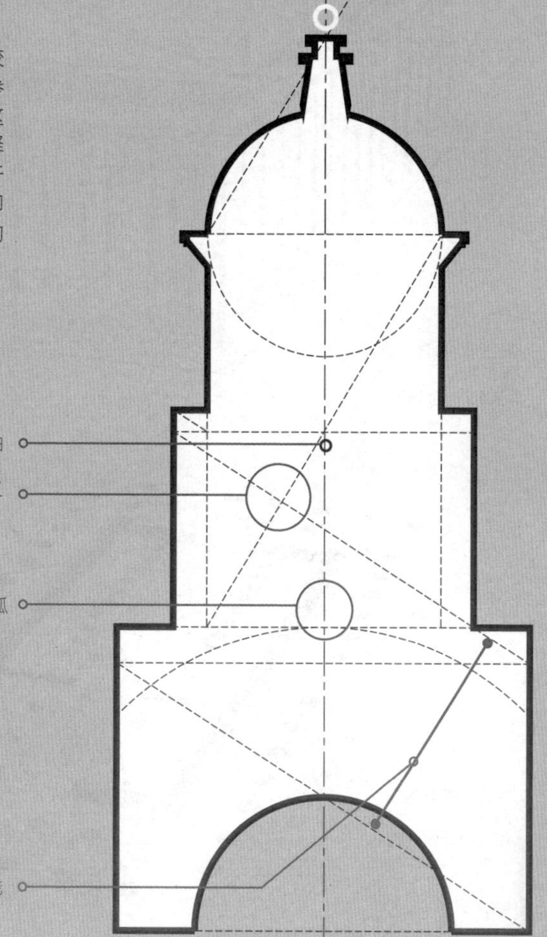

第18章　建筑要素

古典要素

古典建筑通常指的是古希腊和古罗马的建筑类型，它们以周围式的固定的柱状比例和古典式柱型的装饰物为基础。希腊和罗马古典主义在整个历史过程中都已经成为复兴的基础，并且它们的形式和比例背后的理想继续在当今时代产生着影响。

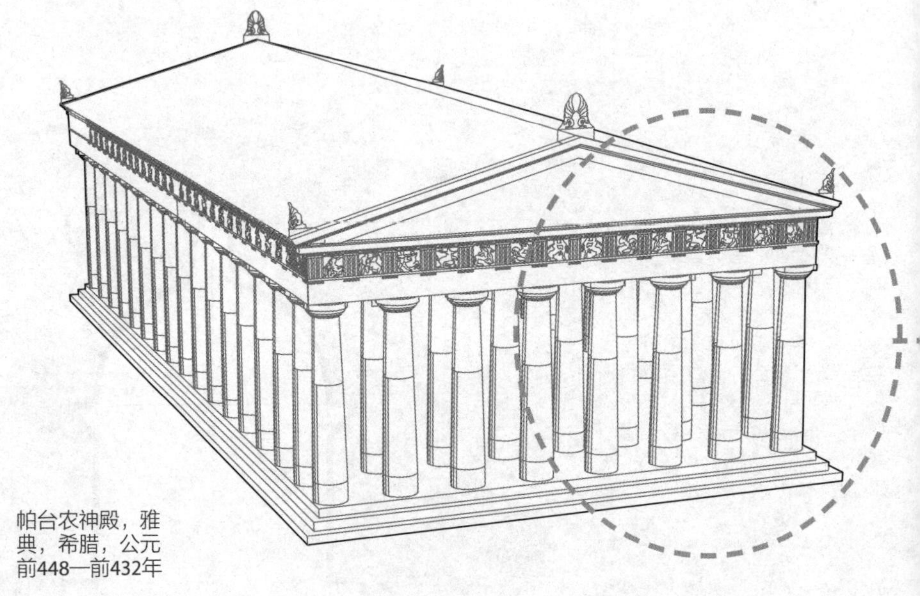

帕台农神殿，雅典，希腊，公元前448—前432年

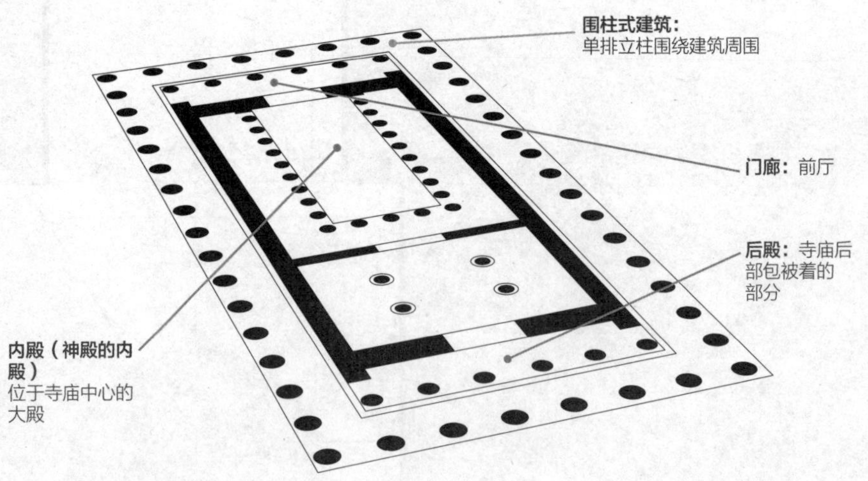

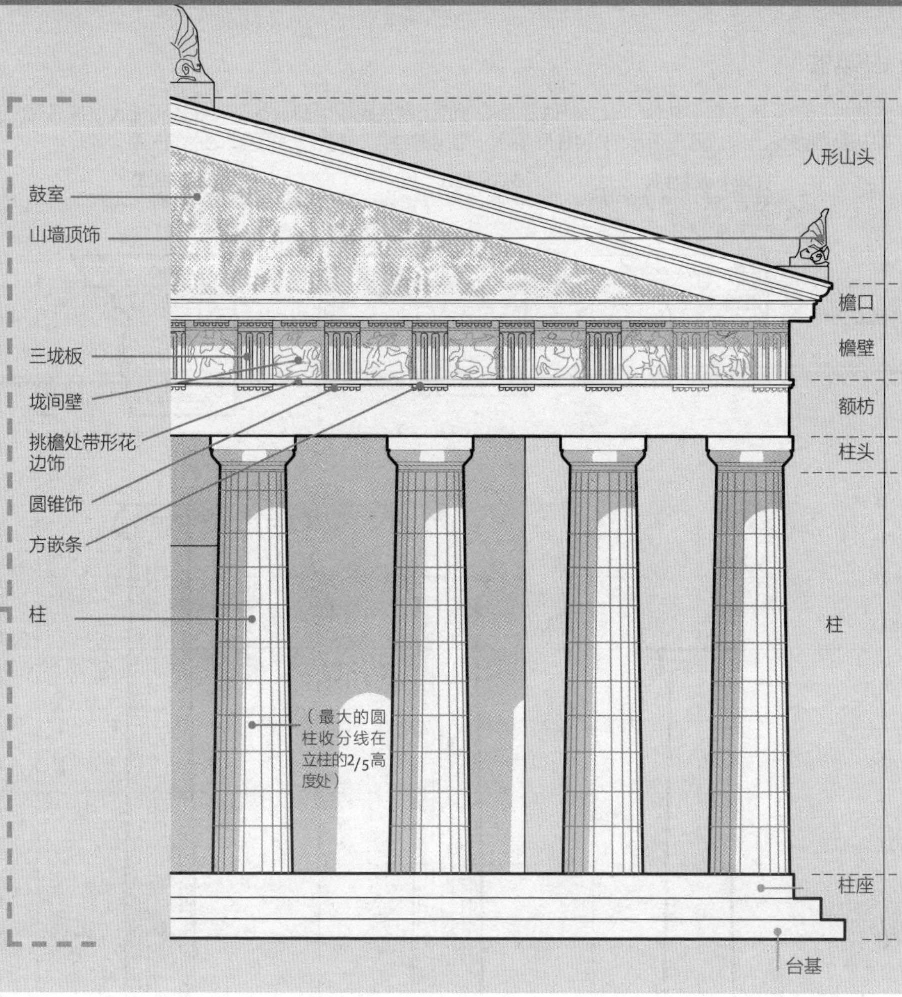

鼓室
山墙顶饰
三垅板
垅间壁
挑檐处带形花边饰
圆锥饰
方嵌条
柱
（最大的圆柱收分线在立柱的2/5高度处）
人形山头
檐口
檐壁
额枋
柱头
柱
柱座
台基

圆柱收分线：古典立柱轻微的凸状弯曲，用于抵消由直线产生的凹面视觉错觉。其他的调节，例如使立柱偏离垂直线轻微地向后仰并且使柱端更大、更近地靠在一起，这样也可以产生一种更令人愉悦的视觉效果。

女像柱：雕刻的女性形体用作支柱来支撑柱上楣构。其他的形式包括人像柱或男像柱（男性形体像柱）、顶篮少女雕像（头顶篮子的女性）、赫尔墨斯（人的体型的3/4高度）以及特尔莫斯（向上逐渐细小的柱脚，最后终止于人体或动物雕塑）。

古典柱型

古典柱型的元素由它们独特的以立柱轴径为基础的比例系统相区别，基座、柱子和柱上楣构高度都从其中派生出来。如图所示的5种柱型使用一常见的柱径，其彼此间有成比例的关系。

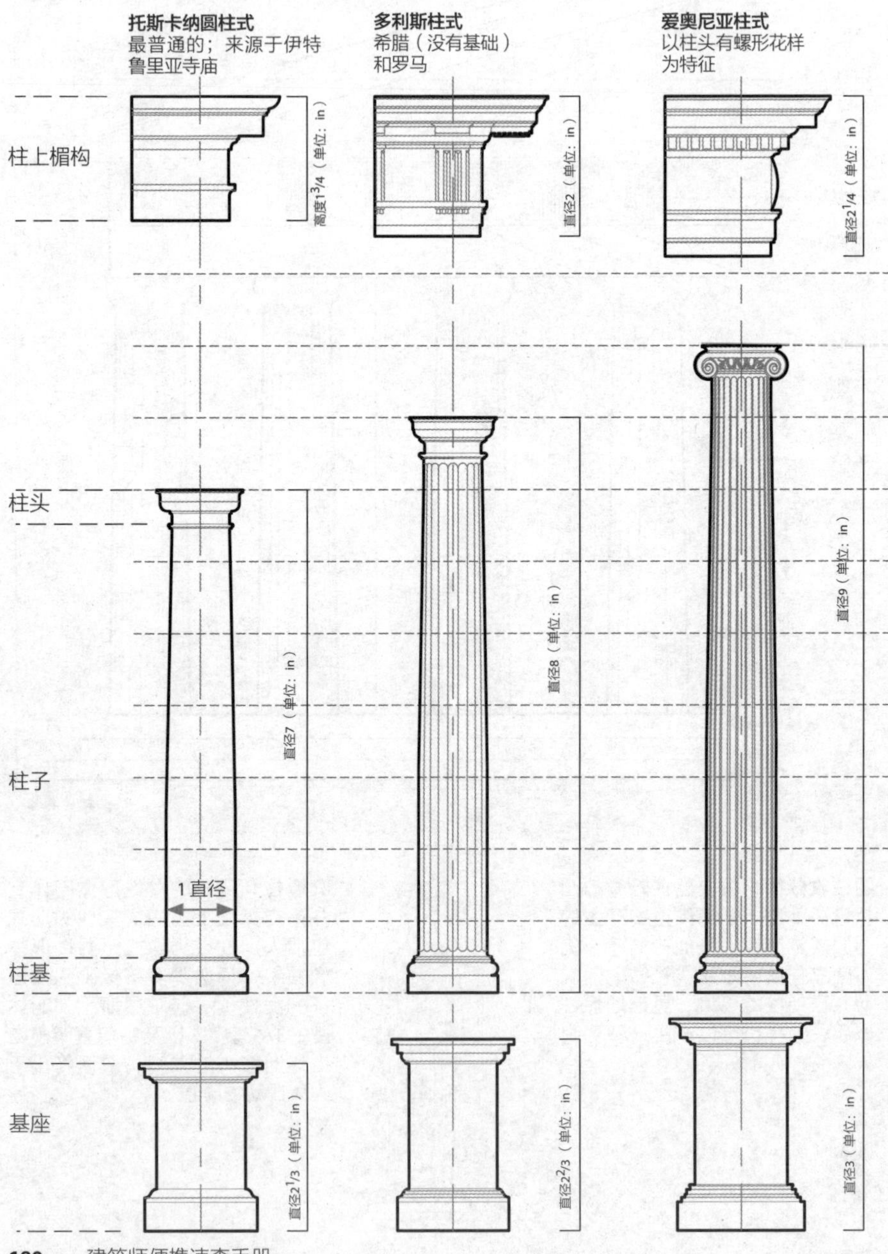

科林斯式
希腊和罗马，饰有或未饰有长凹槽；以柱头有叶形装饰为特征

混合式
爱奥尼亚柱式和科林斯柱式的罗马结合

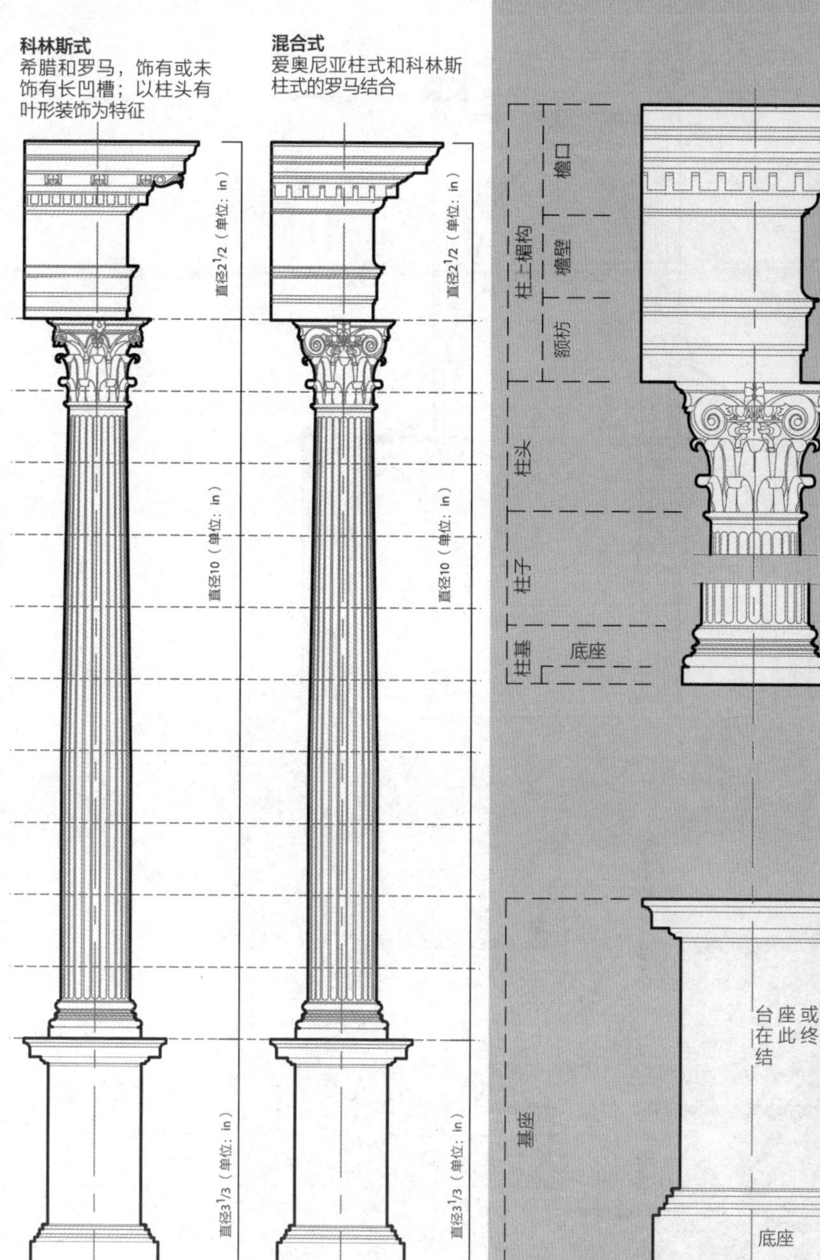

哥特式的元素

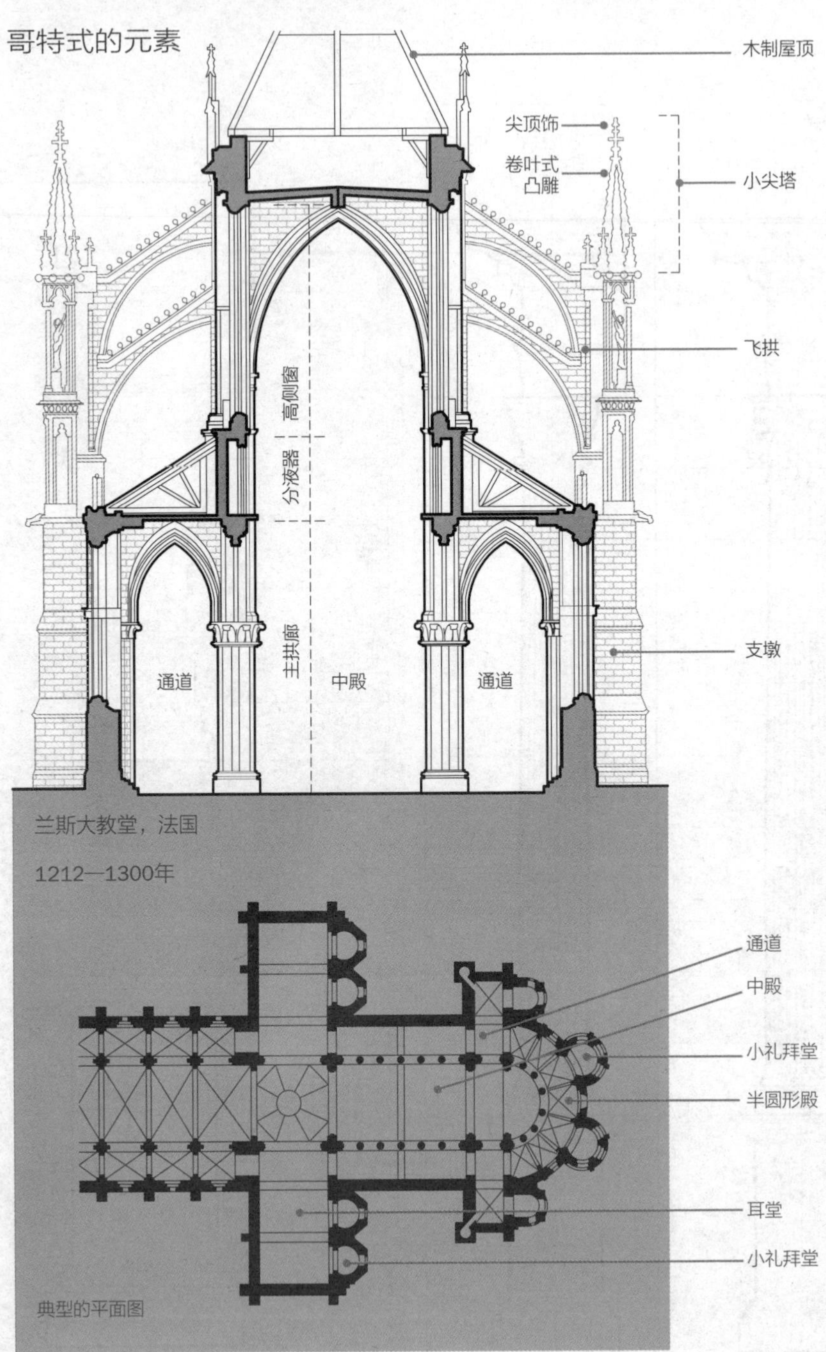
木制屋顶
尖顶饰
卷叶式
凸雕
小尖塔
飞拱
高侧窗
分液器
主拱廊
通道
中殿
通道
支墩
兰斯大教堂，法国
1212—1300年
通道
中殿
小礼拜堂
半圆形殿
耳堂
小礼拜堂
典型的平面图

拱

1 桥台
2 拱石
3 楔石
4 内弧面
5 冠
6 拱腋
7 拱腿
8 跨距
9 起拱线
10 中心

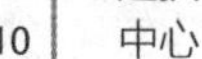

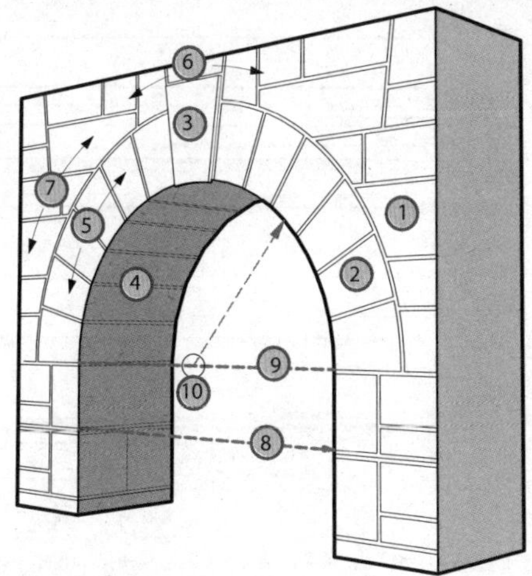

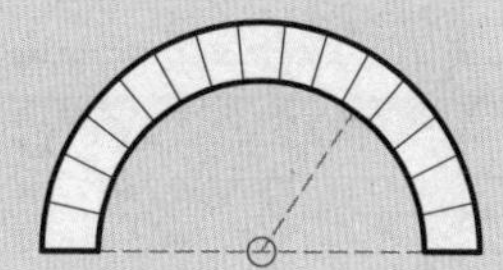

半圆的

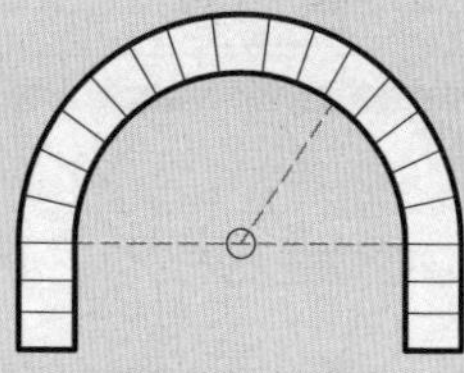

半圆呆板的

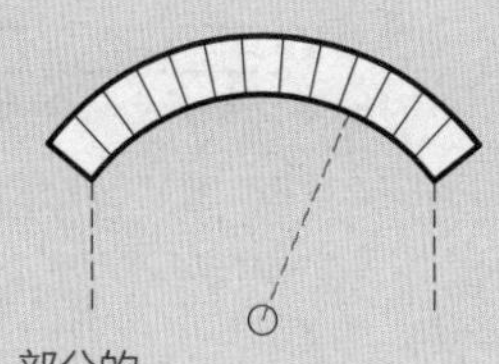

部分的

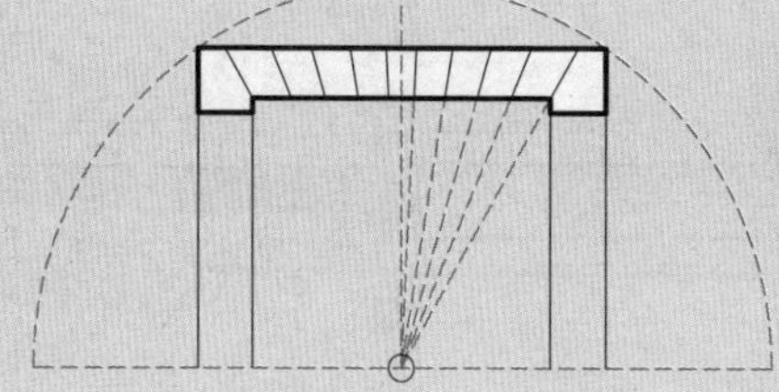

船首旗

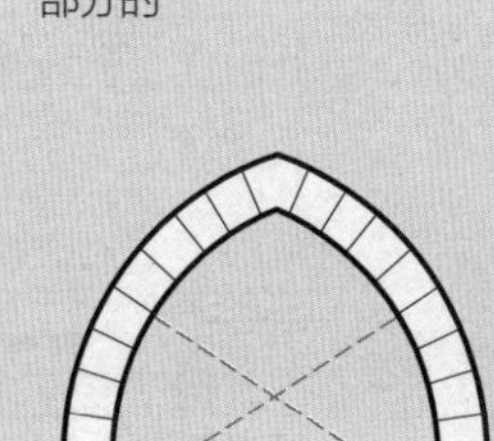

撒拉逊式尖顶（哥特式的）

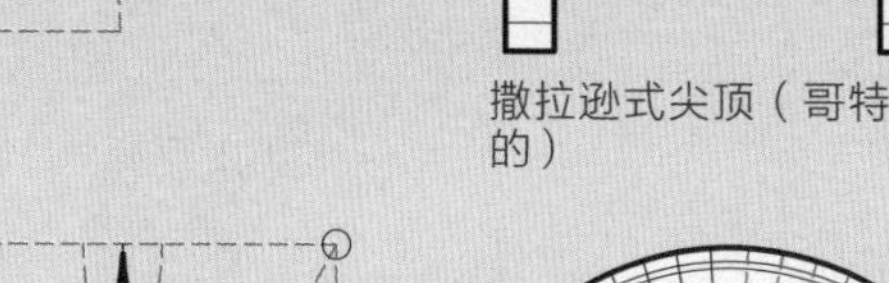

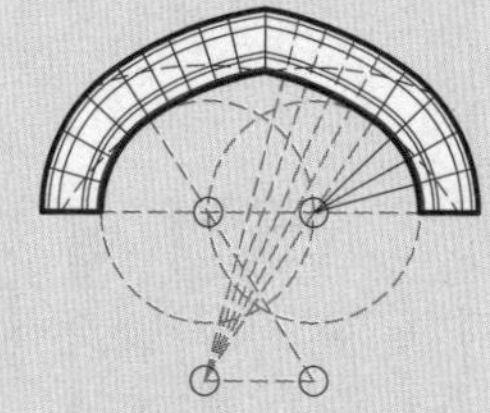

都铎式样的（四中心的）

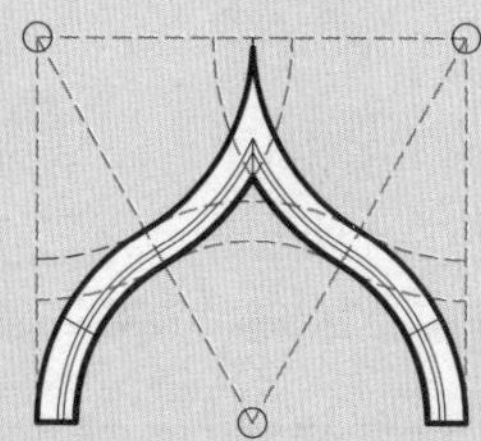

葱形饰

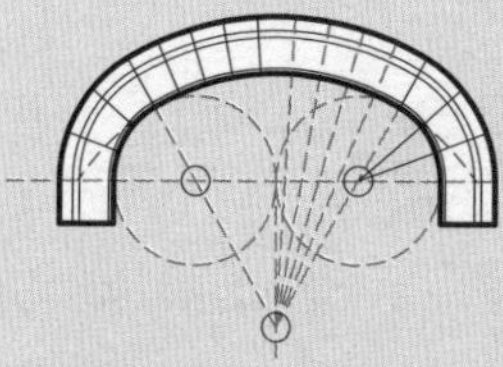

三中心的

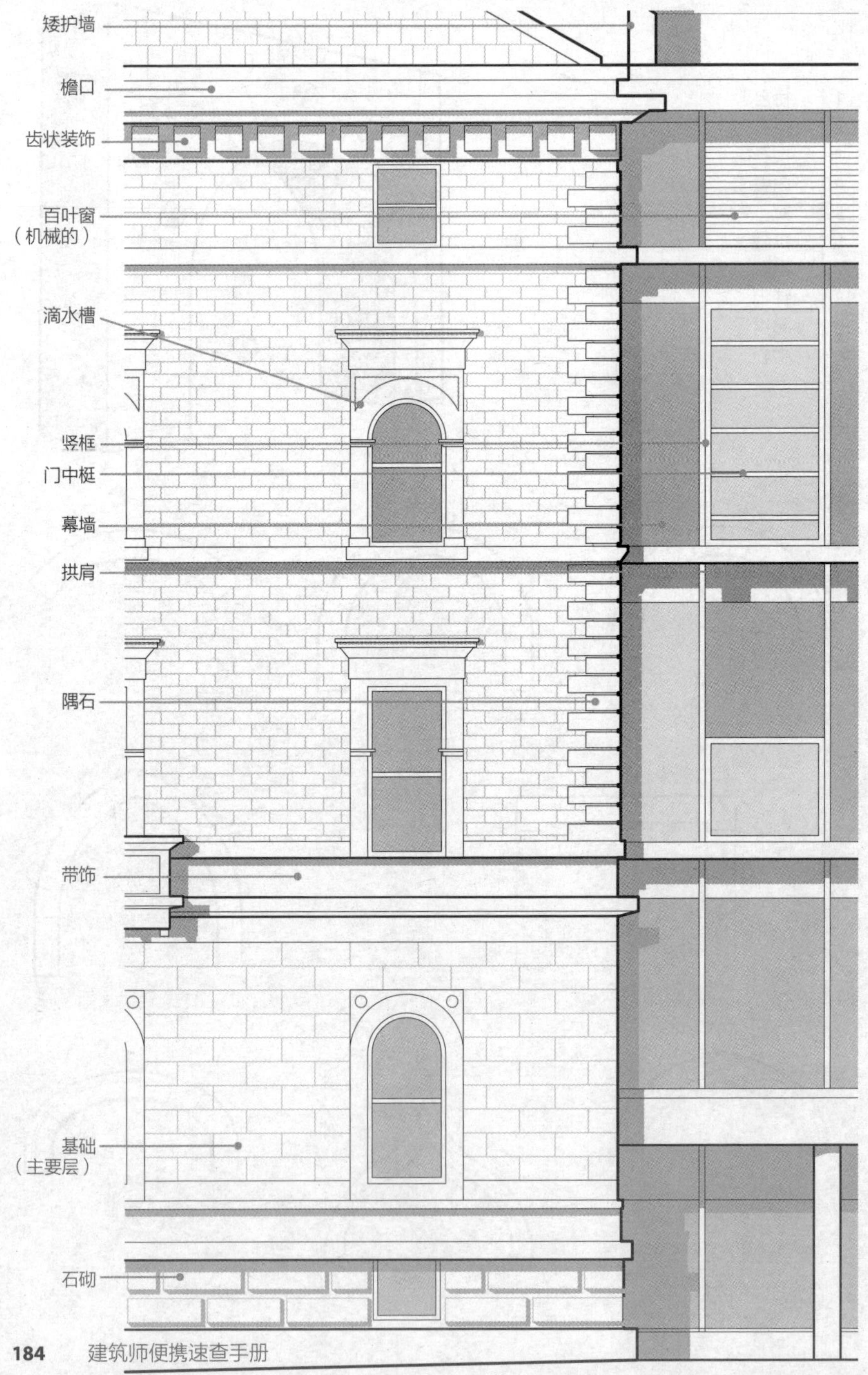
矮护墙
檐口
齿状装饰
百叶窗
（机械的）
滴水槽
竖框
门中梃
幕墙
拱肩
隅石
带饰
基础
（主要层）
石砌

现代主义

建筑学的现代主义反对遵循过去的形式和类型，转而支持当代的技术和机遇。工业化以及为了创新建筑结构系统而对铁、钢和混凝土进行创造性的使用开启了崭新而灵活的设计建筑物的方法，这使得设计建筑物不再依赖于沉重的砌块承重墙。瑞士建筑师勒·柯布西耶（1887—1965年）发展了多米诺房屋体系（1914年），在这一体系中他将建筑物结构从围护中分离出来，使平面和正面开放。

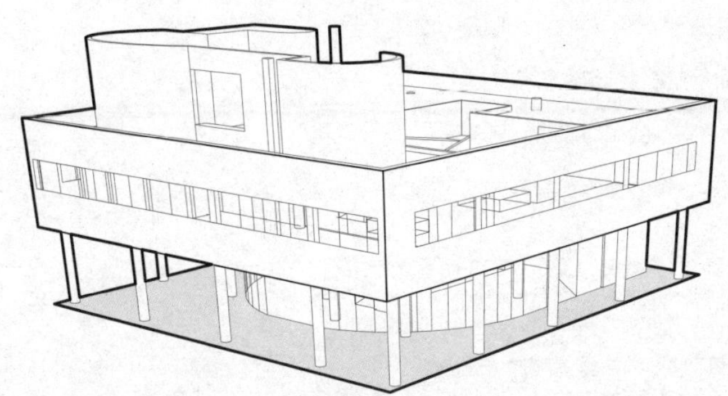

勒·柯布西耶的5个主要观点是支承结构（底层架空柱）、屋顶花园、自由规划、水平的窗户和正面自由设计。他的1929萨伏伊别墅（他将其称为“居住机器”）位于法国普瓦西，清楚地阐释了他所有的5个主要观点。

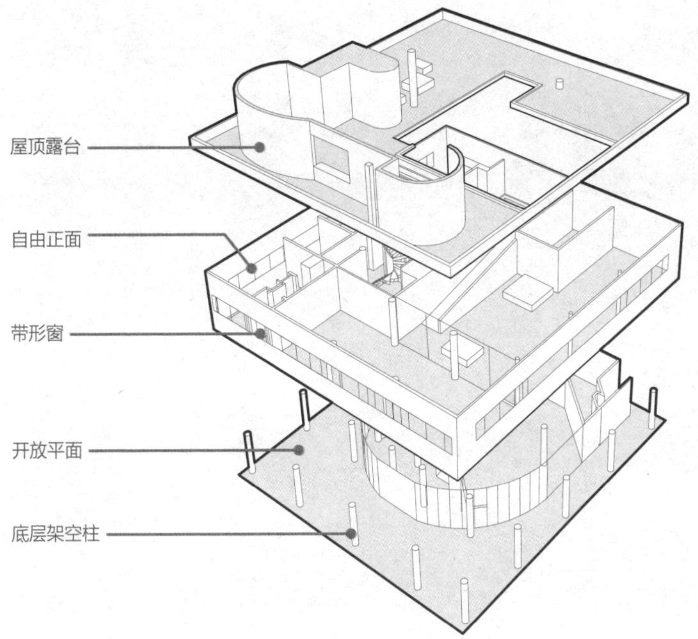

权威的建筑学的出版物

马可·维特鲁威·波利奥（公元前80—前15年）是一个罗马建筑师、工程师和作家，它的*De Architectura*（中文名《建筑十书》）大约写于公元前15年并且献给了奥古斯都大帝。尽管直到文艺复兴时期它们才被重新发现并且最终于1486年出版，但全书提供了对建筑学、工程学和古典遗迹的城市规划的解释和深刻洞解。维特鲁威提出坚固、舒适和美观是形成建筑学的基础的三种要素。

坚固（结构的稳定性和整体性）

舒适（有效的和功能的空间布置）

美观（合意的比例和美）

书1：建筑师的教育；建筑学的主体；城市规划
书2：材料和建筑物；房屋的起源
书3：对称和比例；寺庙；建筑的柱型
书4：寺庙；三种柱型的起源（续书3）
书5：公民的建筑物（公共讨论的广场、会堂、元老院）；剧院设计
书6：居住房屋
书7：粉饰灰泥；抹灰泥工作；颜色
书8：水；沟渠和水池
书9：星座；行星；占星学
书10：机械和工具

莱昂·巴蒂斯塔·阿尔伯蒂（1404—1472年）

De Re Aedificatoria（《论建筑》），写于1443年至1452年间，出版于1485年，成为第一本印刷的关于建筑学的书（在其之后是最终于1486年出版的维特鲁威的《建筑十书》）。

1.容貌
2.材料
3.建设
4.公共的工作
5.个人的工作
6.装饰
7.宗教建筑装饰
8.公共世俗建筑装饰
9.私人建筑装饰
10.建筑修复

安德烈亚·帕拉第奥（1508—1580年）

I quattro libri dell'architettura（《建筑四书》）

他是文艺复兴时期的建筑师，帕拉第奥的被高度阐释的论述包括他自己的设计以及他的和其他的文艺复兴时期的作品中源自于古代罗马的灵感。

书1：建筑物材料和技术；建筑学的柱型

书2：私人房屋

书3：街道、桥、露天市场

书4：古罗马寺庙设计的复制品

勒·柯布西耶（1887—1965年）

Qeuvre Complete（《八卷全集》）

定期发表作品贯穿于瑞士建筑师勒·柯布西耶多产的工作生活（并且超出），*Qeuvre Complete*一书超过1700页。其中包含的是他的素描、绘图、已建和未建的项目、文本和宣言、绘画和雕塑的合集。

卷1：1910—1929年
卷2：1929—1934年
卷3：1934—1938年
卷4：1938—1946年
卷5：1946—1952年
卷6：1952—1957年
卷7：1957—1965年
卷8：1965—1969年（最后的作品）

塞巴斯蒂亚诺·塞利奥（1475—1554年）

I sette libri dell'architettura（《建筑七书》）也被称为：*Tutte l'opere d'architettura et prospectiva*（《有关建筑学和透视图的所有工作》）

1. 关于几何
2. 关于透视图
3. 关于古迹
4. 关于建筑物的四种类型
5. 关于寺庙
6. 关于居住
7. 关于环境

随着第一本书于1537年出版，塞利奥的书被高度地阐释并写于意大利，以吸引那时的建筑师和建筑商——与阿尔伯蒂的书形成对照的是，阿尔伯蒂的书用拉丁文书写并且没有聚焦于阐释。在塞利奥死后很久其书才被出版。

标准 3

规范和指南

规范、法规和章程可以使它们自身带有一定的令人不快的官僚主义式的提议。实践活动绝不可与它们相冲突，但是尝试去理解它们也是令人沮丧的。当然，存在似乎是愚蠢的或没必要做出限制的标准，但是当世界改变和人口膨胀时，建设环境就会遭受越来越多的外力以致规定了建筑物的使用和形式。

当我们开门、开灯和通过楼梯时，我们都在体验设计实践范围内的第一手标准。观念上，规范和标准可以让我们安全地使用建筑物。由规范限制带来的束缚也可能提供了一个让好的设计解决困难的问题的机会。

随着残障人士的现实设计需要得到官方的和广泛的认同，并且无障碍环境的概念变得更多地和建筑学自然地整合在一起——这一点对于年轻的设计师来说就是规范——难以想象无障碍设计在被视为阻碍一项设计成为好的设计时距离现在这番情景是如此之近。

可持续设计在美学上的可能性得到接受甚至距离现在更近。实际上，适应所有类型使用者的新标准，以及在建筑学对于环境的责任及其未来发展方面上的不断深入的认识，这些都可以提供针对旧形式的新鲜的观点和尝试新方法的强大动力。

第19章 建筑规范

建筑规范的根本目的是通过建设安全的建筑和环境来保护所有人的健康、安全和福利。建筑实践长期通过各种方式加以控制，自从早期殖民地时期美国就存在有规则，但是一直到1871年的芝加哥火灾发生时才强调了对有效的和可实施的建筑规范的需要。自从早些年起，美国当地城市、县和国家司法部门的大多数规范就已经成文且得到执行，并最终产生了三个主要的典型规范：国际职业建筑人员与规范管理人员联合会（BOCA）规范、国际建筑官员协会（ICBO）联合规范、南方建设官员组织（SBCCI）标准规范。除了一些州以外，50个州中的每一个州都从中采纳了一个规范作为其首要的建筑规范，另外还补充有防火、机械、电、管道和居住方面的规范。

国际建筑规范

1997年，国际规范委员会（ICC）从国际职业建筑人员与规范管理人员联合会（BOCA）、国际建筑官员协会（ICBO）和南方建设官员组织（SBCCI）（ICC的三个发起部门）中招募了代表以创造一个综合的和在国际上可用的典型建设规范，这部规范将会结合相当大范围的已经存在的典型规范。第一个《国际建筑规范》（IBC）建立于2000年，伴随着它的诞生，国家规范、统一规范和标准规范的发展中断了。

最近，尽管各州的过程仍然不同，但美国大多数的州已经采纳或正作出努力去采纳《国际建筑规范》（IBC）作为它们首要的建筑规范。一些州虽然采纳了《国际建筑规范》但却没有有效地运用它，其他一些州已经在州域水平上采纳它，剩下的一些州则让当地的城市和县政府决定。对于补充的规范它们采取的也是同样的态度和做法。对于任何规定的州和司法部门来说，可应用的规范目前的状态应该通过当地的建筑部门来证实或通过浏览国际规范委员会的网站（www.iccsafe.org）来证实。任何引用于本书的规范信息都来自《国际建筑规范》，除非另外有声明。

免责声明注解

包含于本章的规范信息仅仅是一般的信息且写在这里是为了向读者提供关于建筑规范的目的和组织的引导性的综述。其不是为了取代任何讨论过的规范，不是去展现已提过的规范的解释和分析，或者去解决任何特定的项目。它也不是为了尝试在如此短的篇章中去处理任何一个规范的所有层面；而是这本书中的信息谈及了大多数该书读者的一般利益的主题。我们已做过所有的尝试以使展现在这里的信息尽可能地精确，同时我们还考虑到规范的内容在该书出版后可能会发生改变。

为应对一个不断处于改变中的世界，《国际建筑规范》通过对几乎任何和它们有联系的部分进行连续不断的复审使其自身一直处在演进中，包括规范执行官员、各种规范发展委员会和设计专业人员。众多改变已发生，例如为应对新材料、涌现的技术和使用类型的转换而产生的改变。它们甚至发生于分类解释语言和当规范成文时的目的。结果，《国际建筑规范》已被设计成每3年更新一次。例如，2012版的《国际建筑规范》展示了2009年的规范并包括了经国际规范委员会认可的改变。

对于任何项目，可应用的规范必须由合适的依法执行鉴定的官员（AHJ）来解释，这其中可能包括当地的建筑部门和防火部门的官员。规范的使用和解释可以让人望而却步，规范的解释可能在设计师和建筑部门官员之间各不相同。因为这个原因，对于一个项目来说，在设计过程中为解决任何规范解释方面的问题，和当地的建筑部门足够早地建立联系是有益处的。

许多出版物在规范使用的许多方面提供说明和解释，尽管它们应该总是和规范本身结合起来一起使用，而不是作为规范的替代品。另外，获许的规范咨询商可以提供规范更深层次的分类或为项目提供一般的检查，特别是对于大而复杂的项目，还得检查是否服从规范。

即使有咨询商和其他人解释的规范的帮助，建筑师必须尽一切努力去熟悉相关的规范，当出现规范解释的问题时这将赋予他们更高的权威地位。然而，我们从不推荐记忆规范的节段，因为这些规范将会随着时间而改变从而记忆可能失效。重要的是要对规范内容目录拥有彻底的应用知识并且能够以确信的效率操纵规范，这就像建筑学实践的所有方面，其都是从经验开始。

其他的规范

在任何司法部门之内，即使《国际建筑规范》已经被采纳为首要的规范，一套复杂多样的规范可能仍然处在使用中。必须就规定的项目所必须采用的规范是否已完全分解经常咨询当地的建筑部门。另外，必须遵守联邦法律，例如《美国残疾人法案》和《联邦公平住房法案》。

所有的规范围绕保护人类生活和人类财产为结构中心，其包括保护和反作用两方面。规范分析的执行基于以下的数据集：

占用类型
建设类型
建筑或房屋面积
建筑高度
通道和出口
建筑隔离和竖井
防火
灭火系统
工程要求

占用类型和使用组

一座建筑物的使用和占用对于确定规范如何影响一座建筑物的许多方面是首要的条件，其包括建筑高度、建筑面积和允许建设的类型。在每一占用类型和使用组内又有更多的细分。建筑物归于超过一种占用类型范畴是平常的，其被称为混合使用占用。然后它有可能被处理成“分离使用”或“非分离使用”，其中“分离使用”是通过在各自的占用空间之间提供完整的防火隔墙，“非分离使用”对其各自的使用组来说是通过使每一个占用类型服从最严格的要求来达到。

占用使用组

A	集会
B	商业
E	教育的
F	工厂和工业的
H	高危险区
I	公共机构的
M	商业的
R	居住的
S	存储
U	公共设施和其他

此外，存在其他的建筑类型不归于上述种类，并且/或者存在其他的建筑类型包含一些要素，这些要素需要额外的规范条件。

组A：集会（50或更多的占用者）

A-1：集会区通常有固定的座位，通常是为了看电影或看表演（可能有或没有舞台）。

A-2：集会区包括服务和食品以及饮料的消费，就像在餐馆或酒吧。宽松的座位以及顾客可能的酒精损伤是这一组中的两关键因素。

A-3：其他的集会组不适合A-1或A-2。其中可能包括礼拜堂、艺术画廊和图书馆。

A-4：室内运动活动的集会区。

A-5：室外运动活动的集会区。

组B：商业

大多数办公建筑归于这一类，包括它们的存储区（除非它们存储的危险材料超过可允许的数量，在这种情况中它们归于使用组H）。

其也包括12年级之后（学院和大学）的教育设施，门诊诊所和医生的办公室以及研究实验室。

任何集会区，包括演讲厅，可能归类于组A并被同样地对待。

组E：教育的

超过6人，班级上至第12年级。

提供给5个或更多个年龄超过2岁半的小孩的日托设施（为少于5人提供的日托加上旁侧的居住单元被分类为R-3）。

组F：工厂和工业的

F-1：中等危险程度的工厂占用，其已经确立制造加工的相对危险的占用不放入组H（有危险的）或在类F-2。

F-2：低危工厂的工业占用，这里的制造材料被认为是不可燃的。

组H：高危

高危占用的分类范围为H-1到H-5，以对应危险材料使用时危险材料的数量和性质。

组I：公共机构的

I-1： 超过16人在一个24小时的居住环境中并且处于有监督的条件下。可能包括住宅、辅助生活设施和中途宿舍，它们的居民要求有监护，但是也能够进行自我保护。

I-2： 超过5人在一个24小时的居住环境中并且处于有监督的条件下且能受到医疗护理。可能包括医院和私人疗养院，它们的居民在没有工作人员帮助的条件下不能够回应紧急情况。

I-3： 超过5人在一个24小时受到监督的有全日制的限制和安全保障的环境中。因为有安全管理，它们的居民在没有工作人员帮助的条件下不能够回应紧急情况。可能包括监狱、拘留中心和精神病院，基于设施中的居民活动自由度，这些都可能更深地细分为5类。

I-4： 超过5人在一个24小时的居住环境中并且处于有监督的条件下或一天少于24小时的监护。可能包括针对成人和2岁以下小孩的护理设施，他们在没有工作人员帮助的条件下不能够回应紧急情况。

组M：商业的

百货商店、药店、集市、加油站、门市部和零售商店或批发商店。

组R：居住的

R-1： 为暂时的居民服务的带卧室空间单元的住处。可能包括宾馆和寄宿处。

R-2： 带有超过2个空间单元的永久的住处。可能包括公寓、宿舍和长期的寄宿处。

R-3： 永久的单身家庭或联式住处。可能也包括为5人或更少的人服务的护理设施，住有10个或更少的居民的寄宿处，和住有少于16个居民的聚居家庭。包括许多居住的占用而不包括进R-1、R-2、R-4或I。

R-4： 住有5~16个居民的居住的护理设施或辅助生活设施，住于其中的居民受到24小时的监护，但是不能自我保护。类型包括戒酒中心和戒烟中心以及社会的康复设施。

组S：存储

S-1： 中等危险程度的存储占用，其存储的材料对于组H来说不是足够危险的但是也不能定性为S-2。

S-2： 低危存储占用，其中存储的是公认为不可燃的材料。

组U：公共设施和其他

用作附带的建筑物和非建筑物（例如围墙或挡土墙），其通常不长期占用并且可能作为次要的功能服务于其他的占用。这一占用类型很少使用并且不用于任何难以分类的建筑物。

建设类型和防火

建设类型根据其材料内容和建造系统的防火能力来分类。《国际建筑规范》基于建筑物建设所使用的主要材料对所有的建筑物指定了5种墙板种类。这些分类是Ⅰ、Ⅱ、Ⅲ、Ⅳ和Ⅴ，其中类Ⅰ具有最高的防火能力，类Ⅴ具有最低的防火能力。这5种类型又被划分为A类和B类，以反映每一分类的防火等级水平。

不可燃的材料被定义为“在受火时不会有任何部分将会点燃和燃烧”的材料，通常包括砌体和钢材。易燃的材料可能被认为是不能满足不可燃要求的材料，包括木头和塑料。

建设类型

不可燃的		不可燃的/易燃的		易燃的
IA IB	IIA IIB	IIIA IIIB	IV (Heavy Timber = HT)	VA VB
如《国际建筑规范》中的表601所列的所有的建筑要素（结构框架、内部和外部承重墙、内部和外部非承重墙、楼板结构和屋顶结构）都是不可燃的材料。	如《国际建筑规范》中的表601所列的所有的建筑要素（结构框架、内部和外部承重墙、内部和外部非承重墙、楼板结构和屋顶结构）都是不可燃的材料。类型ⅡB的结构不需要有防火等级。	外墙必须使用的是不可燃的材料且内部建筑要素可能是规范所允许的任何材料。只要它们遵从《国际建筑规范》章节2303.2中的规定，阻燃剂处理过的木构架可能允许用于低于2小时防火等级的外墙组装。	外墙必须使用的是不可燃的材料且内部建筑要素可能是实心的材料或无隐藏空间的叠层木板。只要它们遵从《国际建筑规范》章节2303.2中的规定，阻燃剂处理过的木构架可能允许用于低于2小时防火等级的外墙组装。	如《国际建筑规范》中的表601所规定的建筑要素可以使用该规范所允许的任何材料。

防火等级

正如在ASTM E119（美国检测与材料协会标准的建筑结构火灾测验）中陈述的，防火等级以小时或部分一小时来量度，其反映了材料或组装材料将抵抗暴露于火中时的时间量。当开始设计一座建筑物时，最初的规范分析必须考虑到期望的占用和期望的高度及面积以为防火等级确定最低的可允许的建设类型。

疏散路径图解

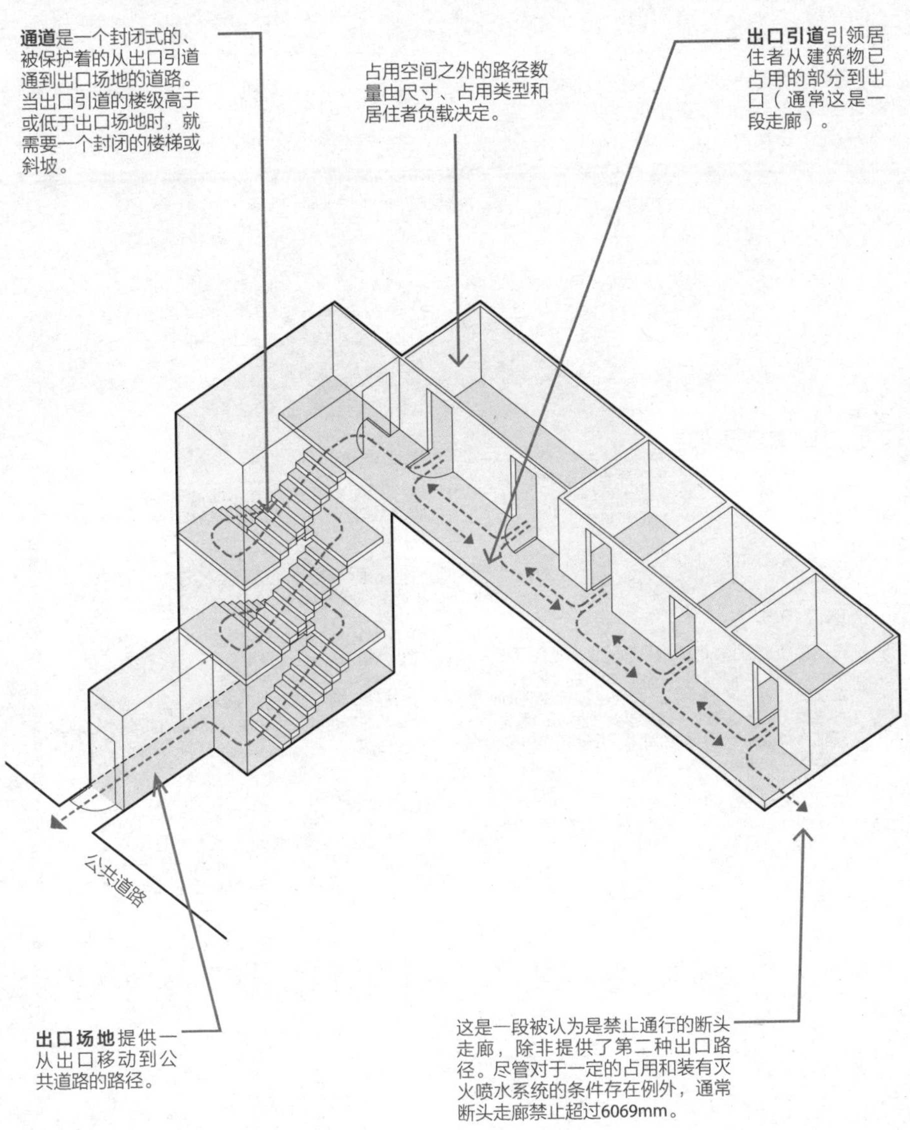
通道是一个封闭式的、被保护着的从出口引道通到出口场地的道路。当出口引道的楼级高于或低于出口场地时，就需要一个封闭的楼梯或斜坡。
占用空间之外的路径数量由尺寸、占用类型和居住者负载决定。
出口引道引领居住者从建筑物已占用的部分到出口（通常这是一段走廊）。
公共道路
出口场地提供一从出口移动到公共道路的路径。
这是一段被认为是禁止通行的断头走廊，除非提供了第二种出口路径。尽管对于一定的占用和装有灭火喷水系统的条件存在例外，通常断头走廊禁止超过6069mm。

疏散路径

《国际建筑规范》202定义疏散路径为“垂直的和水平的出口从建筑物或结构中的任何已占用的部分行经到公共道路的一连续的和畅通无阻的路径”。它由出口引道、出口和出口场地组成。简单地说，疏散路径为使所有居民在发生火灾或其他紧急事件时逃离到安全的地方（通常是室外公共道路）提供了条件。

疏散路径的数量

按照《国际建筑规范》中表1015.1的规定，需要超过一条的疏散路径的占用空间有：

A、B、E、F、M和U，其占用负载为50人或超过50人；

H-1、H-2、H-3，其占用负载超过3人；

H-4、H-5、I-1、I-2、I-3、I-4和R，其占用负载超过10人；

S，其占用负载为30人或超过30人。

任何占用人数在501~1000之间的需要3个出口，占用人数超过1000的需要4个出口。

出口宽度要求

尺寸是根据下面的要求整合《国际建筑规范》表1004.1（在下一页有总结）来确定的，采用其中任何一个数字较高者。

出口门

在出口负载超过50个居民的区域，或任何组H中的占用，出口门应该向通道的方向旋转。如果它们旋进必需的出口路，当出口门旋开时，其宽度可能不会减少超过一半的必需的宽度，并且一旦旋开到180°，出口门可能就超过必需的宽度178mm。

出口门的高度应该设定为最小的2032mm，有由《国际建筑规范》1008.1确定的明确的开口宽度，但是其不能少于813mm，从门面到当门打开时停转处测量。

转门叶的最大宽度是1219mm。

出口通道

最小的通道宽度由《国际建筑规范》中的1005.1确定但是严禁其少于1118mm，除非在以下条件中：

带有一居住单元或占用人数少于50人：最小通道宽度为914mm；

组E中有100人的或更多容量的：最小通道宽度为1829mm；

组I-2区域中有必需的移动床位：最小通道宽度为2438mm。

出口楼梯

最小宽度由《国际建筑规范》中的1005.1确定但是严禁其少于1118mm，除非通道服务居民的负载少于50人，这种情况下最小宽度必须不少于914mm。

出口系统中的坡道的宽度应不低于服务于它们的走廊的宽度，并且楼梯扶手之间的坡道的宽度不少于914mm。

确定占用负载

右边的表格可能用于按照面积大小来确定占用负载，从中可计算每一占用者占用的出口宽度。如果为其设计的空间的占用者实际数量更大，或者把空间作为出口疏散的人群数量更大，其最终的占用负载由实际的数量确定。

要求的出口宽度单位为英寸每占用者

	楼梯	其他的出口组成
H-1、H-2、H-3 和 H-4	0.7（无洒水器系统）	0.4（无洒水器系统）
	0.3（有洒水器系统）	0.2（有洒水器系统）
I-2 公共机构的	0.3（有洒水器系统）	0.2（有洒水器系统）
所有其他的占用	0.3（无洒水器系统）	0.2（无洒水器系统）
	0.2（有洒水器系统）	0.15（有洒水器系统）

每个占用者的最大楼板面积

（摘录自《国际建筑规范》表1004.1.2）

占用类型	每个占用者的楼板面积
组装有固定的座位	有固定座位的区域的占用负载和通道由座位的数量决定，每一个人有457mm的就坐长度；或者在座棚中每一个人有610mm的就坐长度。
组装无固定的座位	座椅（集中的）：7 ft²（0.65m²）净 站立空间：5 ft²（0.46m²）净 座椅（非集中的）：15 ft²（1.39m²）净
商业区	100 ft²（9.29m²）毛
宿舍	50 ft²（4.65m²）毛
教育用教室	20 ft²（1.86m²）净
教育用商店和行业区域	50 ft²（4.65m²）净
商业厨房	200 ft²（18.58m²）毛
图书馆阅览区	50 ft²（4.65m²）净
图书馆架藏区	100 ft²（9.29m²）毛
商业的——地下室或分级楼层	30 ft²（2.79m²）毛
商业的——非地下室或分级楼层的楼层	60 ft²（5.57m²）毛
商业的——存储、家畜和海运	300 ft²（27.87m²）毛
停车库	200 ft²（18.58m²）毛
居住的	200 ft²（18.58m²）毛

净面积通常认为是实际占用的面积并且不包括未占用的面积，例如走廊、墙体、楼梯或厕所。毛面积包括外墙内部周界以内的楼板面积，以及走廊、楼梯、壁橱、内部隔墙、立柱和其他固定的地物。

第20章 《美国残疾人法案》和可达性

《美国残疾人法案》（ADA）由国会于1990年通过，以保护和尊重残疾人公民的权利为目的，其包括影响活动性、视力、听力、活力、讲话和学习障碍的情况。以早期划时代的禁止种族和性别歧视的法律为模板，《美国残疾人法案》在住房、公共设施、就业、政府服务、运输和通信等方面为所有人提供平等的使用权。和建筑规范相似，可达性参考和标准需要连续的改进和复审，司法部在2010年采用了一套改进的标准，公开名为《2010无障碍设计标准》。在修订本中包括儿童住宿和走动的（加上轮椅）无障碍。

由《美国残疾人法案》定义的关键术语

可达通道：易接近的行人空间，其是在要素例如停车空间、座位或桌子之间提供适合使用要素的净空。

易接近的：地点、建筑物、设施或其中一部分，遵守《美国残疾人法案》参考。

易接近的要素：按照《美国残疾人法案》参考指定的要素（电话、控制装置以及与其相似的）。

易接近的路线：联系建筑物或设施中所有的易接近的要素和空间的连续而畅通的路径。内部易接近的路线可能包括走廊、楼板、坡道、升降机、电梯和设备中明确的楼板空间。外部易接近的路线可能包括停车可达通道、路缘坡道、车道上的人行道、步行道、坡道和电梯。

易接近的空间：遵守《美国残疾人法案》的空间。

适应性：添加或改变特定的建筑空间和要素，例如厨房柜台、洗涤槽和扶手杆以使其适应有残疾或无残疾或不同类型或级别的残疾个体的需求。

添加：扩大、延展或增加一建筑物或设施的毛楼板面积。

行政当局：政府代理处，其职能是采取或执行规定，并指导建筑物和设施的设计、建设或改换。

救援区域：有直接的通道通到出口处的区域，在这里那些不能使用楼梯的人在紧急疏散期间可保持暂时的安全以等待进一步的指导或援助。

集会区域：容纳有一群为娱乐的、教育的、政治的、社会的或消遣目的或消费食物和饮料的个体的房间或空间。

自动门：装备有电动机制和控制装置的门，其一旦接收到瞬时的启动信号便可以自动地开关门。启动自动循环的开关可能是一光电设备、地毯或手动的开关。参见动力门。

建筑物：任何用于或打算作支持或掩蔽任何使用和占用的结构。

环路：为行人而设的从一个地方到另一个地方的外部或内部通道，包括并且限于步行道、走廊、庭院、楼梯和楼梯休息平台。

明确的：畅通无阻的。

明确的楼板空间：最小的畅通无阻的楼板或地面空间要求，以适应单个的静止的轮椅和占用者。

常见使用：对于受限制的人群（例如，收容所里的占用者、办公建筑里的占用者或者这些占用的客人）可无障碍使用的内部和外部房间、空间或要素。

横坡：垂直于行径方向的斜坡。

路缘坡道：短坡道穿过路缘或者和其组合在一起。

可检测的警告：嵌入或依附于人行道表面或其他要素上的标准的表面结构，用以警告视觉上有缺陷的行人在环路上有危险。

疏散路径：从建筑物或设施内的任何一点到公共道路的连续的和畅通无阻的出口行进道路。疏散路径由垂直的和水平的行径组成，其可能包括介于中间的房间空间、门口、门厅、走廊、通道、阳台、坡道、楼梯、围墙、会客厅、水平的出口、球场和庭院。易接近的疏散路径遵守《美国残疾人法案》指南并且不包括楼梯、台阶或自动扶梯。救援区域或疏散电梯可能包括易于接近的疏散路径。

要素：建筑物、设施、空间或地点（例如，电话、边缘坡道、门、自动饮水机、座位或厕所）的建筑的或机械的组成成分。

入口：任何延伸向建筑物或建筑物的部分或设施的以进入为目的的道路。入口包括邻近路段、带引至入口平台的垂直的道路、入口平台，可能还有门廊、入口门或大门以及入口门或大门的金属构件。

有标记的十字路口：为行人横穿车行道路而设的人行横道或其他能被识别的道路。

可操作的部分：一块设备或装置的部分，用于嵌入或抽出物体，或者用于激活、关闭或调整设备或装置（例如，投币孔、按钮或手柄）。

动力门：为方便人通过的带有辅助开门机制的门，这一机制还可以解除开门阻力，其是在开关的激活下或者在一连续的动力作用于门上时运作的。

公共使用：描述内部或外部的房间或空间，这些房间或空间对一般的大众是易接近的。公共使用可能由私有或公有建筑物或设施提供。

坡道：有斜坡度大于1:20的连续斜坡的步行道表面。

连续的斜坡：平行于行径方向的斜坡。

引导标示：展示用的口头的、符号的、触觉的和绘画的信息。

空间：可限定的区域（例如，房间、厕所、大厅、集会区、入口、仓库、壁凹、庭院或会客厅）。

触觉的：通过触摸感觉的可感知的物体。

文本电话：通过在标准的电话网之间传输编码过的信号的形式来应用交互式图形交流的机器或设备。文本电话可包括被称为TDDs（电信展示设备或聋人用电信设备）的设备或计算机。

步道：带有精制表面的为行人使用而设的外部路径，包括一般的行人区域，例如广场和球场。

引导标示

电梯控制面板

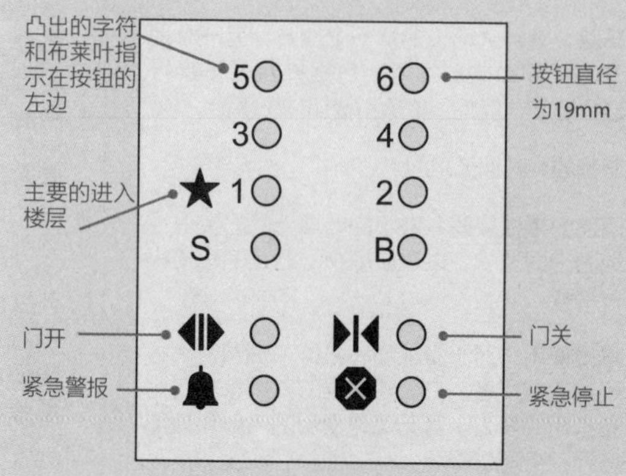

紧急情况控制装置应该分组于电梯控制板底部，远离中心线不得少于889mm。

凸起的和能触知的字符

字符应该凸出0.8mm并且使用大写字母的线体形式。字符不应是斜体的、斜的、装饰性的或与众不同的。

字符必须兼带2级盲文。

凸出的字符基于大写字母I必须最少凸出16mm，最大凸出51mm。

布莱叶应当位于相应的文本下方，并且应以最小的10mm距离和任何能触知的字符或突出的边缘相分离。

指示牌上能触知的字符应该处于相互分离最小为1220mm距离的位置，其是从最低字符的底线开始测量，且最大的分离距离为1525mm，其是从最高的能触知的字符的底线开始测量。

视觉特征

字符和背景必须是蛋壳状、无光粗糙层或其他防眩的终饰并且必须和背景形成对比（暗上有亮或者亮上有暗）。

字符可能是大写字母或小写字母，或者是两者的结合，并且不应当是斜体的、斜的、装饰性的或与众不同的。

最小的字符高度应当由水平的可见距离来确定（按照《2010标准》703）。

象形图

文本描述符号（若有的话）必须直接置于象形图范围的下方。

象形图可以是高度为153mm的最小范围内的任何尺寸。

无障碍的疏散路径

任何被认为是易接近的空间都必须至少有一条无障碍的疏散路径。

遵守美国机械工程师协会（ASME）中的A17.1规定和《电梯和自动扶梯安全规范》规定的电梯，可能允许作为无障碍疏散路线的一部分。它们首先必须装备有备用电源和应急操作设备及信号设备，并且大多数无障碍疏散路线必须接近于避难区。

在一次疏散中那些不能使用楼梯的人可在避难区暂时逗留，并且那些人应该在出口楼梯处或者应该有直接的通道通到出口楼梯处或通到有应急电源的电梯处。在避难区应该提供双向的交流系统，并将其连接到中央控制点。

每200个空间占用者必须提供1个762mm × 1219mm的轮椅空间。通常这些空间是带有包被楼梯的凹室，因为它们禁止降低到出口宽度。

除非是在装有灭火喷水系统的建筑物内，易接近的出口楼梯应明确地设立于楼梯扶手之间且应有最小宽度1219mm。这样为两个人搀扶一个残疾人上楼梯或下楼梯到安全区域提供了足够的宽度。

易接近的停车空间

易接近的停车空间的长度必须符合当地的建筑规范。易接近的空间应该用高对比度的色线或用其他高强度的勾绘来标示。过道应该是通向建筑物或设施入口的易接近的路线的一部分。两个易接近的停车空间可能公用一条通用过道。过道应该用斜条纹清晰地标示出来。

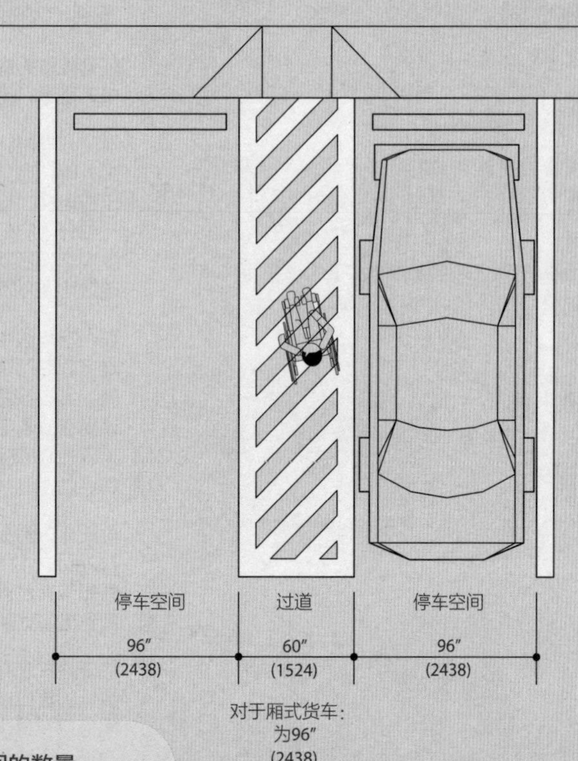

要求的无障碍空间的数量

总车位数	轮椅位数
1~25	1
26~50	2
51~75	3
76~100	4
101~150	5
151~200	6
201~300	7
301~400	8
401~500	9
501~1,000	总数的2%
1001及以上	超过1000的在20的基础上每过100个加1

易接近的停车空间和过道上的任意方向的表面斜坡不应超过1 : 50（2%）。

服务于特定建筑物的易接近的停车空间应该位于使从邻近的停车空间到一易接近的出口的无障碍路径最短的地方。

在有邻近于停车空间的多种无障碍入口的建筑物中，易接近的停车空间应该分散并且位于最接近无障碍入口的地方。

轮椅空间留余

明确的楼板或地面空间被定义为容纳一个单独的、静止的轮椅和占用者所要求的最小的明确的区域。这个定义可以应用于向前地或平行地接近一要素或物体。明确的楼板空间可能是在物体如洗涤槽或柜台之下所要求的膝盖空间的一部分。

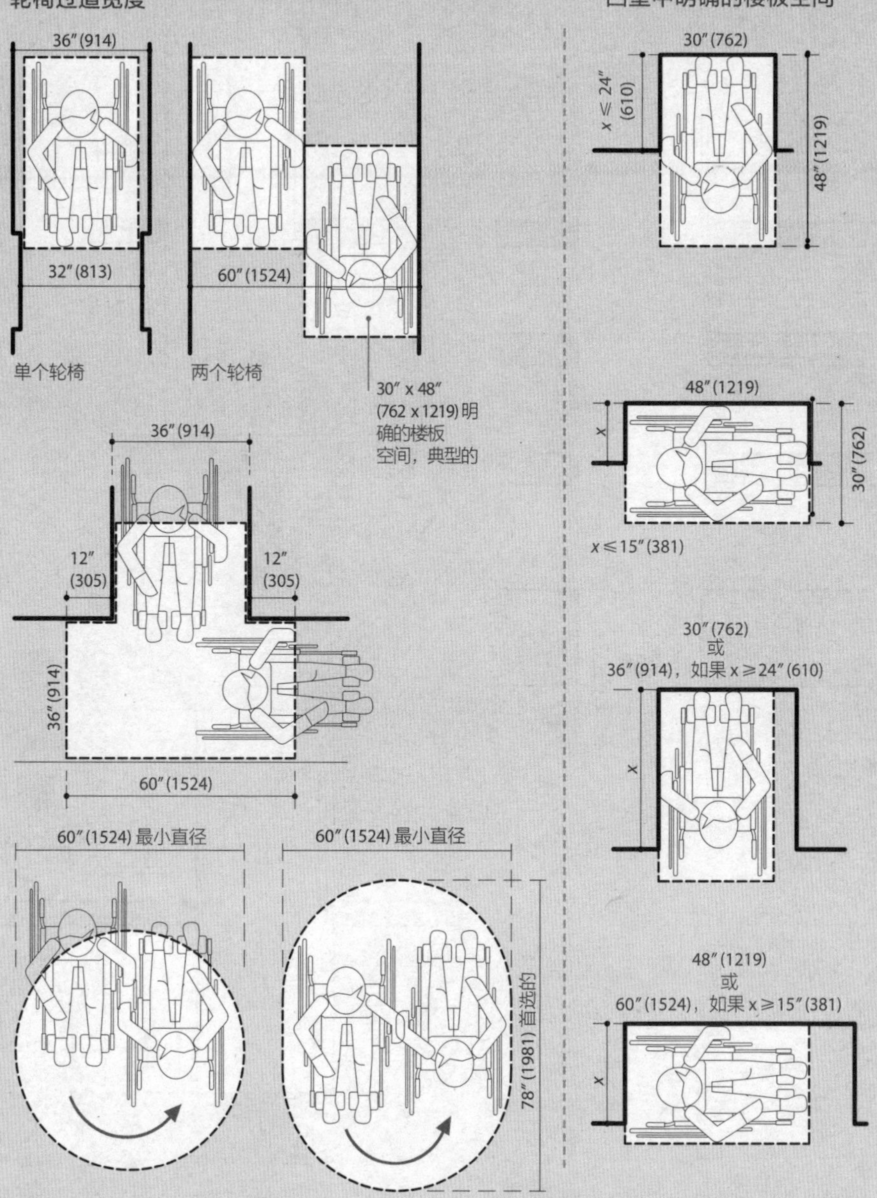

门

明确的门口宽度和深度

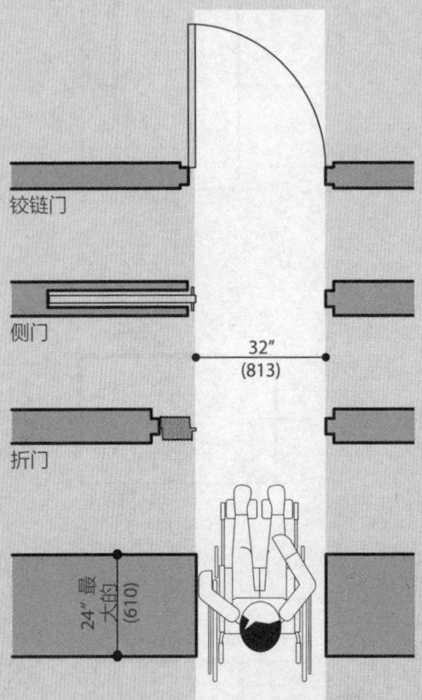

门上的操作净空

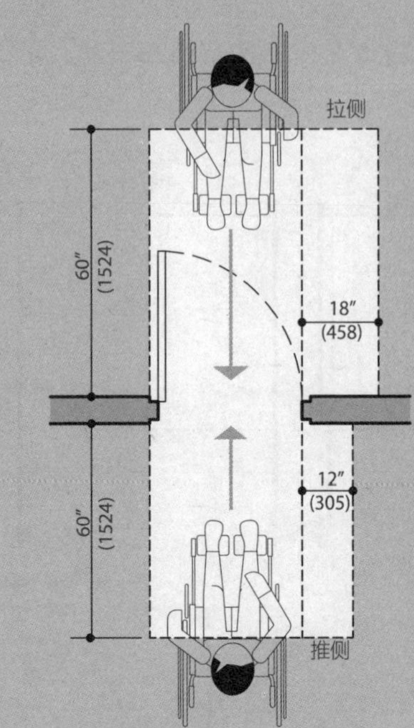

旋转门（正面途径）

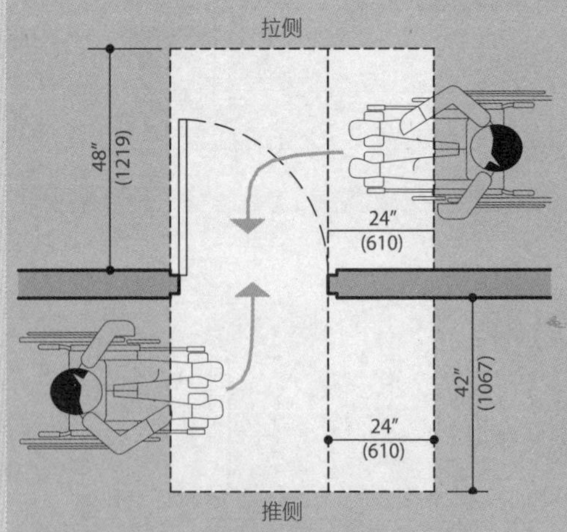

旋转门（门闩侧途径）

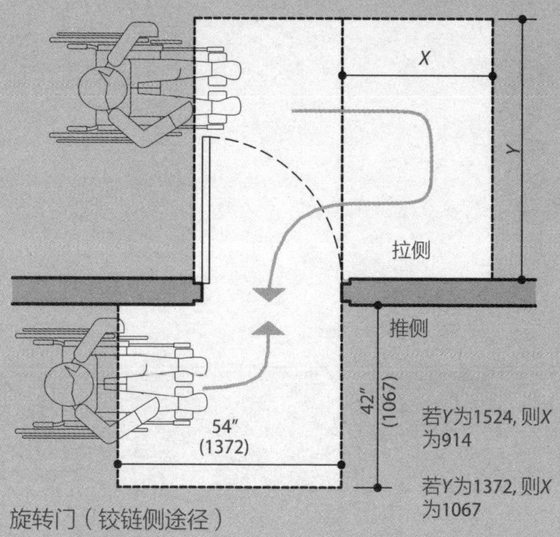

旋转门（铰链侧途径）

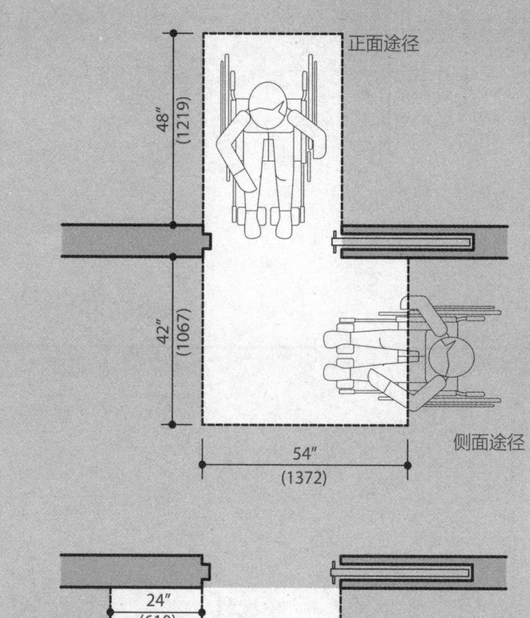

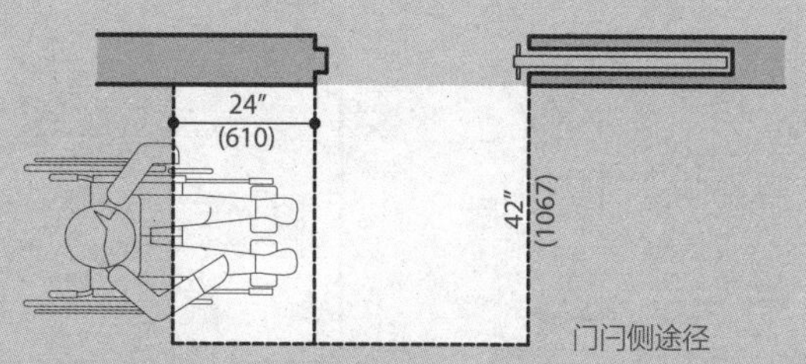

滑动门和折叠门

门集中的双铰链门

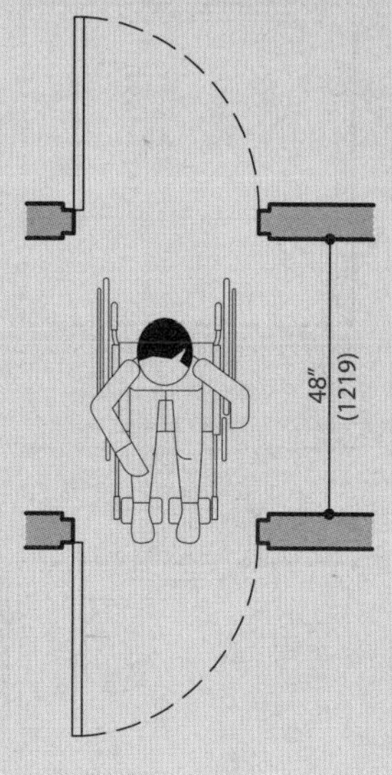

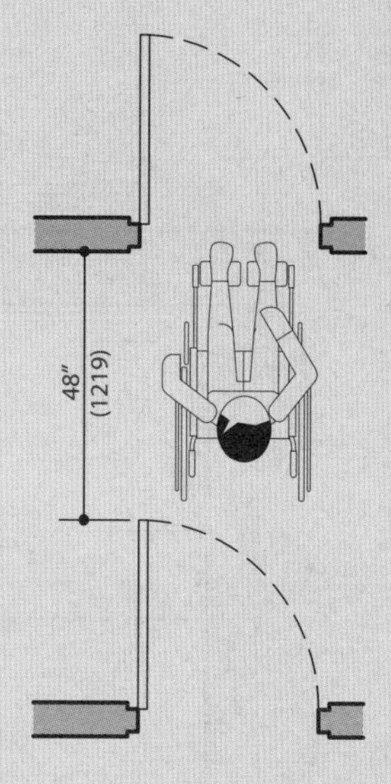

厕所和浴室

厕所中的明确的楼板空间——成年人

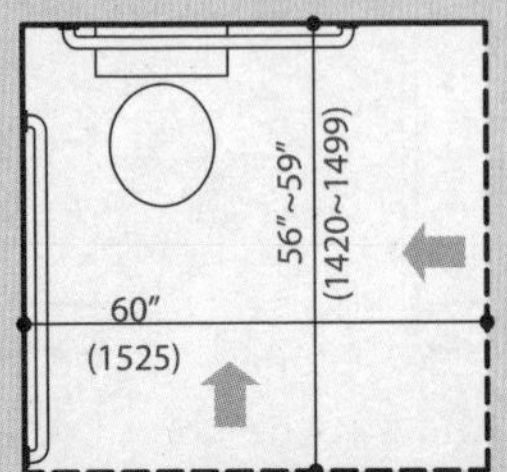

厕位

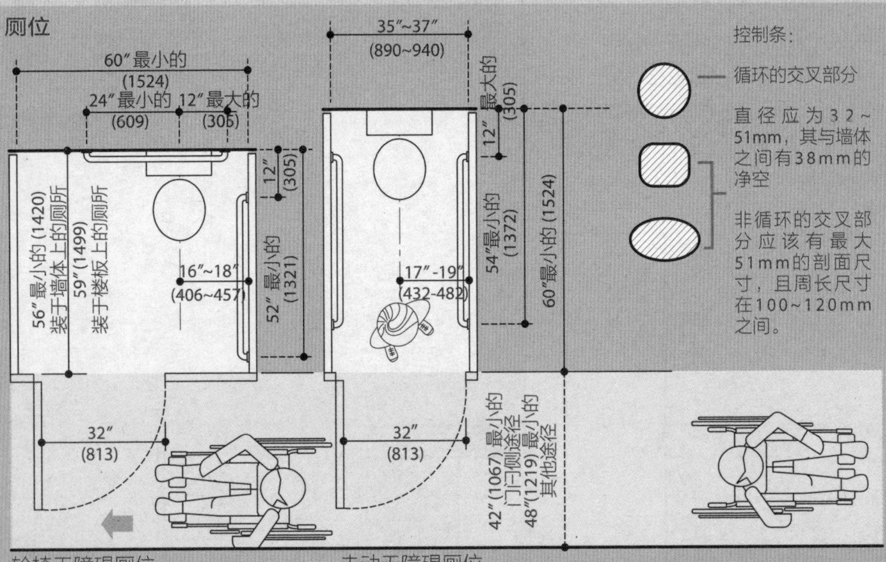

轮椅无障碍厕位　　　走动无障碍厕位

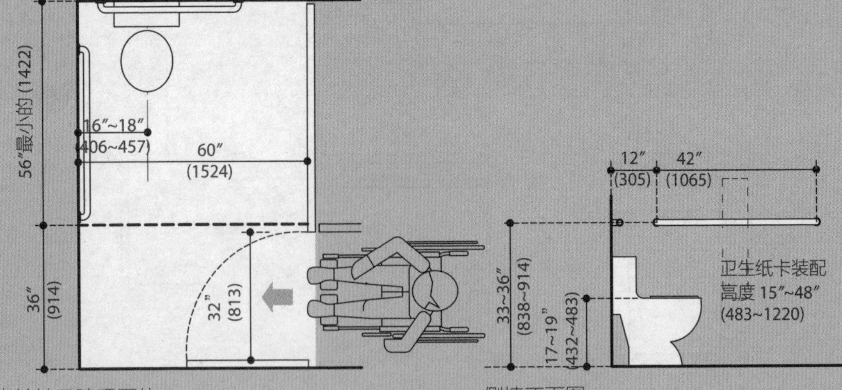

列末轮椅无障碍厕位　　　侧墙正面图

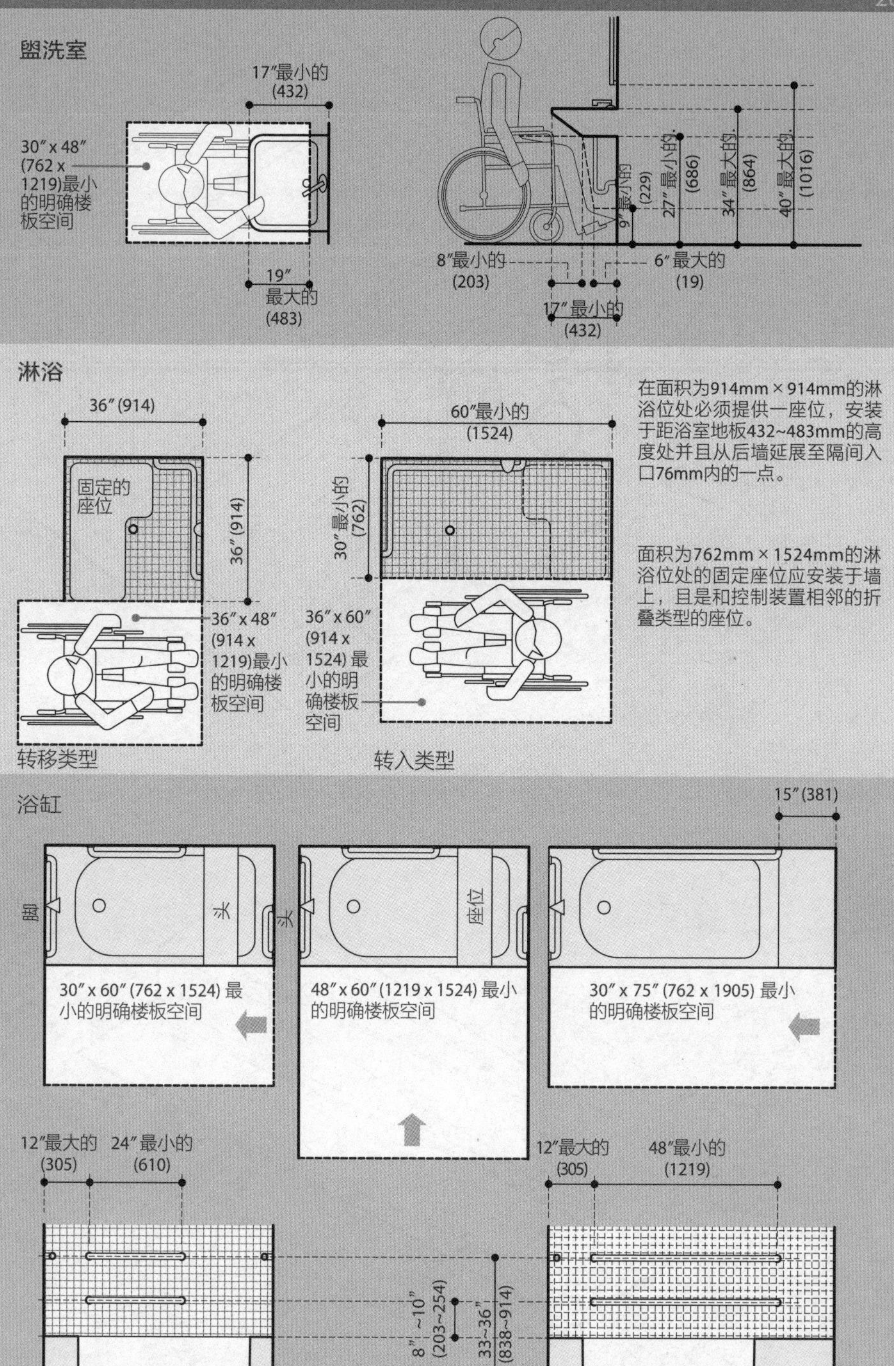

在面积为914mm × 914mm的淋浴位处必须提供一座位，安装于距浴室地板432~483mm的高度处并且从后墙延展至隔间入口76mm内的一点。

面积为762mm × 1524mm的淋浴位处的固定座位应安装于墙上，且是和控制装置相邻的折叠类型的座位。

电梯

每一个提升间入口处的厅外指示灯设备必须指示明显并且可听见哪一个梯厢正在回复呼叫。

门侧柱应是凸出的并且应该有盲文楼层指示。

呼叫按钮在最小的方向上必须是最小的19mm。

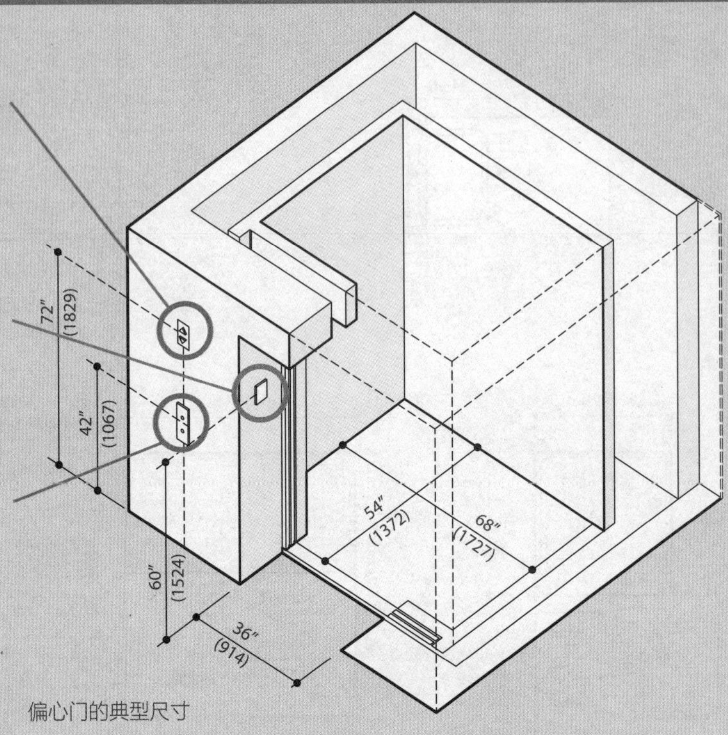

偏心门的典型尺寸

坡道

任何坡道上升超过楼梯平台的高度最大的应是762mm。

扶手内部的坡道最小的明确宽度应是914mm。如果一个坡道上升超过150mm，则在坡道的两侧应有扶手。

最大的斜坡是1:12。

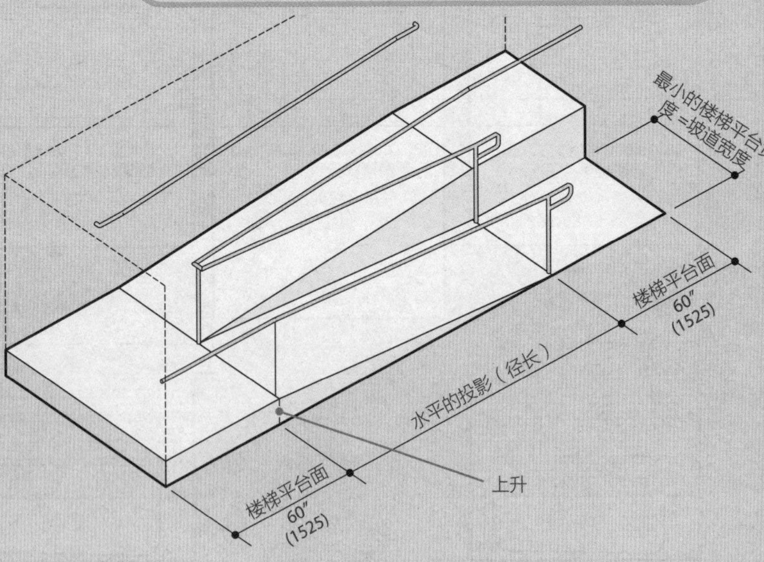

楼梯

楼梯踏级的前缘

立板必须是倾斜的，或者楼梯踏级前缘的暗面应该与水平方向成角不少于60°。

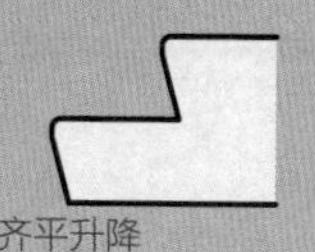

齐平升降

11″ (280) 最小的踏步板深度

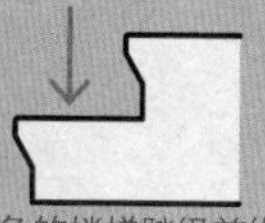

成角的楼梯踏级前缘

7″ (178) 最大的立板高度

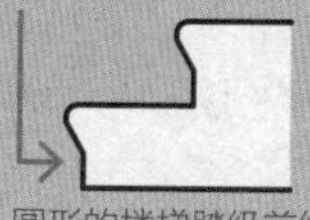

圆形的楼梯踏级前缘

行径底部的扶手伸展（最小的）

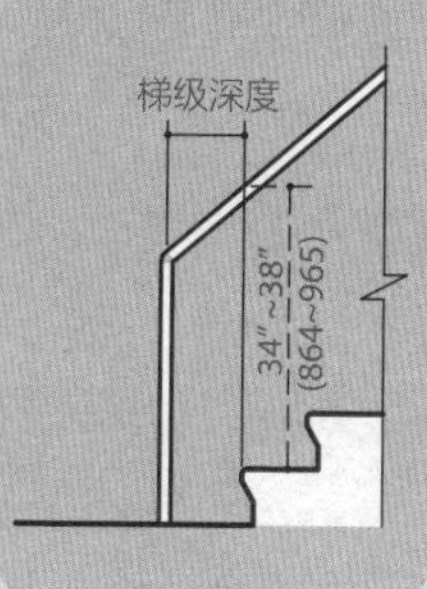

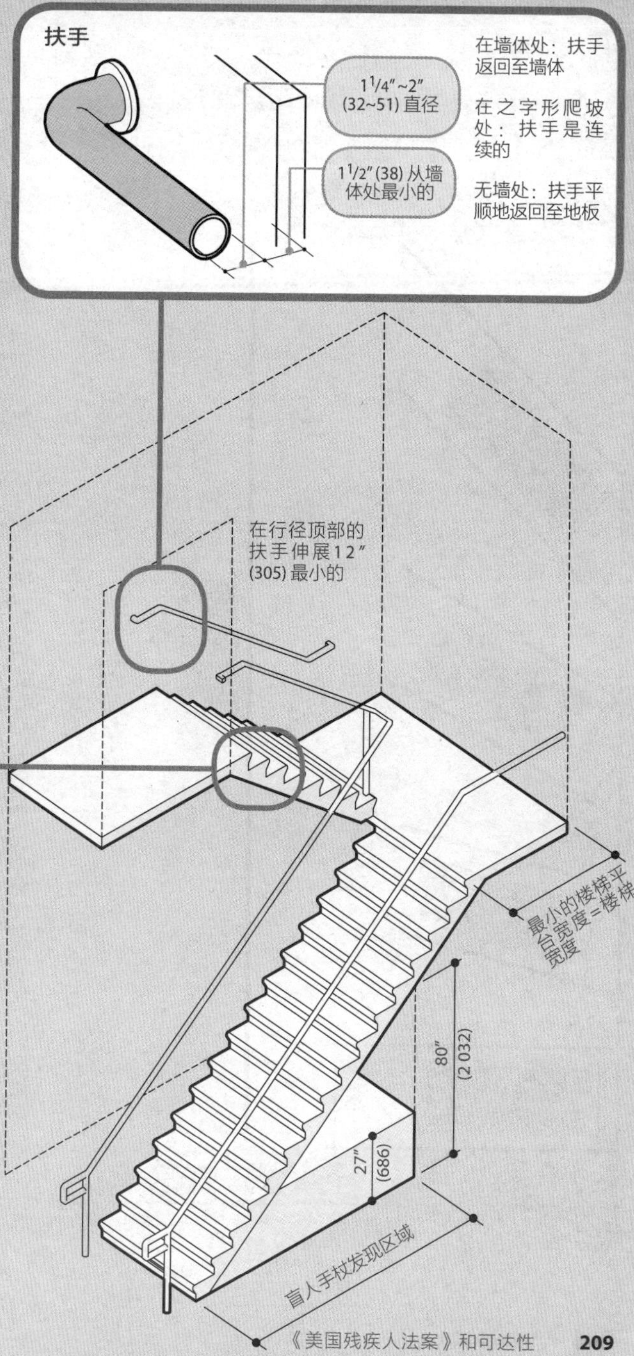

梯级深度
34″~38″
(864~965)

扶手
1¼″~2″
(32~51) 直径
1½″ (38) 从墙体处最小的
在墙体处：扶手返回至墙体
在之字形爬坡处：扶手是连续的
无墙处：扶手平顺地返回至地板
在行径顶部的扶手伸展12″ (305) 最小的
最小的楼梯平台宽度=楼梯宽度
80″
(2 032)
27″
(686)
盲人手杖发现区域

第21章　停车场

几乎在任何地方，停车场经常是一个人与建筑物的第一个和最后一个接触面，在设计停车场时应当考虑到这一点。首要地，停车场应该安全、有效、标示良好并且能够适应所有类型的使用者。因为交通工具尺寸多样，停车区域必须足够灵活以应对未来方案。

停车场

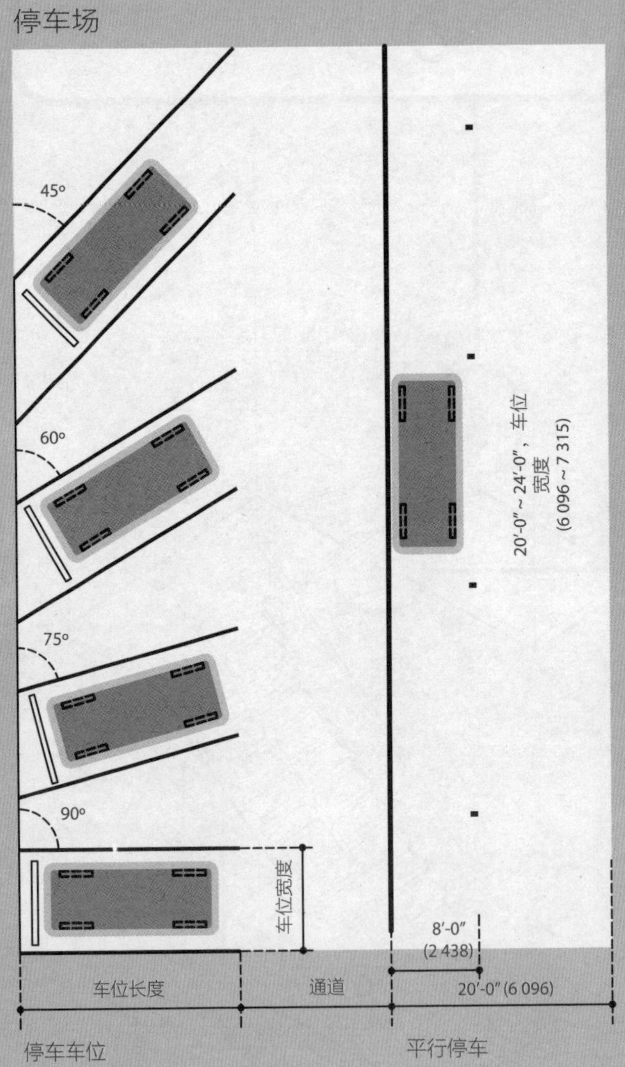

一般参考

路面条纹应该是102mm宽，用白色或黄色涂料。

为方便排水，停车区域表面应有最小为2%的斜坡率（每英尺长度上有四分之一英寸高或每305mm长度上有6mm高）。

停车模型中安排有许多要素。一个完整的停车模型包括一可达通道以及其服务该通道任何一边的停车区域。

停车车位最常见的角度是60°，这将仍能在考虑到有效的模型大小的停车位的同时为驶入或驶出停车空间提供方便。45°的停车位为规定的区域减少了停车空间的总量，这一停车区域不要求有宽的可达通道。对于人字形的停车场模式来说，它们是唯一可接受的角度。尽管由于驶入和驶出停车位有更高等级的困难，因此其不适合于时好时坏的交通，但是90°的停车位为规定的区域提供了最多的停车空间。它们对于全天停车是理想的，例如为员工停车。

常见的停车位布局

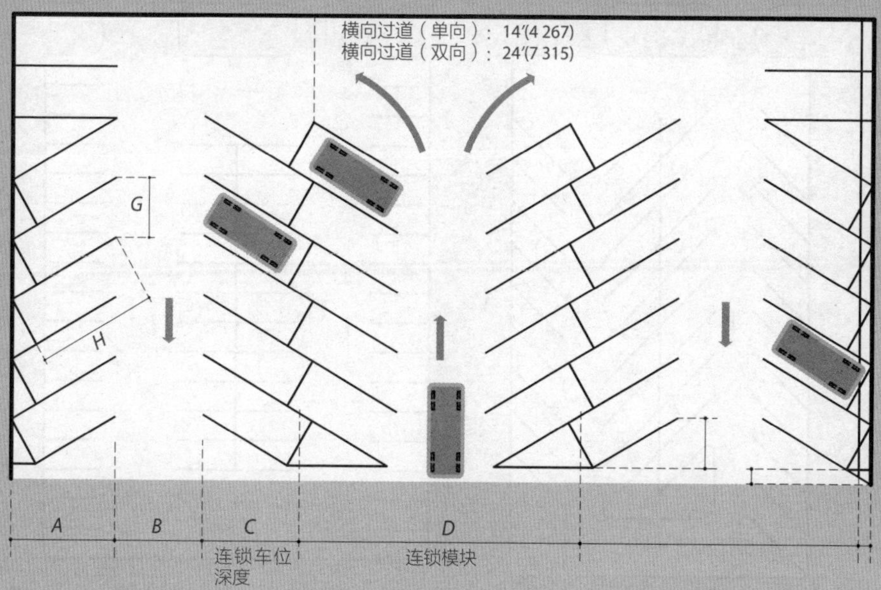

	A	*B*	*C*	*D*
45°	17.5′ (5 334)	12.0′ (3 658)	15.3′ (4 663)	42.6′ (12 984)
60°	19.0′ (5 791)	16.0′ (4 877)	17.5′ (5 334)	51.0′ (15 549)
75°	19.5′ (5 944)	23.0′ (7 010)	18.8′ (5 730)	61.0′ (18 593)
90°	18.5′ (5 639)	26.0′ (7 925)	18.5′ (5 639)	63.0′ (19 202)

推荐的停车布局和车位尺寸多种多样，并且大多经常由当地或州区划法规（应总是查阅区划法规）确定。尽管尺寸和布局应该最好适合于它们的自身条件，但通常接受的最小的停车位尺寸是2743mm×（5639~5944）mm；例如，位于硬件或车库上的停车位应该足够宽以适合于方便装载和卸载大件包裹，其可能达到3048mm宽。紧凑的车辆空间可能小到2286mm×4572mm且应标示良好、有逻辑地分组。

停车场流

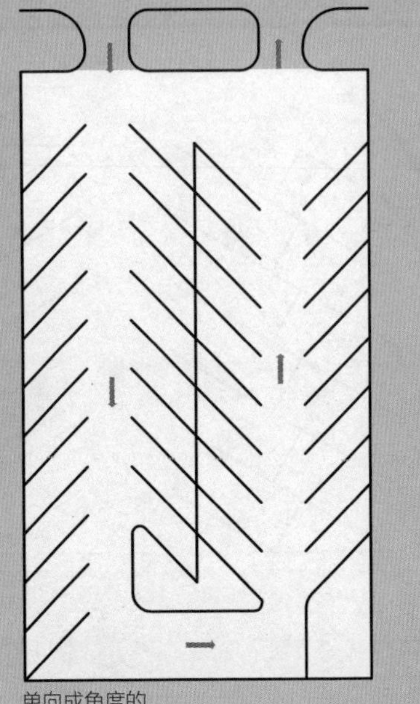

单向成角度的

双向90°

常见的停车空间分配

医院	1.2 车位每张床位
礼堂、电影院、体育场	0.3 车位每个座位
餐馆	0.3 车位每个座位
工业的	0.6 车位每个员工
教堂	0.3 车位每张座位
零售	4.0 车位每1000平方英寸毛地板面积
办公	3.3 车位每1000平方英寸毛地板面积
购物中心	5.5 车位每1000平方英寸毛可出租面积
宾馆、旅馆	1.0 车位每个房间/0.5每个员工
高中	0.2 车位每个学生/1.0车位每个员工
小学	1.0 车位每个教室

典型的车辆长度分类

1975年以前

微型小客车	<100″(2540)
小型	101″~111″(2565~2819)
中间型	112″~118″(2845~2997)
标准的	>119″(3025)

1975年以后

小型	<100″(2 540)
中型	100″~112″(2540~2845)
大型	>112″(2 845)

停车库

坡道设计

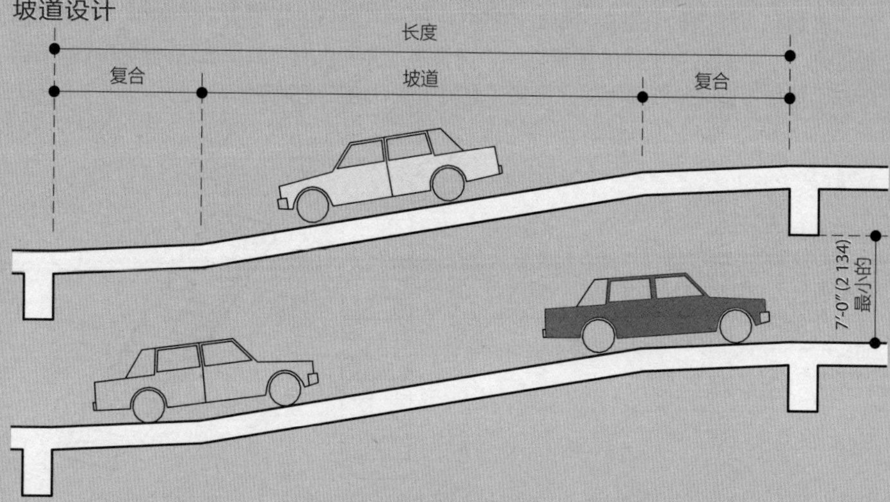

直坡道

长度	< 65'-0" (19 812)	> 65'-0" (19 812)
混合长度	10'-0" (3 048)	8'-0" (2 438)
混合斜坡	8%	6%
坡道斜坡	16%	12%

螺旋形的坡道

宽度=15'-0" (4 572)
对于逆时针方向的行径

宽度=20'-0" (6 096)
对于顺时针方向的行径

斜坡= 12%，最大的（在横向的方向上为4%）

总则

停车库车位应标示良好并使用明确的引导标示来指导司机，特别是在单向交通的情况中。

建议设置明确的螺旋形的出口坡道，以避免车库内部拥挤。

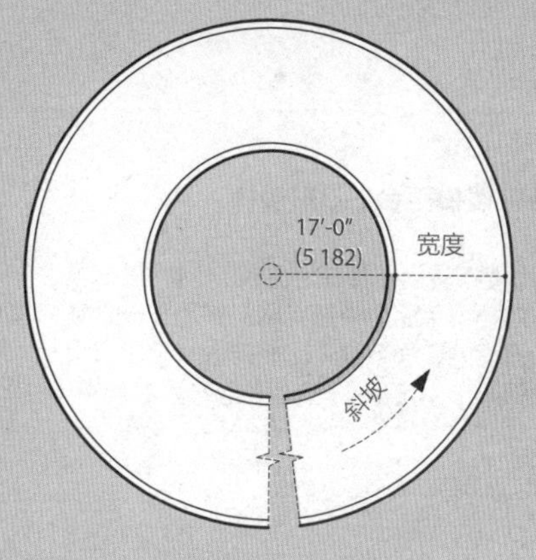

第22章　楼梯

在大多数私人住宅甚至是有电梯或自动扶梯的公共处所的垂直人员流通中，楼梯是首要的方法。在装备有电梯的建筑物中，建筑法规会要求其有最小数量的封闭式的出口楼梯。楼梯建设通常使用木头、金属或混凝土或者这三者的结合。

楼梯类型

直行楼梯

在要求一个中间的楼梯平台之前，防火规范一般限制直行楼梯能整体上升到3658mm。楼梯平台的深度应该等于楼梯宽度。

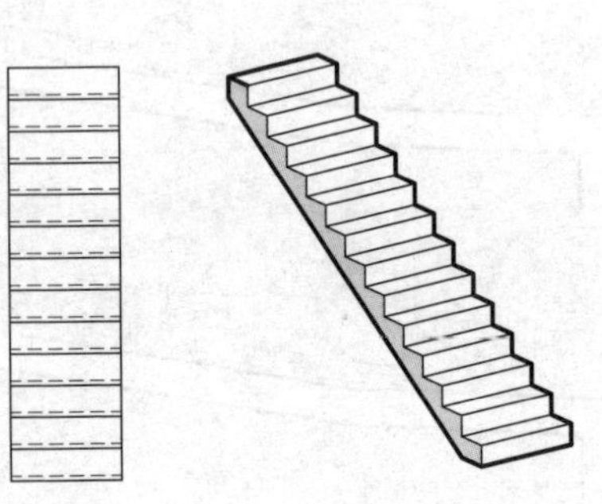

带有楼梯平台的L形楼梯

L形楼梯可能包括或长或短的“腿”，以及任何在楼梯方向改变处的楼梯平台

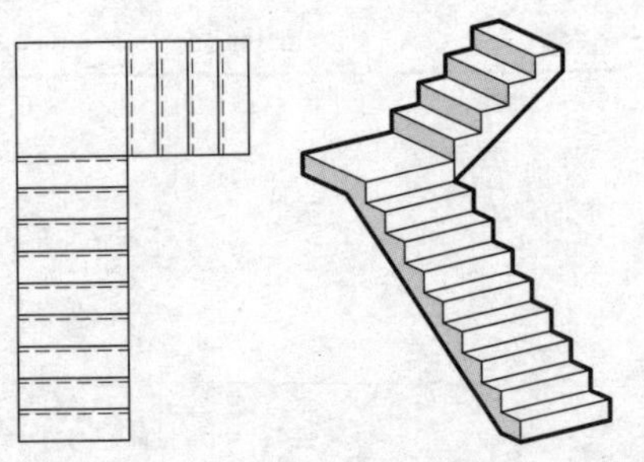

带有楼梯平台的U形楼梯

U形楼梯转换回楼梯上升的方向，其在紧凑的楼层平面图中是有用的并且在一个叠加多层的流通系统（比如作为一个出口楼梯核心）中可用作一个组成成分。

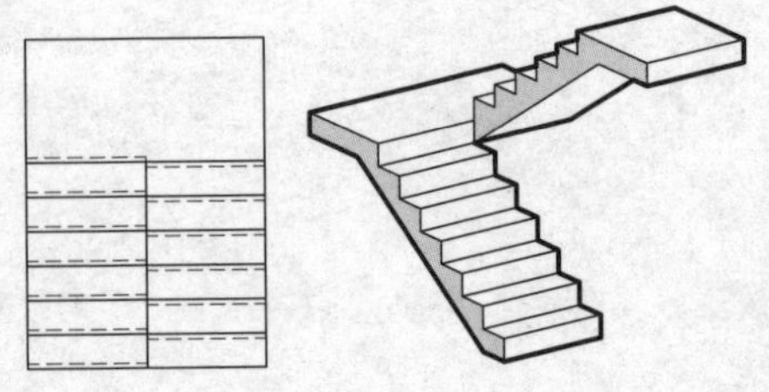

带斜踏步的L形楼梯

斜踏步可能有助于通过增加成角的踏面来压缩楼梯所需要的面积，楼梯平台在成角的踏面处可能以典型的L形楼梯的方式延展。大多数斜踏步不遵从当地的法规。

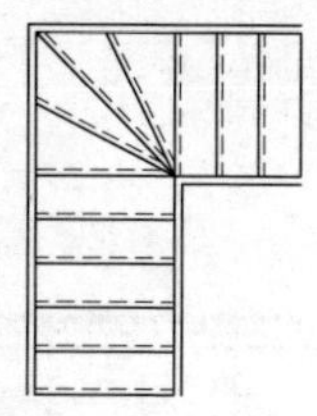

带偏心斜踏步的L形楼梯

偏移斜踏步梯级在比例上更大方，因此可能会遵从可应用的规范。

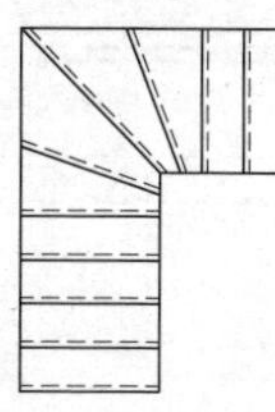

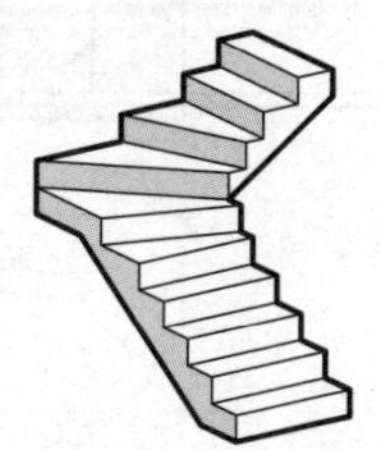

螺旋形楼梯

螺旋形楼梯占用最少的平面空间并且经常用于私人住宅。大多数螺旋形楼梯不可设置为出口楼梯，除非是在住宅中或者是在有5人或更少的占用者的250ft²（23m²）或更少的空间中。

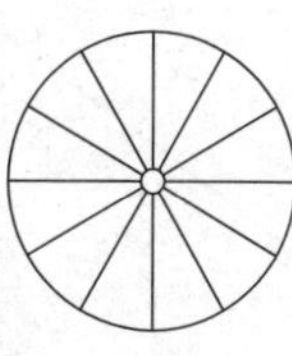

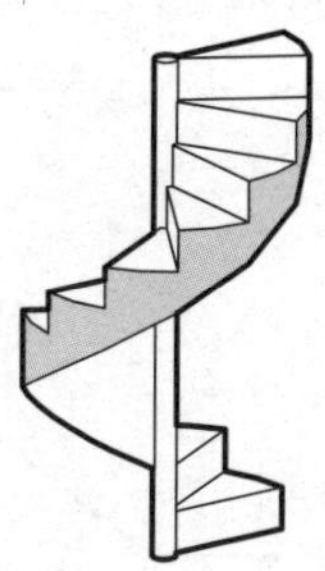

弯曲楼梯

弯曲楼梯遵循和螺旋形楼梯一样的布局原则。尽管其有充足的开放中心直径，但是出口楼梯的梯级可能要塑形到合法的法规标准。

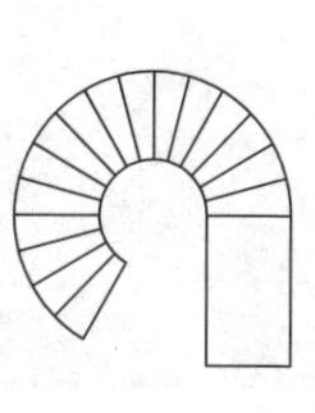

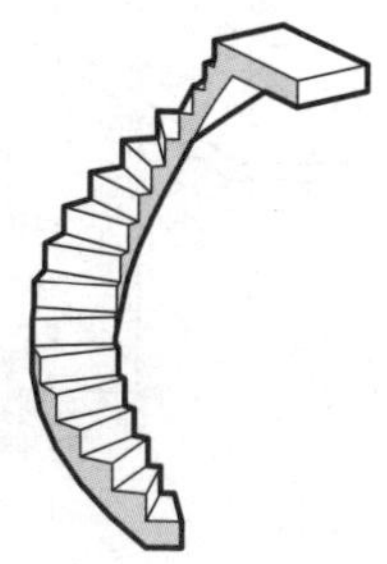

楼梯组成

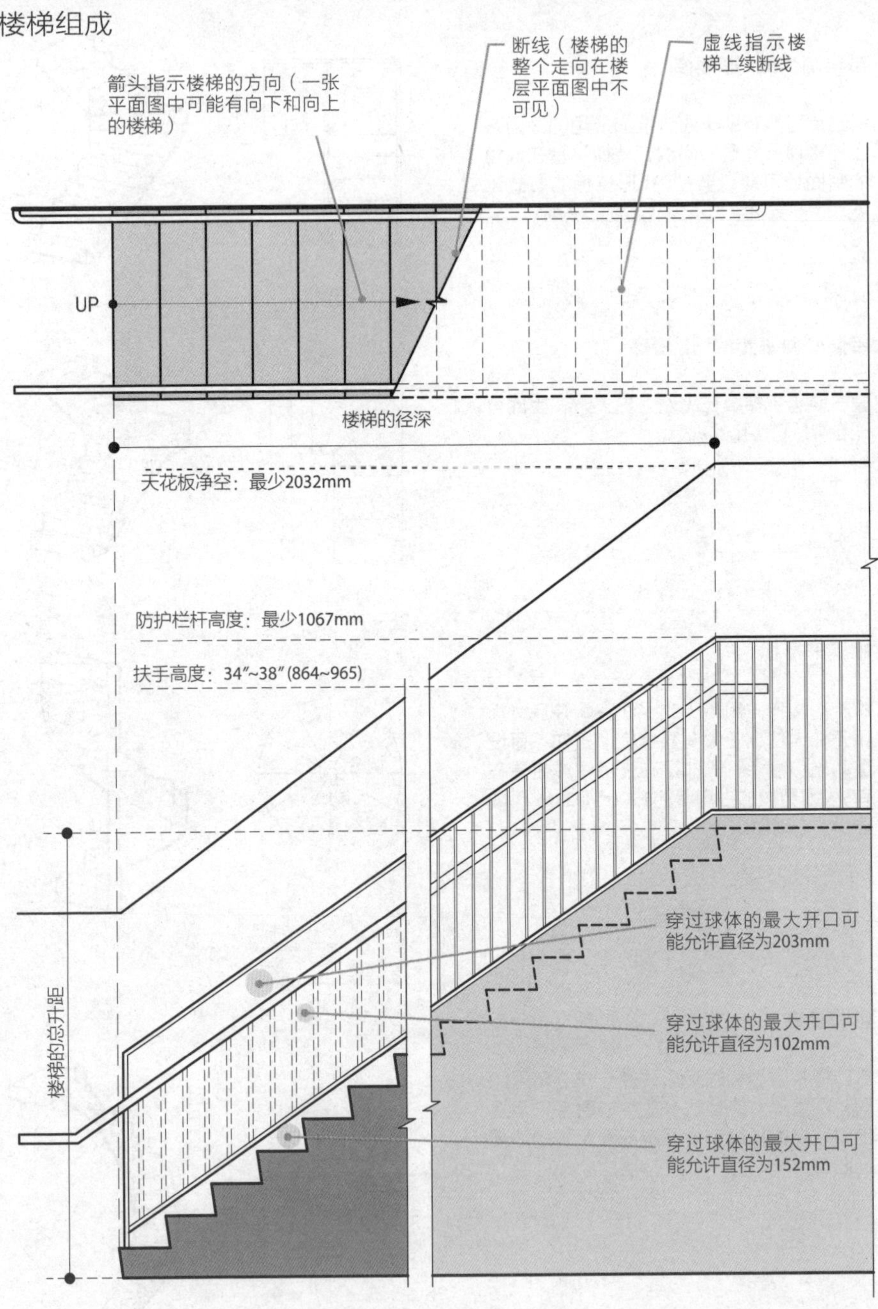
箭头指示楼梯的方向（一张平面图中可能有向下和向上的楼梯）
断线（楼梯的整个走向在楼层平面图中不可见）
虚线指示楼梯上续断线
UP
楼梯的径深
天花板净空：最少2032mm
防护栏杆高度：最少1067mm
扶手高度：34″~38″(864~965)
楼梯的总升距
穿过球体的最大开口可能允许直径为203mm
穿过球体的最大开口可能允许直径为102mm
穿过球体的最大开口可能允许直径为152mm

踏步板和立板

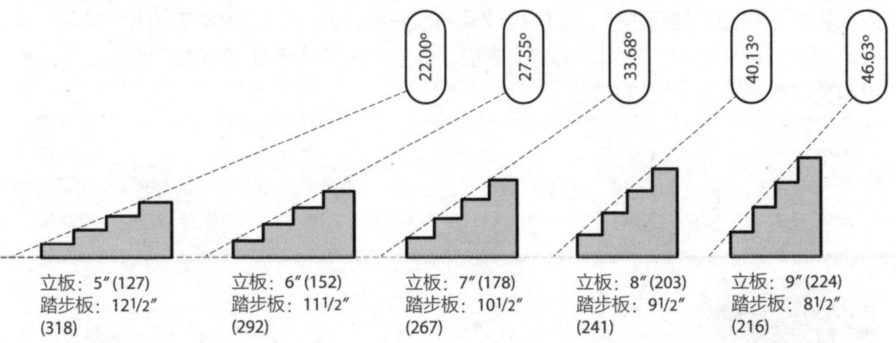

立板：5″(127)
踏步板：12½″
(318)

立板：6″(152)
踏步板：11½″
(292)

立板：7″(178)
踏步板：10½″
(267)

立板：8″(203)
踏步板：9½″
(241)

立板：9″(224)
踏步板：8½″
(216)

立板和踏步板尺寸

角度	立板尺寸/in（mm）	踏步板尺寸/in（mm）
22.00°	5 (127)	12 1/2 (318)
23.23°	5 1/4 (133)	12 1/4 (311)
24.63°	5 1/2 (140)	12 (305)
26.00°	5 3/4 (146)	11 3/4 (299)
27.55°	6 (152)	11 1/2 (292)
29.05°	6 1/4 (159)	11 1/4 (286)
30.58°	6 1/2 (165)	11 (279)
32.13°	6 3/4 (172)	10 3/4 (273)
33.68°	7 (178)	10 1/2 (267)
35.26°	7 1/4 (184)	10 1/4 (260)
36.87°	7 1/2 (191)	10 (254)
38.48°	7 3/4 (197)	9 3/4 (248)
40.13°	8 (203)	9 1/2 (241)
41.73°	8 1/4 (210)	9 1/4 (235)
43.36°	8 1/2 (216)	9 (229)
45.00°	8 3/4 (222)	8 3/4 (222)
46.63°	9 (229)	8 1/2 (216)
48.27°	9 1/4 (235)	8 1/4 (210)
49.90°	9 1/2 (241)	8 (203)

蓝条指示的是为舒适和方便而首选的部分。

一般参考

以下是计算范围的经验法则；总是检查合适的当地规范：立板垂距×径深＝72″~75″(1829~1905)

立板长＋梯高＝17″~17 1/2″(432~445)

2倍立板长＋梯高＝24″~25″(610~635)

外部楼梯：2倍立板长＋梯高＝26″(660)

非居住的：
最小宽度＝44″(1120)
最大立板＝7 1/2″(191)
最小踏步板＝11″(279)

居住的：
最小宽度＝36″(915)
最大立板＝8 1/4″(210)
最小踏步板= 9″(229)

第23章　门

内部和外部的门可能有木头、金属和玻璃的很多组合并且于木框架或金属框架内安装好。内部门可能要求不同水平的防火等级；外部门必须建造良好且紧密地装以盖封条以避免过度地渗漏空气和湿气。

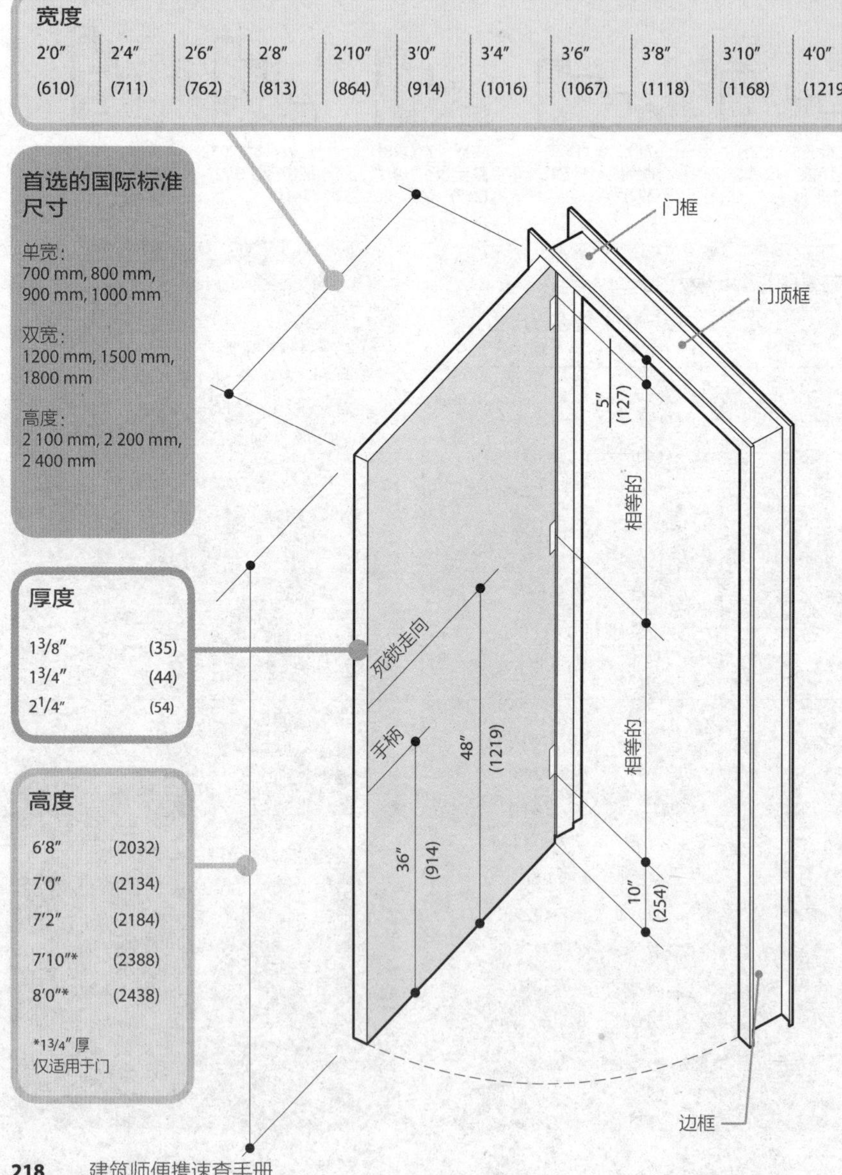

门类型

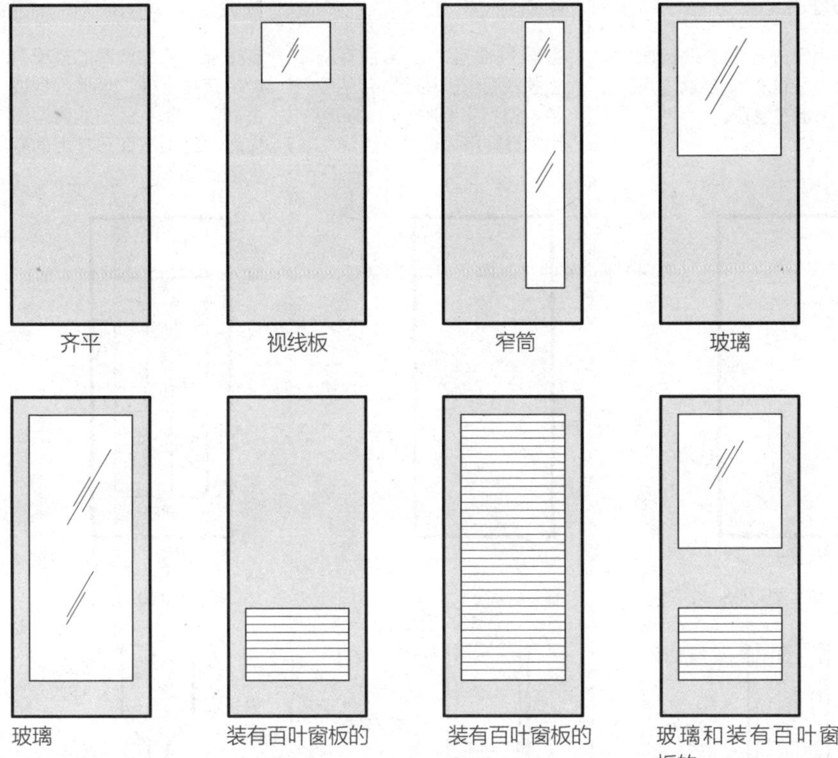

防火门

U.L.标签	等级	玻璃要求：6.4mm强化玻璃
A	3 小时	无玻璃要求
B	$1\frac{1}{2}$ 小时	100in^2（64 516mm^2）每门
C	$\frac{3}{4}$ 小时	1296in^2（836 179mm^2）每天窗；54″(1372) 最大的尺寸
D	$1\frac{1}{2}$ 小时	无玻璃要求
E	$\frac{3}{4}$ 小时	720in^2（464 544mm^2）每天窗；54″(1372) 最大的尺寸

最大的门尺寸：1219mm × 3048mm；门框和硬件必须和门有相同的等级；门必须是自锁的并且装备有闭合器；B标签门和C标签门允许装带有保险连杆的百叶窗；不允许有百叶窗和玻璃天窗的结合。

木门

平直实心

主要用于外部的条件和增加了防火性能以及要求隔声、大小稳定的地方。

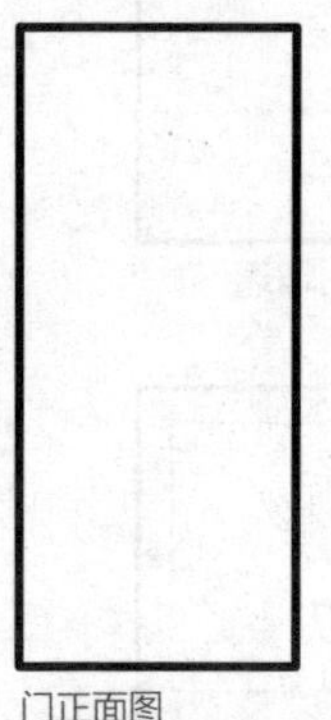

门正面图

细节截面图

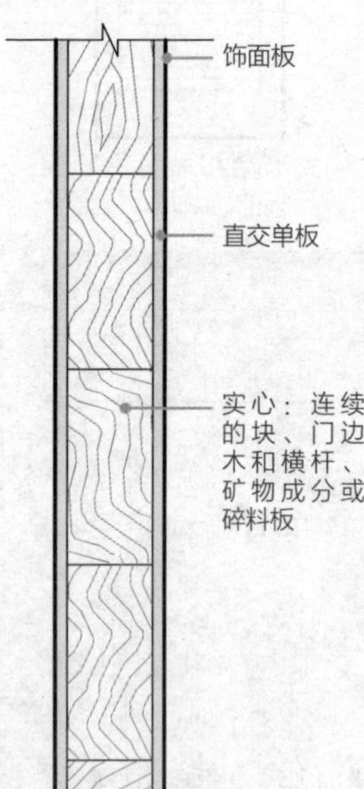

平直空心

量轻且便宜，若结合有防水胶就有可能用于外部的应用，但其主要用于内部的应用。具降声和隔热价值。

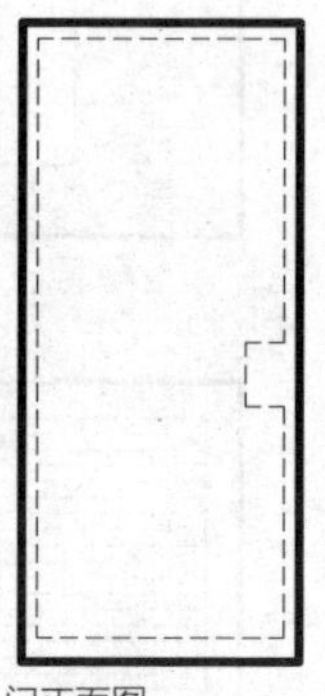

门正面图

细节截面图

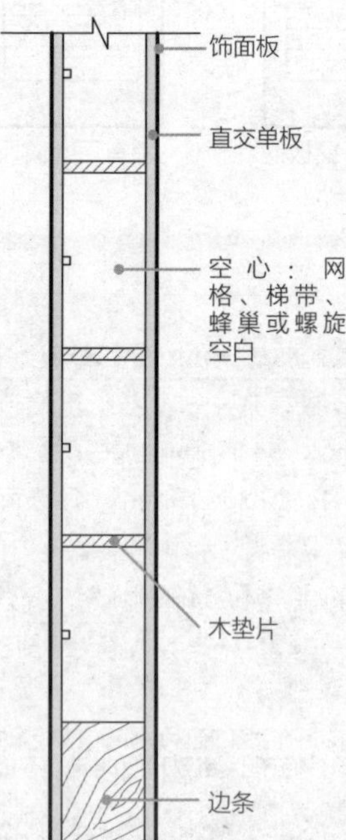

嵌板

支撑横杆和门边木的框架可能持有木嵌板、玻璃嵌板或百叶窗。木头变动的含湿量引起门的组成在尺寸上的变化达到最小。

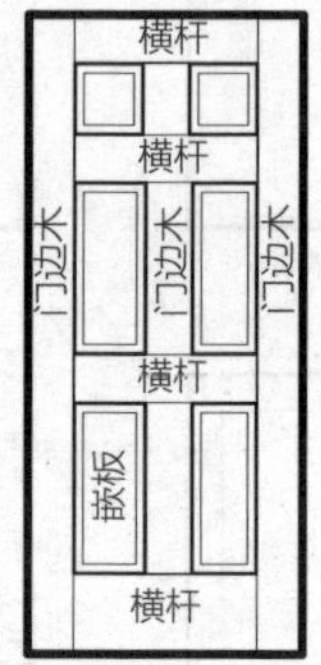

门正面图

细节截面图

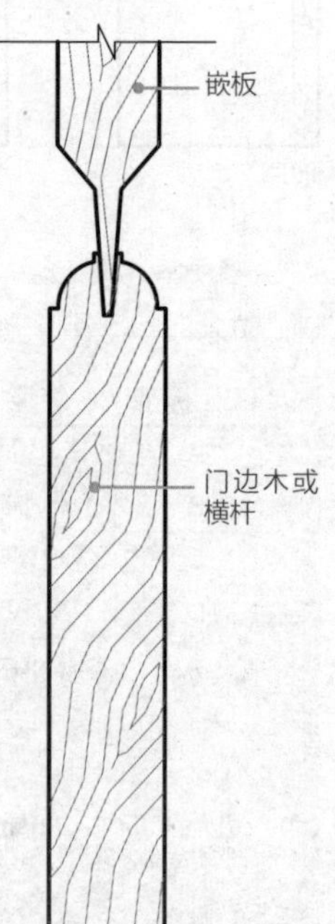

典型的木门构架

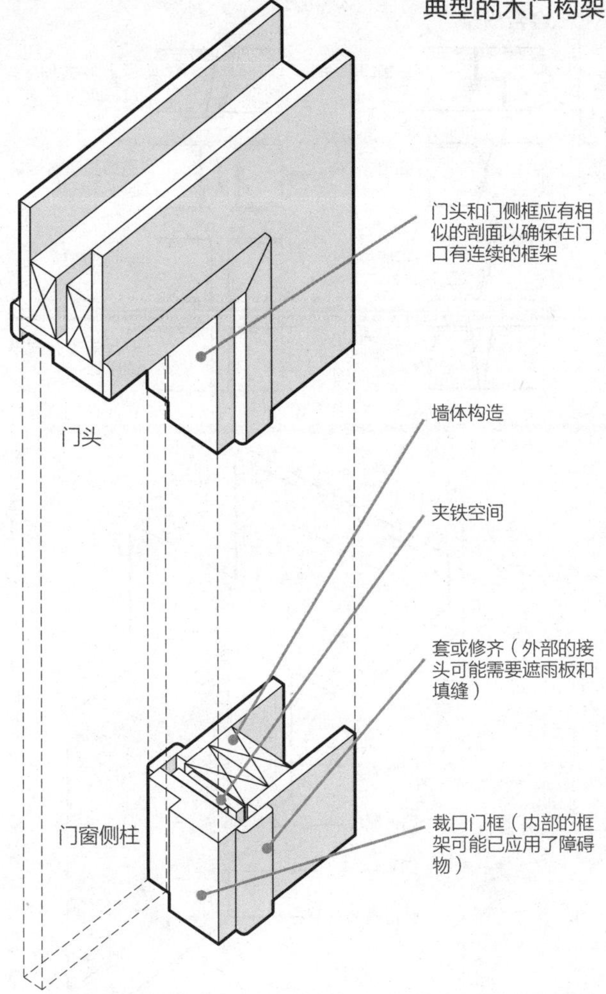

为了追求速度和经济性，许多木门已是预悬（在磨机处铰链并适应它们的框架）。当其到达建设场地时，木匠可能使框架倾斜进入粗口，在固定框架于合适的地方之前，必要时他们会仔细地垂直悬挂并填隙。

在预悬的方法中，填隙有助于确保门及门框会精准地适合提供的粗口。在墙饰和门框架之间产生的差距通常用套覆盖。这种条件的细部处理可能采用许多形式，尽管展示于左边的是一常见的方法，但采用何种形式取决于期望的结果。

木面板类型

标准的： 0.08~1.6mm，和硬木结合在一起；1.6~2.5mm的横条。经济且使用广泛；适用于所有类型的内核。难以整修表面或修复表面损伤。

锯切单板： 3.2mm，和横条结合在一起。容易整修表面和修复。

锯切单板： 6.4mm，在门边木和横杆上没有横条。表面深度考虑到装饰性的凹槽。

木头等级

优质的： 自然的、洁净的或着色的成品。

标准的： 不透明的（油漆过的）成品。

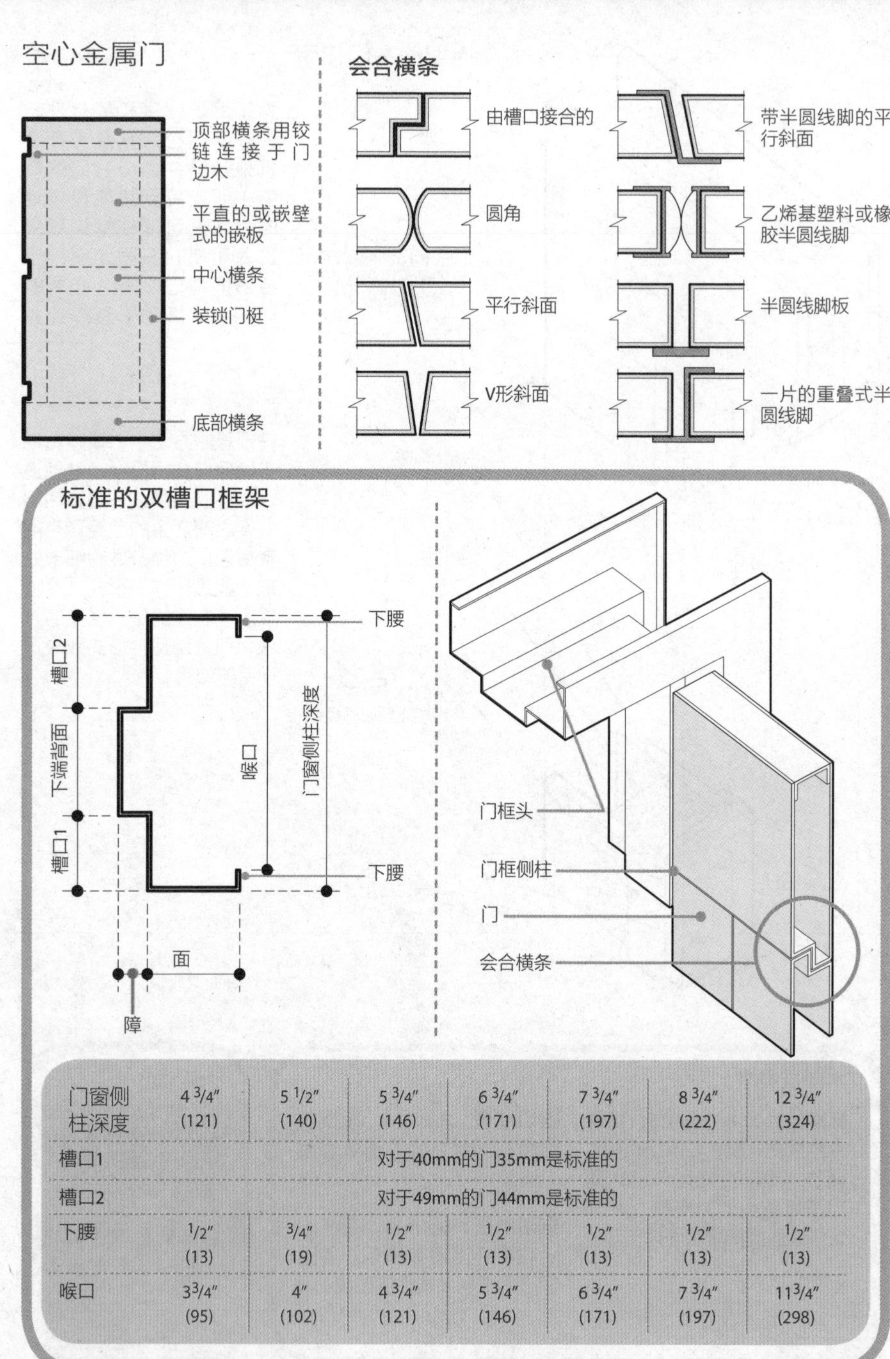

门窗侧柱深度	4 3/4″ (121)	5 1/2″ (140)	5 3/4″ (146)	6 3/4″ (171)	7 3/4″ (197)	8 3/4″ (222)	12 3/4″ (324)
槽口1	对于40mm的门35mm是标准的						
槽口2	对于49mm的门44mm是标准的						
下腰	1/2″ (13)	3/4″ (19)	1/2″ (13)	1/2″ (13)	1/2″ (13)	1/2″ (13)	1/2″ (13)
喉口	3 3/4″ (95)	4″ (102)	4 3/4″ (121)	5 3/4″ (146)	6 3/4″ (171)	7 3/4″ (197)	11 3/4″ (298)

空心金属门规格

等级	规格
居住的	20mm且使用窗玻璃
商业的	16mm和18mm
工业的	12mm和14mm
高安全	钢板

框架锚

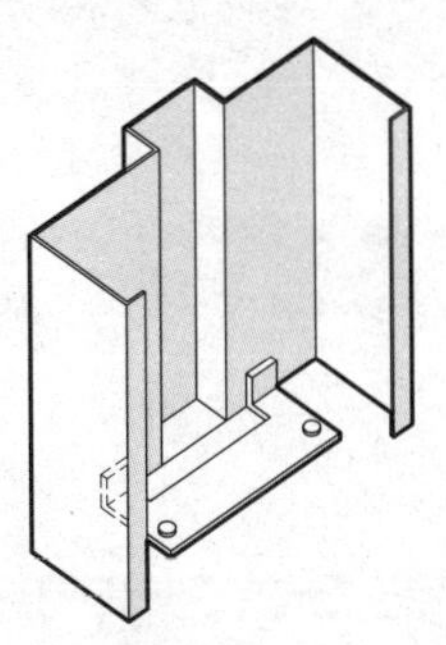

标准的楼板膝
门窗侧柱用由粉末作用的紧固件附着于楼板。

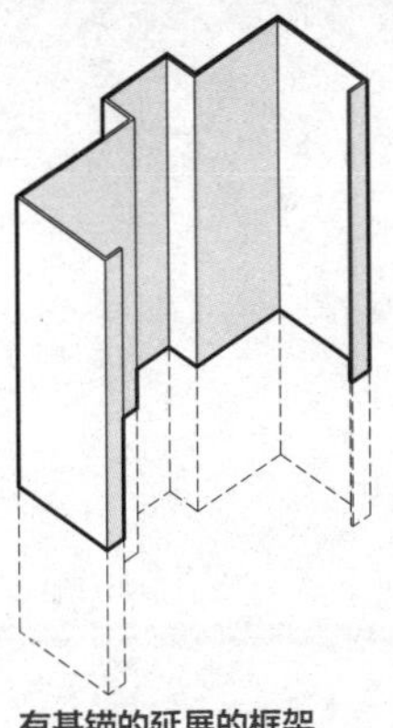

有基锚的延展的框架
在门口处灌入楼板面层混凝土。

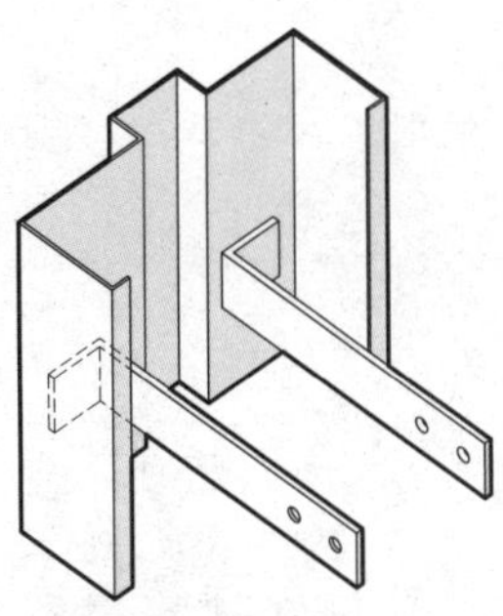

木龙骨锚
通过钉入门窗侧柱镶板上的孔来锚定侧柱于木龙骨上。

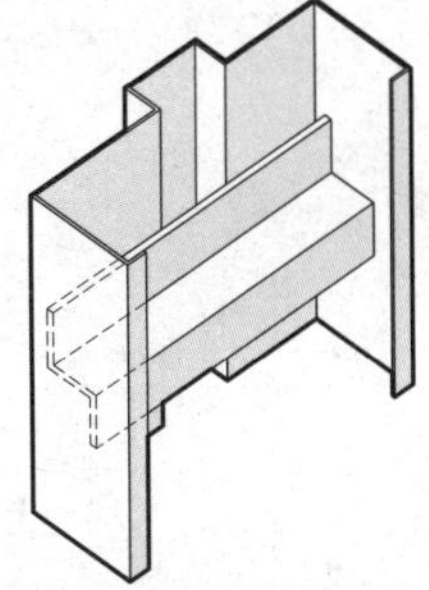

钢槽锚
门窗侧柱锚定于钢龙骨上；Z形金属片焊接于侧柱，并且接纳穿过龙骨的螺丝。

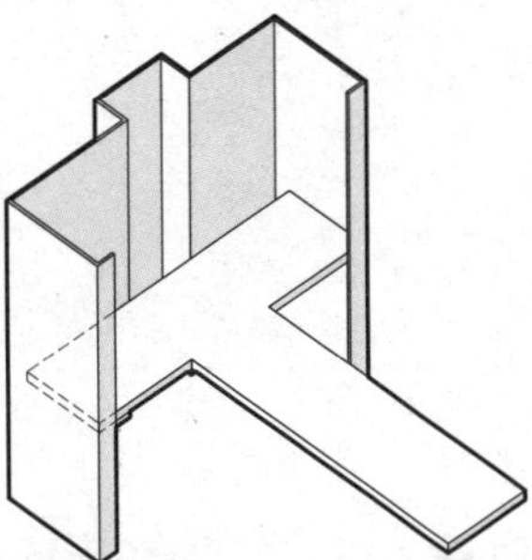

砌体T形锚
门窗侧柱锚定于砌体墙：宽松的T形金属片嵌入框架并固定于灰泥接头处。

其他的内核

使处理过的材料成为蜂巢状

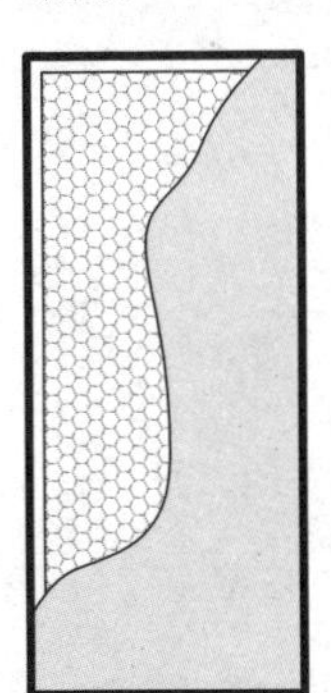

无水矿物、泡沫或纤维内核

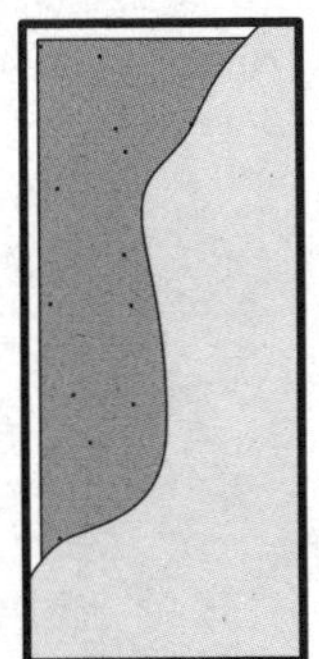

烘干的结构木内核

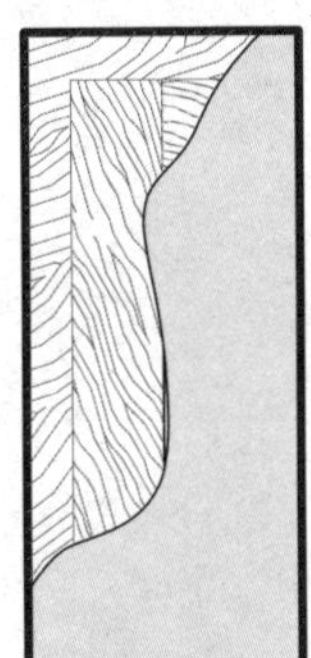

Z形构件或槽形加固件（垂直的、水平的或网格状的）

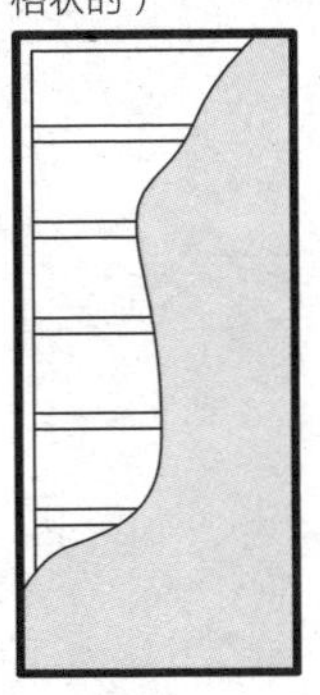

概要 4

建筑艺术很难去定量或定义。尽管若没有建筑形式标准化过程的建立建筑学就不会存在，但可以确定的是建筑艺术不仅仅是赋予建筑外形的各系统和材料的总和。前述的章节介绍了建造建筑的基本工具。建筑艺术存在于建筑师怎样使用这些工具将限制转化为可能性的过程中，这种可能性允许他们操纵充满挑战的境况并最终创造一个更好的建成环境。

到目前为止，这本书所提及的关于基本的系统和概念的实践信息的广度也是一个向它的所有读者描述建筑学世界的方法。接下来的内容是对这些基本的系统怎样成为我们不断交叠的文化中的历史的一个大概的综述。

我们都生活于建成世界：不论其是设计良好或设计不足，它就是我们存在的空间和表面。通过栖居于建筑物中并在它的周围移动，我们已经了解了它。为了提升我们的理解力，本书以起点为终点：在庞大的资源之内介绍了一系列资源，同时提供了无尽范围的建筑信息和讨论。

第24章　建筑年表

建筑学的历史就是人类文明的历史。建筑物在本质上是和时代及创造它们的社会相联系的人工制品，其本身清楚地展示着它们因何产生的各种各样的条件。去理解一处建筑就是去洞悉一个地方和片刻时间的无数方面——地理、天气、社会层级、宗教实践和工业化。并且因为建筑很少是便捷式的，所以事实上不可能从其起点处分解一座建筑物。

古代的

狮身人面像
（大约于公元前2500年）埃及

胡夫金字塔
（公元前2570—前2500年）埃及

历史的流动性可以有助于拙劣地尝试去给各个时期简便地分类，但建筑的类型和运动反映了这一困难：尽管作为特定建筑运动的结果一些建筑类型可能已突然开始存在，但是大多数建筑类型在慢慢地演进并逐渐减少，对任何历史的提炼表现出明显的局限。因此，许多展示在这里的数据是近似值，其是为这一建筑年表的总体目标服务的，建筑年表是为了阐明各建筑运动之间的关系。

巨石阵
（大约于公元前2900—前1400年）索尔斯堡平原，英国

公元前2000年

公元前1000年

0

埃及人
（大约公元前3500—前30年）

卡纳克神庙的多柱式大厅
（大约于公元前1300年）
埃及

门图霍特普神庙
（（公元前2061—前2010年）代尔拜赫里，埃及

拉美西斯二世大神殿
（大约于公元前1285—前1225年）
阿布辛贝，埃及

希腊人
（大约公元前2000—前31年）

赫拉神庙
（公元前460年）
帕埃斯图姆，意大利

阿波罗神庙
（公元前310年）土耳其帕奥尼斯与达弗尼斯

克诺索斯宫
公元前1700—前1380年）
克诺索斯，希腊

帕埃斯图姆神庙
（大约于公元前530—前460年）
帕埃斯图姆，意大利

帕台农神殿（公元前448—前432年）
雅典，希腊

阿塔勒斯柱廊
（公元前150年）
雅典，希腊

乌尔金字塔形神塔
（大约公元前2100年）
美索不达米亚

伊特鲁里亚人
（大约公元前9世纪—前50年）

金字塔
（公元850年）
奇琴伊察，
尤卡坦，墨西哥

圆顶清真寺
（公元687—689年）
耶路撒冷

罗马式
（公元500—1200年）

罗马人
（公元前510—476年）

卡拉卡拉浴场
（公元215年）
罗马，意大利

万神殿
（重建于公元118—125年）罗马，意大利

君士坦丁凯旋门
（公元312—315年）
罗马，意大利

罗马圆形大剧场（公元72—80年）罗马，意大利

加尔桥沟渠
（公元前15年）
尼姆，法国

拜占庭式
（公元324年至15世纪）

1000年 1100年 1200年

中世纪

康达立耶摩诃提婆庙
（1025—1050年）
卡修拉荷，印度

巴黎圣母院
（1163—1250年）
巴黎，法国

沙特尔大教堂
（1194—1220年）
沙特尔，法国

亚眠大教堂
（1220—1247年）
亚眠，法国

索尔兹伯里大教堂
（1220—1260年）
索尔兹伯里，英国

罗马式

(500—1200年)

沃尔姆斯大教堂 (1110—1181年)
沃尔姆斯，德国

桑特·阿波利奈尔·诺沃钟楼
（大约490年）
拉文那，意大利

比萨大教堂（1603—1692年）
和洗礼堂（1153年）
比萨，意大利

吴哥窟
（大约1120年以前）

圣维塔教堂（526年）
拉文那，意大利

圣索菲亚大教堂（537年）
伊斯坦布尔（君士坦丁堡），土耳其

圣马尔谷（1042—1085年）
威尼斯，意大利

拜占庭式

（324年—12世纪）

1300年　1400年　1500年

哥特式
（大约1140—1500年）

国王学院礼拜堂
（1446—1515年）
剑桥，英国

司法宫
（1493—1508年）
鲁昂，法国

米兰大教堂
（1387—1572年）
米兰，意大利

斯特拉斯堡大教堂
（开始于1277年）
阿尔萨斯，法国

太和殿
（15世纪）
紫禁城，北京，中国

佛罗伦萨圣玛丽亚教堂
（1377—1436年）
佛罗伦萨，意大利
菲利波·布鲁内勒斯基

拉罗通达别墅（1557年）
维琴察，意大利
安德里亚·帕拉第奥

文艺复兴
（1350—1600年）

劳伦提安图书馆
（1524年）
圣洛伦索，意大利
米开朗琪罗

圣玛丽亚教堂正面（1458年）
佛罗伦萨，意大利
莱昂·巴蒂斯塔·阿尔伯蒂

鲁切拉宫（1455—1470年）
佛罗伦萨，意大利
莱昂·巴蒂斯塔·阿尔伯蒂

圣乔治马焦雷教堂（1566年）
威尼斯，意大利
安德里亚·帕拉第奥

坦比哀多庙（1502年）
罗马，意大利
多纳托·布拉曼特

1600年

1650年

1700年

近代

正面圣苏珊娜（1603）
罗马，意大利
卡洛·马代尔诺

圣彼得柱廊广场（1656年）
罗马，意大利
济安洛伦佐·贝尔尼尼

查理教堂（1656年以前）
维也纳，奥地利
费舍·冯·埃尔拉赫

巴洛克
（1600—1700年）

圣卡洛教堂（1634年以前）
罗马，意大利
弗朗西斯科·波洛米尼

文艺复兴
（1350—1600年）

沃尔顿府邸
（1580—1588年）
诺丁汉郡，英国罗伯特·史密森

泰姬陵
（1630—1653年）
阿格拉，印度皇帝沙贾汗

伯灵顿伯爵大
（1725—172
伦敦，英国
伯灵顿勋爵

西班牙台阶
（1723—1725年）
罗马，意大利
弗朗西斯科·德·桑克蒂斯

1750年

1800年

1850年

新艺术运动
（1880—1902年）

塔赛勒饭店（1893年）
布鲁塞尔，比利时
维克多·霍尔塔

“圆形监狱”（1791年）
杰里米·边沁

水晶宫（1851年）
伦敦，英国
约瑟夫·帕克斯顿

国家图书馆（1858—1868年）
巴黎，法国
亨利·拉布鲁斯特

盐厂（1780年）
绍，法国
克劳德·尼古拉斯·勒杜

新古典主义
（1750—1880年）

戏剧院（1819—1821年）
柏林，德国
卡尔·弗里德里希·申克尔

弗吉尼亚大学（1826年）
夏洛茨维尔，弗吉尼亚州，美国
托马斯·杰弗逊

蒙蒂塞洛（1771—1782年）
夏洛茨维尔，弗吉尼亚州，美国
托马斯·杰弗逊

波士顿公共图书馆
波士顿，马萨诸塞州，美国
麦金、米德和怀特

先贤祠（1764—1790年）
巴黎，法国
雅克斯·日耳曼·苏弗洛

国会大厦（1836—1868年）
伦敦，英国
查尔斯·巴里

马歇尔·菲尔德百货批发商店（1885—1887年）
芝加哥，伊利诺伊州，美国
亨利·霍布森·理查德森

格鲁吉亚人
（1714—1830年）

英国银行（1788年）
伦敦，英国
约翰·索恩

洛可可式
（1700—1780年）

1900年

1920年

1940年

新艺术运动
（1880—1902年）

现代

德国馆（巴塞罗那德国馆）（1928年；于1930年拆除，1959年重建）巴塞罗那，西班牙
路德维希·密斯·凡德罗

米拉之家（1906—1910年）
巴塞罗那，西班牙
安东尼·高迪

埃姆斯住宅（1945年）
太平洋帕利塞德，加利福尼亚州，美国
查尔斯·伊姆斯和雷·伊姆斯

现代主义
（1900—1945年）

国际风格的展览，
纽约现代艺术博物馆（1929年）纽约，纽约州，美国

萨伏伊别墅（1929年）
普瓦西，法国
勒·柯布西耶

戈德曼和萨拉特士奇店（1910年）
维也纳，奥地利
阿道夫·路斯

爱因斯坦塔（1921年）
波茨坦，德国
埃里希·门德尔松

流水别墅（1937年）
Mill Run，宾夕法尼亚州，美国
弗兰克·劳埃德·赖特

威利茨住宅（1902年）高地公园，伊利诺伊州，美国
弗兰克·劳埃德·赖特

包豪斯（1925年）
德绍，德国
沃尔特·格罗皮乌斯

红楼（1859—1860年）
贝克斯利希斯，英国
菲利普·斯皮克曼·韦伯

美术工艺运动
（1860—1925年）

装饰派艺术
（20世纪20年代—40年代）

帝国大厦（1930年）
纽约，纽约州，美国
施里夫、兰姆和哈蒙

巴黎国际装饰艺术与现代工业博览会（1925年）
巴黎，法国

1960年

1980年

2000年

粗野主义
（20世纪50年代—70年代）

洪斯坦顿学校（1954年）
诺福克，英国
艾莉森和彼得·史密森

艾米利亚市体育中心（1960年）
罗马，意大利
皮埃尔·奈尔维

晚期现代主义
（1945—1975年）

金贝尔美术馆（1967—1972年）
沃斯堡，得克萨斯州，美国
路易斯·康

环球航空公司候机楼（1962年）
纽约，纽约州，美国
埃罗·萨利那

卡彭特中心（1964年）
坎布里奇，马萨诸塞州，美国
勒·柯布西耶

房子Ⅲ（1969—1970年）
莱克维尔，康乃狄克州，美国
彼得·艾森曼

玻璃屋（1949年）
新迦南，康乃狄克州，美国
菲利普·约翰逊

西雅图公共图书馆（2004年）
西雅图，华盛顿州，美国
雷姆·库哈斯

卢浮宫入口处玻璃金字塔
（1983—1989年）
巴黎，法国
贝聿铭

蓬皮杜艺术中心（1976年）
巴黎，法国
伦佐·皮亚诺和理查德·罗杰斯

解构主义
（1980—1988年）

拉·维莱特公园
（1982—1985年）
巴黎，法国
伯纳德·屈米

卫克斯那艺术中心（1989年）
哥伦布，俄亥俄州，美国
彼得·艾森曼

盖瑞住宅（1977-1978年）
圣塔莫尼卡，加利福尼亚州，美国
弗兰克·盖瑞

后现代主义
（20世纪60年代—90年代）

波特兰大厦（1982年）
波特兰，奥勒冈州，美国
迈克尔·格雷夫斯

美国电话电报公司（AT&T）**大厦**（1978年）
纽约，纽约州，美国
菲利普·约翰逊和约翰·伯吉

母亲之家（1964年）
栗树山，马萨诸塞州，美国
罗伯特·文丘里

第25章　词汇表

AASM：美国钢铁制造商协会

AGCA：美国承包商协会

AIA：美国建筑师协会

AISC：美国钢结构学会

AISI：美国钢铁学会

ANSI：美国国家标准学会

APA：美国胶合板协会

ASHRAE：美国采暖、制冷与空调工程师学会

ASTM：美国试验材料学会

CSI：建设规范协会

IESNA：北美照明工程协会

ICC：国际法规委员会

ICED：国际环境设计委员会

ISO：国际标准化组织

LEED：能源与环境设计先锋奖

NIBS：国家建筑科学研究所

NFPA：美国国家防火协会

RAIC：加拿大皇家建筑师协会

RIBA：英国皇家建筑师协会

UIA：国际建筑师联合会

UL：风险担保人试验研究室

A

ADA：美国残疾人法案

AFF：粉刷完成楼板面上。

阿道夫·路斯（1870—1933年）：奥匈帝国建筑师；著名的建筑作品包括维也纳卡特那酒吧、布拉格马勒别墅以及巴黎梅森·查拉私人住宅。

阿尔伯特·卡恩（1896—1942年）：德裔美国建筑师；著名的建筑作品包括密歇根大学的希尔礼堂、底特律帕卡德汽车厂以及底特律运动俱乐部。

阿尔瓦·阿尔托（1898—1976年）：装修建筑师和设计师；著名的建筑作品包括芬兰维伊普里市图书馆、芬兰帕米奥疗养院以及位于麻省理工学院的贝克大楼。

埃罗·沙里宁（1910—1961年）：芬兰裔美国建筑师，他是伊利尔·沙里宁的儿子。著名的建筑作品包括印第安纳州哥伦布市的米勒屋、圣路易斯的拱门和肯尼迪机场的TWA终端。

矮护墙：通常是从屋顶平台的边缘突出的矮墙。

安德烈亚·帕拉第奥（1508—1580年）：意大利建筑师；著名的作品包括位于意大利威尼托大区的别墅、位于维琴察的奥林匹克剧院以及他的专著《建筑四书》。

B

百叶窗：带有水平狭板的开口，这些水平狭板可允许空气而不是雨水、阳光或视线通过。

百叶窗：附着于建筑物外部的遮光屏。

板英尺：木材体积的量度单位（标称上的：144ft^3）。

被动式太阳能：通过使用节能材料和合适的位置安放，自然地加热和冷却建筑物的技术。

彼得·艾森曼（1932—　）：美国建筑师；著名的建筑作品包括房子Ⅵ、卫克斯那艺术中心和凤凰城大学体育场。

壁龛：墙体内的凹处，通常是为了保存雕塑。

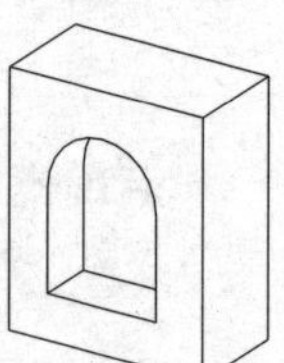

壁柱：非独立式的立柱附着于墙体。

标称的：考虑到材料便于参考的近似圆形的尺寸。

表层饰板：薄层、薄板或薄面。

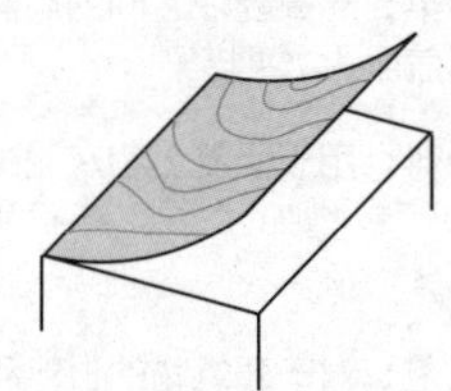

伯拉孟特·布拉曼特（1444—1516年）：文艺复兴时期的意大利建筑师；著名的建筑作品包括圣彼得大教堂和坦比哀多，都位于罗马。

C

CAD：计算机辅助制图。

参数的：有一个或多个变量（参量）可以被改变以取得不同的结果。在参数模型中，数据库记录可以同时更改为一项设计的所有要素。

槽口：为联结木件或典型门框中的凹部的木头上的凹口。

槽墙：容纳有电线走道或管道于其空腔内的空心墙。

层压品：通过将其他材料层结合在一起生产出的材料。

承重墙：支撑楼板或屋顶的墙。

尺寸稳定性：木头的一部分在变动的湿度下抵抗体积改变的能力。

出口：安全退出的路径。

椽：和斜坡方向趋同的屋顶框架部件。

粗面石工：由带有深缝的大块组成的砌块模式。

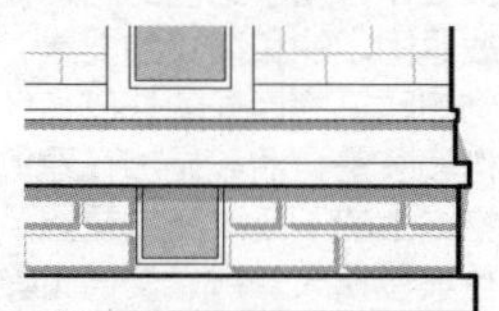

错视：使二维的绘画或装饰看起来像是三维的；真正地，“欺骗眼睛”。

重启增压室：悬浮天花板和上部结构之间的空间，用于机械风管网路、管道系统和架线。

D

DWG：计算机绘图文件。

大梁：支撑其他横梁的大而水平的横梁。

挡土墙：为抵抗土壤、水或其他材料横向的移位而建成的墙。

导管：为循环空气和输导空气而设的中空的管道。

等级：尺寸或质量的分类；地表面；移动土壤来制造地平面的行动。

低碳钢：碳含量低的钢。

底层架空柱：从地面提升建筑物的立柱或墩。

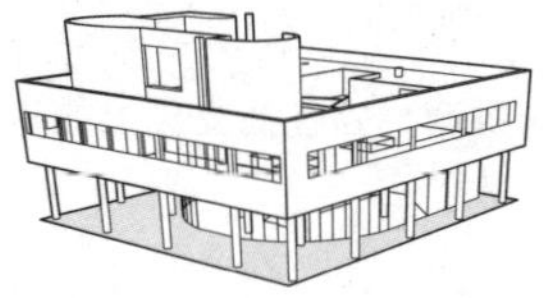

底梁板：置于接头、龙骨或椽之间以稳定结构或为装修提供钉钉用的表面。

底座：位于立柱和地基之间的用于分散立柱负载到地基中的钢板。

地基：转移建筑物的结构负载到土地中的建筑物最低的部分。

电蚀作用：源于两不相同的金属之间的电流作用的腐蚀。

短构件：被窗头或窗台中断的墙体内短的木框架构件。

墩：柱状支撑，其不是古典的立柱。

墩柱：部分附着于墙体的支柱。

F

帆拱：由方形的湾转变为圆屋顶得来的弯曲的三角形的支撑。

防火等级：测定一集合物或材料的抗火时间。

菲利波·布鲁内列斯基（1377—1446年）：文艺复兴时期的意大利建筑师；著名的建筑作品包括佛罗伦萨大教堂的穹顶和位于佛罗伦萨的圣灵教堂。

菲利普·约翰逊（1906—2005年）：美国建筑师；著名的作品包括位于康尼狄格州新迦南市的玻璃屋、纽约科技大厦以及纽约四季餐厅。

封边/封边木材： 通过运用不同的材料、颜色或纹理而创造于墙上的连续而水平的分割。

弗兰克·劳埃德·赖特（1867—1959年）： 美国建筑师；著名的建筑作品包括流水别墅、约翰逊蜡像大厦和所罗门古根海姆博物馆。

弗里德里希·卡尔·申克尔（1781—1841年）： 普鲁士建筑师、城市规划师和画家；著名的建筑作品包括老博物馆、新剧院和新岗亭，它们都位于柏林。

扶壁： 砌块或加强混凝土附着于墙体上以抵抗来自拱或拱顶的斜力。

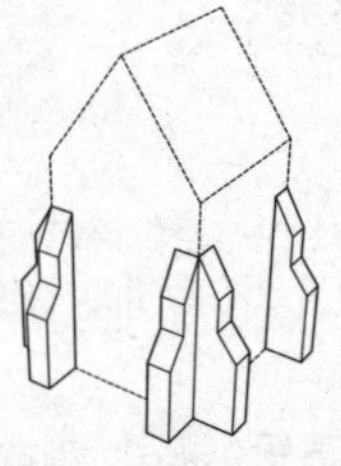

扶手： 栏杆随着楼梯或坡道的出现而平行并行，其提供了一个连续的抓取面。

扶手杆： 平行地附着于墙体的棒，其可以为使人保持稳定提供手柄。

浮法玻璃： 通过使材料漂浮于一堆熔融态的金属之上而制得的常见的玻璃板，其可以得到一个光滑而平整的表面。

负载： 作用于结构的力。恒载是固定的和静止的要素，例如建筑物自身的外皮、结构和装备；活载是加在建筑物之上的不断改变的重量，且其包括人、雪、交通工具和家具。

G

隔墙： 内部的非承重墙。

隔区： 由相邻的立柱限定四角的建筑物的一矩形区域；建筑物正面的投影部分。

工程变更通知单： 项目所有者和承包商之间的书面文件，其可授权项目中的更改。

工作室： 车间或画室。

公制化： 将惯用单位改为公制单位使用的这一行动。

拱： 通过转移垂直负载为轴向力来支撑垂直负载的结构设备。

拱顶： 有拱的形式。

拱腹： 过梁、拱或挑檐上已装修过的底部。

拱肩： 可隐藏结构楼板的窗户视域之间的墙体外部嵌板；拱曲线和包被着拱曲线的矩形轮廓之间的三角形的空间。

拱廊： 立柱或支柱上的拱系列。

箍梁： 支撑立柱之间的墙面覆盖层的水平横梁。

骨料： 用于混凝土和灰泥中的颗粒物如沙子、碎石和石头。

规范： 对于建筑物的材料和建设方法的书面指导，其包纳于建设文件集并作为其中的一部分。

过梁： 门或窗户之上负载位于其上的墙体的横梁。

H

HUD： 住房和城市发展。

HSLA： 高强度低合金等级的钢。

HVAC： 加热、通风和空气调节。

合金： 两种或两种以上的金属或一种金属与其他物质一起组成的物质。

桁架： 对部件进行三角形的布置而形成结构要素，其可以转移作用于其上的非轴向力为一系列的作用于桁架部件的轴向力。

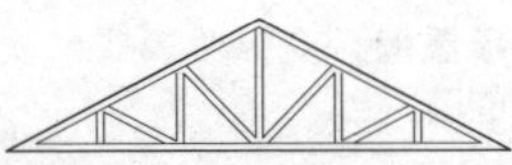

横断的： 横向

横梁： 横跨一开口的水平线性的要素，并且由墙体或立柱支撑起两边的末端。

护栏：为防止掉入楼梯井或其他开口中的保护性的栏杆。

黄金分割：一条线分割出的两部分之间独特的比率，两部分中稍小的部分比稍大的部分等于稍大的部分比两者之和。

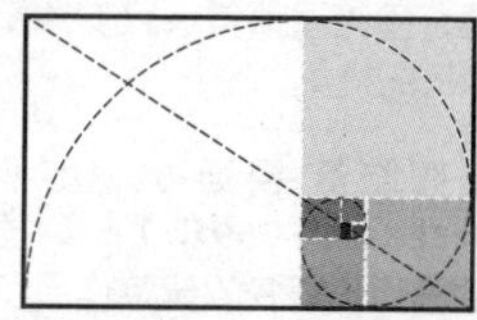

灰泥：由波特兰水泥、熟石灰精制骨料（沙子）和水组成的材料，用于将砌块黏附在一起并缓冲砌块单元。

混凝土：水泥、骨料和水的混合以形成结构材料。

混凝土砌块（CMU年）：实心的或空心的养护混凝土块。

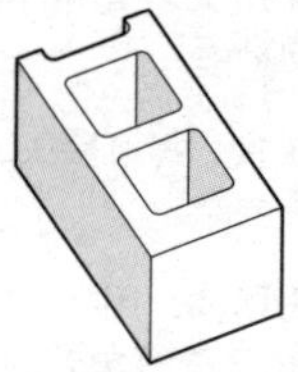

活动地板：提升到地板结构之上以允许在其下面架线和安装管道系统的可移动的装修地板。

I

IBC：国际建筑规范

I形梁：I形或H形对于美国标准钢铁部门是过时的词。

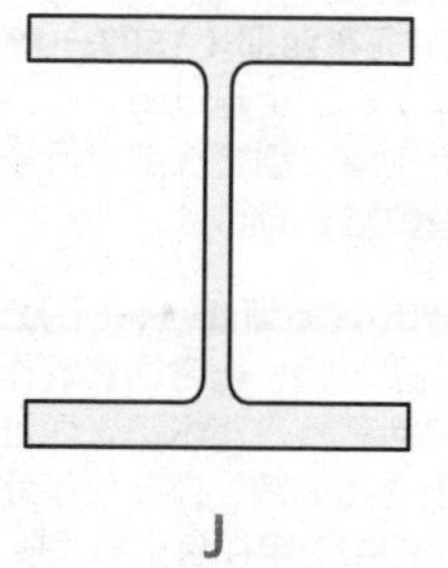

J

基脚：分散建筑物的负载到土壤中的扩展了的地基基础。

基座：在古典建筑中，支撑立柱和雕像的基础。

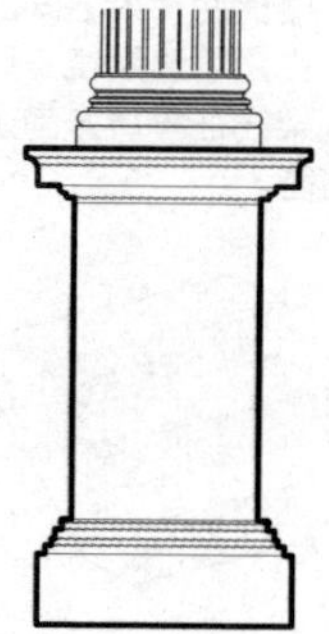

夹楼：在楼板和天花板之间占用楼板空间部分面积的中间层。

价值工程：分析材料和项目的过程以求能在项目中以最低的总成本取得期望的功能。

尖顶饰：尖塔或屋顶顶部的装饰物。

建筑规范：意在在建成环境中提升安全和健康水平的合法限制。

角：L形钢或铝结构部分。

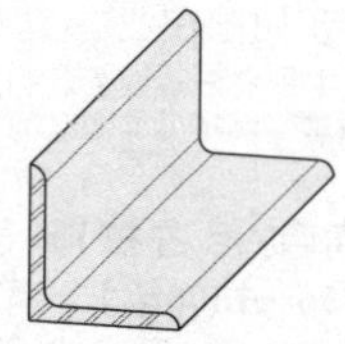

节点板：桁架弦杆联结桁架节点于平整的钢板之上。

结合梁：一砌体墙的顶层铺砌，填满了混凝土和钢筋，用于支撑屋顶负载。

截面图：以垂直切过建筑物的组成的视角得到的建筑绘图，其可以作为垂直的平面图。

金字形神塔：阶梯金字塔寺。

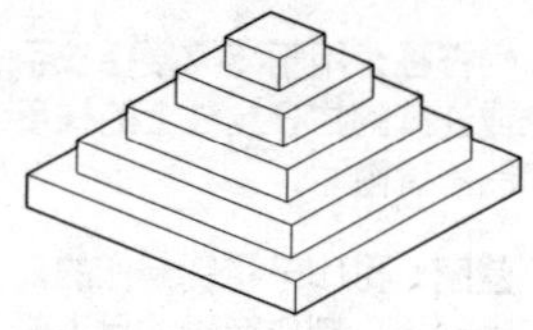

径向：一单位高度处的砌块单元水平层。

聚酯薄膜：当为聚酯薄膜上涂料时，可以用作制图板。

绝缘：减速或妨碍流动或热转移的任何材料。

K

可持续设计：使用在不危害

后代人需要的同时满足目前的需要的系统，这些系统是有关环境意识的设计。

可交付使用的：条款例如由建筑师提供给客户的建设文件，正如已在业主-建筑师协议中取得一致意见的条款集合。

克劳德·尼古拉斯·勒杜（1736—1806年）：新古典主义建筑师，著名的设计包括位于阿尔克塞南的皇家盐场和贝桑松剧院。

空心墙：在墙体隔板之间带有连续的空心间层的砌体墙。

跨距：支撑物之间的距离。

L

栏杆：栏杆系统，通常环绕着阳台，其由栏杆立柱和顶部的扶手组成。

栏杆柱：用于支撑楼梯扶手或连续的栏杆立柱上的扶手的垂直构件。

蓝图：影印于特别制作的铜版纸上；制作精确的且不失真的大比例绘图是最理想的。蓝图技术正被计算机绘图机和打印机快速地取代。

莱昂·巴蒂斯塔·阿尔伯蒂（1404—1472年）：意大利建筑师、艺术家及文艺复兴时期的人文学者；著名的作品包括意大利佛罗伦萨的圣玛丽亚教堂正面以及众多的艺术和建筑学上的专著，其中有对透视的科学研究。

勒·柯布西耶（1887—1965年）：瑞士建筑师，以萨伏伊别墅、组合住宅以及《朗香教堂》而闻名。

雷姆·库哈斯(1944—　)：荷兰建筑师；著名的建筑作品包括鹿特丹美术馆，西雅图中央图书馆，以及位于北京市的中央电视台总部大楼。

肋材：折叠或弯曲一张木面板。

冷轧：在室内温度下轧制金属并延展金属晶体以硬化金属。

立板：楼梯两梯级之间的垂直面；也是管道系统、风管网路或架线在垂直方向上的敷设路径。

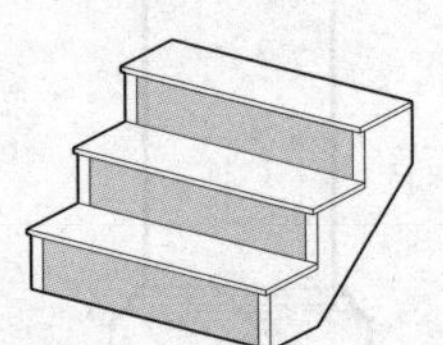

立柱：直立的结构部件。

利特：窗格玻璃；尽管经常拼写不同以避免和可见的光相混淆，其也称为“光”。

梁托：每一连续的层在一系列的跨石或砖块中凸出过其下一层；同样的，突出的砌块或混凝土牛腿也是如此。

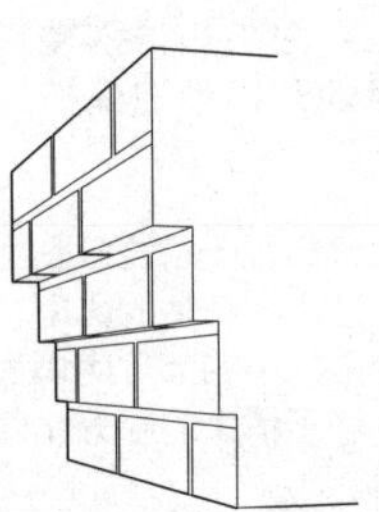

檩：横跨屋顶斜坡以支撑屋顶板的横梁。

路德维希·密斯·凡·德·罗（1886—1969年）：德国建筑师；著名的建筑作品包括柏林新国家画廊、纽约西格拉姆大厦（和菲利普·约翰逊一起）和皇冠厅以及位于伊利诺伊理工大学的其他建筑。

路易斯·康（1901—1974年）：美国建筑师；著名的建筑作品包括位于新罕布什尔州的菲利普斯埃克塞特学院图书馆、加利福尼亚州的拉霍亚索尔克研究所以及得克萨斯州沃思堡市的肯贝尔艺术博物馆。

露天平台：跨过接头或横梁的水平表面。

螺旋形阶梯：用楔状的梯级转过90°的转角处形成的L形的楼梯。

M

毛材：未经刨平的木材。

锚栓：嵌入混凝土中的螺栓，其可以固定建筑物框架于砌块或混凝土上。

门边木： 门上的构架部件。

门窗布局： 窗户和建筑物正面的窗户布置。

门窗侧柱： 窗户或门的垂直框架。

门窗中梃： 在框格的小窗格玻璃或嵌板之间的水平或垂直的分隔条的次要系统。

门廊： 入口门廊。

面积： 表达平面或表面上的图形大小的量度。

明确的楼板空间： 要求能容纳一单个的、静止的轮椅和空间占用者的最小的畅通无阻的楼板或地面空间。

模板横撑： 用在混凝土模板中的水平的支撑横梁。

模型： 一座建筑物或建筑成分的物理表现（通常以缩减的比例制成）；在计算机绘图和模型中，它是一项设计的数字的二维或三维表现。

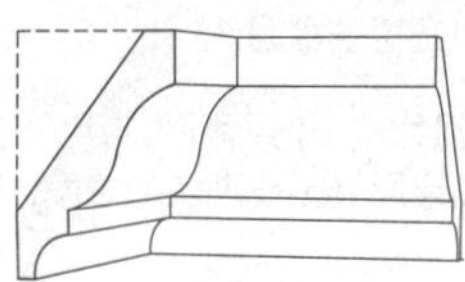

抹缝： 应用灰泥于铺设砌块后形成的灰泥结合处的外表面的过程，其是作为装修接缝或修复已经存在的接缝的一个方法。

幕墙： 支撑于建筑物的框架之上的非承重的外墙系统。

N

挠度： 在外加负载的作用下，结构部件的任何部分的弯矩量垂直于该部件的轴。

能效： 在不减少最终结果的条件下降低能量需求。

P

帕尔蒂： 统治和组织一建筑作品的中心思想。

膨胀系数： 在一规定的恒压温度下，物体在长度、面积或体积上的部分改变或一物体的每单位改变量。

皮： 一个单位厚度的砌块垂直层。

拼合屋顶： 由沥青饱和黏层层叠在一起并绑定有沥青和树脂而组成的屋顶薄膜。

平缝： 砌体墙的各单元间灰泥的水平层。

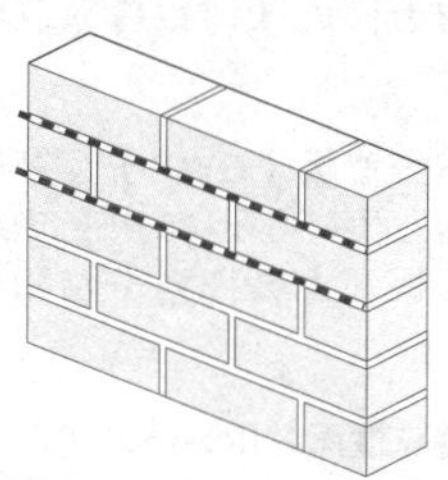

平面图： 建筑平面视角的绘图，表现了它们之间的相互关系，且可作为水平的截面图。

Q

气窗： 门或窗户之上的开口，该开口可能装满可操作的玻璃面板或厚镶板。

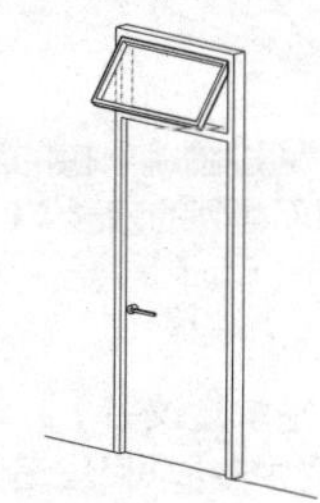

砌块： 砌砖、预制砌块和石制品；也是石工的贸易。

墙顶： 墙顶之上保护性的帽或盖子，用以泻水。

侵占： 部分建筑物非法扩张超出自身拥有的所有权而在其他的所有权之上。

轻钢搁架： 用于楼板和屋顶支撑的构架类型，在其顶部和底部有钢部件，且有重的金属丝网或棒网缀条。

轻型木构架： 在这种木构架建设中，垂直的龙骨从窗台顺延至屋檐而不是停留在中间的地板之上。

倾斜： 屋顶或其他表面的斜坡，通常表达为每平方英尺距离上上升的英寸数（当*X*为1~12之间的数字时，*X*取为12）。

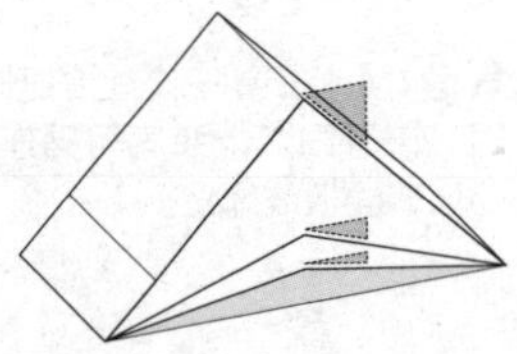

穹顶：通过围绕一拱的垂轴旋转拱而得到的碗形体积。

R

RFP（征求建议书）：要求建筑师为执行项目呈递资格和提议的官方邀请。

***R*值：**对材料抵抗热传输的能力的量度。

热力性能：玻璃单元作为障碍物阻碍热量转移的能力。

热轧钢：通过加热和穿过滚筒形成的和成形的钢。

柔性公制：惯用单位和公制单位之间精确的转换。

软木：来自松柏科的（常绿的）树木的木材。

S

SI：国际单位制（公制系统）。

STC：声透射等级，空气传声损失等级数字，其是在严格控制的测试条件下测定于声学试验室。

三角墙：形成低缓屋顶山墙端的三角形的空间，其上经常充满着浮雕。

上升：在正面图中垂直方向上高度的不同，正如楼梯的上升。

伸缩缝：考虑到表面膨胀的表面分隔物结合处。

声学天花板：天花板内纤维状的可移动和可吸声的瓷砖系统。

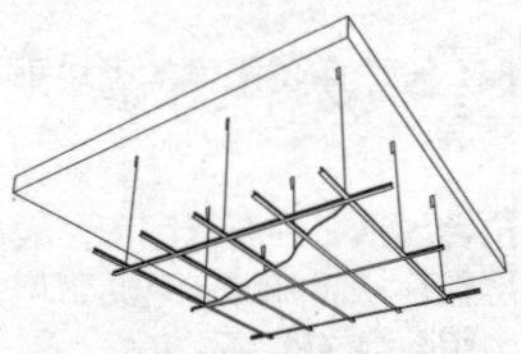

石膏灰胶纸夹板：一种石膏板的商标名称，经常错误地用于描述任何石膏板或干墙。

石膏墙板（GWB）：在纸面之间夹有石膏内核的内部面板。也被称为干墙和灰泥板。

适应性再利用：不断地改变建筑的功能以应对其使用者不断改变的需要。

室空间比：用于确定光线怎样与房间的表面相互作用的房间大小的比率。

首部：过梁；横跨大梁之间的钢横梁；也是横放于两隔板之间的砌体单元，暴露其末端于墙面。

竖框：窗户、门或其他开口框架上水平的或垂直的条或分隔物，其可以把持和支撑嵌板、玻璃、框格或部分幕墙。

竖天窗：斜坡屋顶上的突出物，通常含有一窗户。

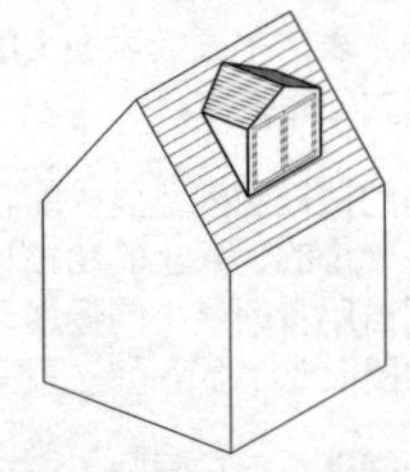

双弯曲线：带有反向曲线面（也就是凹状在上凸状在下）的剖面图。

水泥：以化学的方式与水、结合骨料颗粒相结合以形成混凝土的干燥粉末。也被称为波特兰水泥。

碎片：由于风雨的作用，分离自混凝土或砌块的表面。

T

梯面：楼梯两立板之间的水平面。

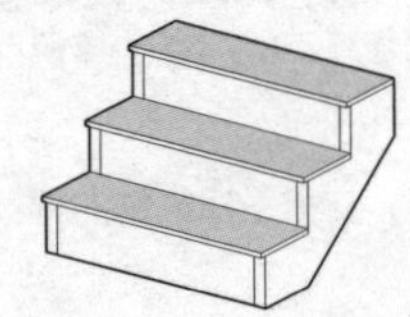

天窗： 置于墙体高处的窗户，通常在更低的屋顶水平面之上。也被称为通风窗。

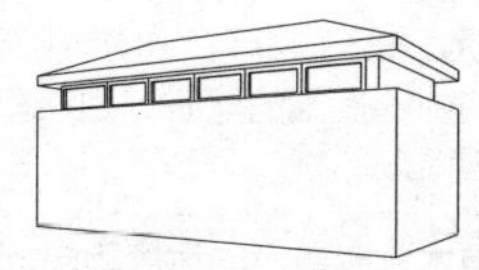

天花反向图： 以文件记录天花板平面的颠倒的平面图。

天篷： 伸出到门或窗户上。

挑口饰： 屋檐暴露于外的垂直外观。

条： 小的轧制的钢外形。

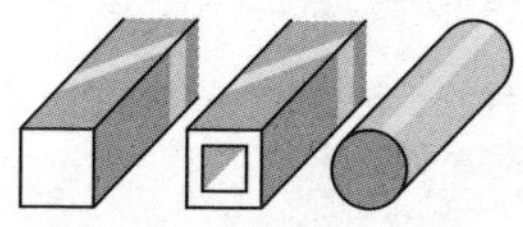

头接： 砌体墙各单元之间的灰泥垂直层。

退火的： 在控制的条件下冷却金属。

托梁： 支承楼板或平整的屋顶的量轻的且密闭空间的横梁。

W

挖孔桩： 通过在硬黏土中钻深孔并向其中灌入混凝土的长圆柱体状的地基要素。

瓦尔特·格罗皮乌斯（1883—1969年）： 德国建筑师和包豪斯的创始人。著名的建筑作品包括包豪斯学校和纽约泛美大厦。

弯矩： 作用于结构之上的力，可使结构弯曲。

维特鲁威（大约公元前80—前15年）： 罗马建筑师、工程师和作家；以其专著De Architectura（《建筑十书》）而闻名于世。

屋谷： 形成于两屋顶斜坡交叉处的水槽。

屋脊： 在两屋顶斜坡面的联结处形成的水平线。

屋檐： 承梁板边缘，通常凸出外墙。

X

弦： 桁架的一结构部件。

细节图： 提供有关材料、项目组成部分的建设的非常特定的信息绘图，这些信息都嵌入到了大比例的绘图中。

现浇： 在最终的位置灌注和养护的混凝土；也被称为现场浇铸或就地浇筑。

乡土建筑： 用本土的材料、方法和传统建造的结构物。

项目任务范围： 对于特定项目的意见或行动的文本范围。

小棚屋： 位于主要屋顶水平面之上的用作放置机械设备的包被着的空间；屋顶之上的公寓。

楔石： 在拱顶之上的中央的楔形石头。

斜坡板： 直接铺于地面上的混凝土板。

泻水假屋顶： 用于转移雨水离开屋顶洞口翻边、平台、烟囱、墙体或其他屋顶要素。

行程： 楼梯、坡道或其他斜坡在水平方向上的尺寸。

悬臂： 延展过其最后一支撑点的横梁或板。

悬垂： 突出于其下的墙面的突出物。

Y

压载物： 在盖屋顶的过程中，将重的材料如碎石安装于屋顶薄膜之上以使风浮力达到最小；在照明设备中，一个可为荧光灯或高强度放电灯提供起始电压然后在操作的过程中控制电流的设备。

檐口： 建筑物顶部上凸出的模塑；也是柱上楣构最高的要素。

一览表： 建筑绘图集中的图表和表格，包括材料、装修、装备、窗户、门和引导标示的数据，也包括为执行工作任务用的平面图。

伊利尔·沙里宁（1873—1950年）： 芬兰建筑师，埃罗·沙里宁的父亲。著名的建筑作品包括纽约州布法罗市克雷汉斯音乐厅、密歇根州布隆菲尔德山布鲁克教育社区。

易接近的：能够让所有人达到，不论其处于何种残疾程度。

硬木：来自落叶性树木的木材。

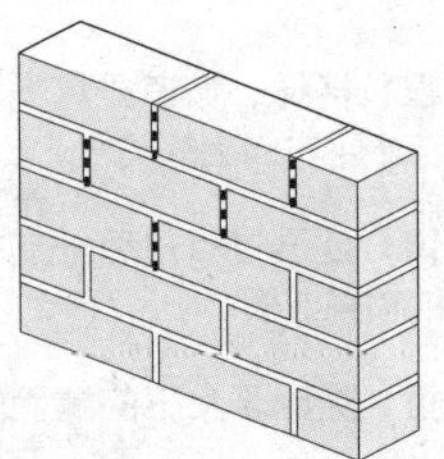

硬性公制：落入合理度量模块范围之内的构件尺寸的转换，不是其他单位严格地转化为精确的公制等价物。

隅石：墙角处的石头，以更大的体积、不同的纹理或以突出石头为目的的更深的接缝区别于周围其他的石头。

预制安装建筑：由部件例如墙体、楼板和屋顶组成的建筑物，这些部件是在工地外（经常是在工厂里）建成的，然后运到工地用以组装。

预制混凝土：提前在其他地方而不是在最终的位置浇铸和养护的混凝土。

预制木质建筑材料：建筑物内部的木装修成分，其包括细木家具、窗户、门、模塑和楼梯。

圆屋顶：耸立于建筑物上的穹顶结构。

圆形建筑：在平面上是循环的且覆盖有穹顶的空间。

约翰·索恩爵士（1753—1837年）：英国建筑师；著名的建筑作品包括英国银行和约翰·索恩爵士博物馆。

Z

扎哈·哈迪德（1950— ）：伊拉克裔英国建筑师；著名的建筑作品包括位于德国莱茵河畔威尔城的维特拉消防站，为2012年伦敦奥运会而建的伦敦水上运动中心以及位于密歇根的兰辛艺术博物馆。

占用：为确定特定规范要求而设的建筑物使用类别。

遮雨板：用于转移雨水和防止雨水通过接口渗入墙体或屋顶的连续的薄金属片、塑料或其他的防水材料。

正面：一建筑物的外观或正面图。

正面图：建筑物垂直平面视角的建筑绘图，以展示各部分相互之间的关系。

支撑橹铁：用于电线、机械风管网路和管道系统的灯结构支撑的标准金属框架系统。通常依靠其制造商商标名而被提及，这其中包括Unistrut、Flex-Strut和G-Strut。

支柱：沉箱地基；也是支撑拱的结构要素。

中间柱：用于轻量框架墙体建设并由小径材和小径金属组成的垂直结构部件。

中庭：罗马人住所的开放屋顶式主入口庭院；也是建筑物中的多层的庭院，通常有天窗。

重木：有最小的宽度和5mm厚度的结构木。

轴向的：力、负荷、张力或压缩力以平行丁结构部件长轴的方向起作用。

柱：柱基和柱头之间立柱的主干；在建筑物中包被有垂直而明确的开口以通过电梯、楼梯、风管网路、管道系统和架线。

柱廊：带有柱上楣构或拱线性系列立柱。

柱上楣构：古典柱型最高的部分，由框缘、横条装饰和檐口组成，且由柱廊支撑。

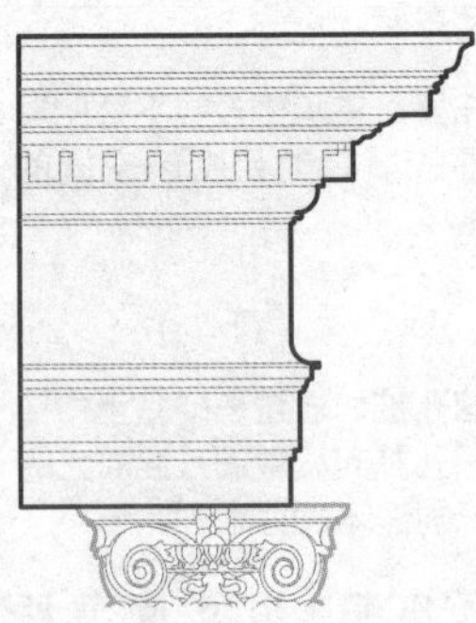

柱 头： 一立柱上最高的要素。

砖木结构： 木墙且木墙之间的空间填满砌块。

纵桁： 在楼梯中，支撑梯级的斜木或斜钢部件。

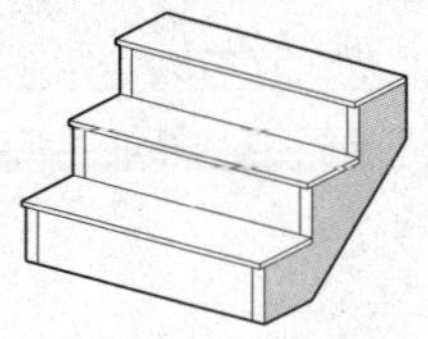

纵向的： 纵长的。

第26章　参考资料

对本书的内容提供一个反映众多关于建筑设计和建筑结构的信息来源——令人敬畏的冰山的一角以便快速参考。建议任何想要发现更多特定主题信息的读者去查阅以下的参考资料清单，它们本身就是一种对可利用的信息财富有删节式的确认。许多参考资料在储藏丰富的建筑公司的在用藏书室中、在大多数建筑学院的图书馆中甚至在一些当地的图书馆中可以找到。对于在许多学科上的免费信息，网站已经快速地确立了自身作为极好的资源的地位，并且网站对于搜索产品制造商的市场供给产品或与交易有关的信息尤其是极有价值的。然而，应该注意的是基于网络的内容和地址经常会变动。

建筑学和设计专业

杂志和期刊

建筑学（月刊，美国）：www.architectmagazine.com

建筑实录（月刊，美国）：www.archrecord.construction.com

建筑评论（月刊，美国）：www.architectural-review.com

建筑设计（双月刊，西班牙）：www.arquitecturaviva.com

a + u（建筑学和城市化）（月刊，日本）：www.japan-architect.co.jp

Casabella（月刊，意大利）；

细节（双月刊，意大利）：www.detail.de

建筑素描（每年5刊，意大利）：www.elcroquis.es

JA（日本建筑师）（季刊，日本）：www. japanarchitect.co.jp

莲花国际（季刊，意大利）：www.editorialelotus.it

都市杂志（月刊，美国）：www.metropolismag.com

网站

www.archinect.com

www.archinform.net

www.architectureweek.com

www.dezeen.com

www.designboom.com

主要资料

《建筑图形标准》，第11版
查尔斯·乔治·拉姆齐、哈罗德·斯利珀和约翰·霍克，John Wiley & Sons公司，也可获得2007 CD-ROM。

以前的版本：1 (1932); 4 (1951); 5 (1956); 6 (1970); 9 (1994); 10 (2000)

《建筑师数据手册》，第4版
布莱克韦尔出版社，2012

《建筑结构基本原理：材料和方法》，第5版
爱德华·艾伦和约瑟夫·亚诺，John Wiley & Sons公司，2008

《袖珍参考》，第4版
托马斯·J.格洛弗，红杉出版社，2010

《了解建筑：一个多学科的方法》
埃斯蒙德·里德，麻省理工学院出版社，1994

《建筑施工图释》，第4版
弗朗西斯·D.K.程和卡桑德拉·亚当斯，John Wiley & Sons公司，2008

《建筑师工作室的同伴》，第4版
爱德华·艾伦和约瑟夫·亚诺，John Wiley & Sons公司，2006

《建筑表皮：建筑师的材料样本书》
戴维·科伊宁等，银杏出版社，2004

《美国试验与材料协会标准年鉴》
美国试验与材料协会，2013
加上的70卷包含超过12000条标准，印刷版、CD-ROM和在线格式都是可获得的。

www.ansi.org（美国国家标准协会）

www.nist.gov（国家标准和技术协会）

1_材料

第1章　木材

《层压木结构》
克里斯蒂安·穆勒，Birkhauser出版社，2000

《木材手册：作为工程材料的木材》
森林产品实验室，美国农业部

《木结构手册》
托马斯·赫尔佐格等，Birkhauser出版社，2004

《详细的实践：木结构——细节、产品、案例研究》
西奥多·休斯等，Birkhauser出版社，2004

《AITC木结构手册》，第5版
美国木结构协会，2004

《AWI质量标准》，第7版，1999
www.awinet.org（建筑木材研究所）
www.lumberlocator.com

第2章　砌体和混凝土

《砌筑施工手册》
普法伊费尔等，Birkhauser出版社，2001

《建筑师和承包商的砖石设计和详图》，第5版
克里斯丁·比尔，麦格劳·希尔集团，2004

《完整结构：砖石和混凝土》
克里斯丁·比尔，麦格劳·希尔集团

《配筋砌体结构设计》
纳兰德·塔雷，麦格劳·希尔集团专业人员，2000

《加固砌体设计》
罗伯特·R.施耐德，普伦蒂斯·霍尔出版社，1980

《印第安纳石灰岩手册》，第21版
印第安纳石灰岩协会，2002

www.bia.org（砖行业协会）

《混凝土施工手册》
弗里德贝特·金德·巴尔考斯卡斯等，Birkhauser出版社，2002

《施工手册：混凝土和模板》
T.W.拉弗，Craftsman图书公司，1973

《建筑预制混凝土》
A.E.J.莫里斯，惠特尼图书馆设计出版社，1978

《混凝土建筑：设计和建造》
布克哈德·弗勒利希，Birkhauser出版社，2002

www.fhwa.dot.gov（联邦高速公路管理局）

www.aci-int.org（美国混凝土协会）

第3章 金属

《SMACNA金属建筑板材手册》，第7版
2012

《金属建筑》
布克哈德·弗勒利希和森贾·舒莱恩堡等，Birkhauser出版社，2003

《钢铁与超越：建筑中金属的新策略》
安妮特·勒古耶，Birkhauser出版社，2003

www.corrosion-doctors.org

第4章 装修

《图形标准指导建筑饰面：采用MASTERSPEC评价、选择，并指定材料》
埃琳娜·S.加里森，John Wiley & Sons公司，2003

《内部图形标准》
玛丽罗斯·麦高文和凯尔西·克鲁斯，John Wiley & Sons公司，2003

《〈细节〉杂志——建筑细节2003》
建筑详图评论，2004

《极端纺织品：高性能设计》
玛蒂尔达·麦奎德，普林斯顿大学建筑出版社，2005

《糖果目录》
麦格劳希尔集团，不间断出版，www.sweets.com

2_结构和系统

第5章 结构体系

《LRFD（负载和阻力系数的设计）钢结构手册》，第3版
美国钢结构协会，2001；www.aisc.org

《钢结构手册》，第14版
美国钢结构协会，2010

《钢结构手册》
赫尔穆特·舒立茨、沃纳·索贝克和卡尔·J.赫伯曼，Birkhauser出版社，2000

《结构钢设计师手册》
罗杰·L.布罗肯伯勒和弗雷德里克·S.梅利特，麦格劳·希尔集团专业人员，1999

《钢材设计师手册》
别克·戴维森和格雷厄姆·W.欧文斯等，钢结构协会（英国）

《框架结构图解指南：建筑商和设计师的细节》
罗布·萨伦，Taunton出版社，2000

www.awc.org（美国木材委员会）

第6章 机械系统

《建造物和建筑中的机械和电气系统》，第4版
弗兰克·达戈斯蒂诺和约瑟夫·B.武耶克，普伦蒂斯·霍尔出版社，2004

《建筑物的机械和电气设备》，第9版
本·斯坦和约翰·S.雷诺兹，John Wiley & Sons公司，1999

《机械系统架构师》
阿里·S.达德拉斯，麦格劳·希尔集团，1995

www.buildingwell.org

www.homerepair.about.com

www.efftec.com

www.saflex.com

《可持续建筑白皮书（关于可持续发展的地球誓言基金会系列）》
戴维·E.布朗、明迪·福克斯、玛丽·里克尔·佩尔蒂埃等，地球誓言基金会，2001

《从摇篮到摇篮：重塑我们做事情的方式》
威廉·麦克唐纳和迈克尔·布朗嘉，北点出版社，2002

www.greenbuildingpages.com

www.buildinggreen.com（环境友好型建筑报道）

www.usgbc.org（美国绿色建筑委员会）

www.ashrae.org（美国供暖、制冷和空调工程师协会）

第7章 电力系统

《照明参考手册》，第9版
马克·S.意等，IESNA（北美照明工程协会），2000

《景观照明》
罗杰·拿波尼，Birkhauser出版社，2004

《1000灯，卷2：1960呈现》
夏洛特和彼得·菲尔，塔森出版社，2005

www.archlighting.com

www.iesna.org（北美照明工程协会）

www.iald.org（国际照明设计师协会）

第8章 管道和防火系统

《防火系统》
A.莫里斯·琼斯，德尔玛圣智学习出版社，2008

《管道工程设计手册》
美国管道工程师协会，2004

第9章 建筑围护系统

《玻璃施工手册》
克里斯琴·史蒂西等，Birkhauser出版社，1999

《详细的实践：半透明的材料——玻璃、塑料、金属》
弗兰克·卡尔滕巴赫等，Birkhauser出版社，2004

www.GlassOnWeb.com（玻璃设计指导）

www.glass.org（国家玻璃协会）

www.nrca.net（国家屋面承包商协会）

3_标准 测量和绘图

第10章 测量和几何

《为测量而测量》
托马斯·J.格洛弗和理查德·A.杨，红杉出版集团，2004

《公制手册规划和设计》，第2版
戴维·艾德勒等，建筑出版社，1999

www.onlineconversion.com

www.metrication.com

第11章 建筑绘图类型

《设计绘图》
弗兰西斯·D.K.程和史蒂夫·P.罗塞克，John Wiley & Sons公司，1997

《建筑图表》
开尔文·福塞思和戴维·沃恩，范·诺斯特兰德·瑞因霍德出版社，1980

《基本的透视绘图：一个视觉的方法》，第4版
约翰·蒙塔古，John Wiley & Sons公司，2004

第12章 建筑文件

《建筑师专业实践手册》，第13版
约瑟夫·A.焦姆金等，美国建筑师协会，2005

www.uia-architectes.org

www.aia.org

www.iso.org

www.constructionplace.com

www.dcd.com（设计成本数据）

《MasterSpec主导设计专业人员和建筑/建造产业规范系统》
ARCOM公司，不间断的；www.arcomnet.com

《施工规范便携手册》
弗莱德・A.施迪，麦格劳・希尔集团专业人员，1999

《项目资源手册——CSI实践手册》
美国建设规范协会和麦格劳・希尔建设公司，2004

www.csinet.org（美国建造规范协会）

《综合单价2012》
CSI建造规范协会，2012

第13章 手工绘图

《建筑绘图：一个类型和方法的可视化纲要》，第2版
兰多・绮，John Wiley & Sons公司，2002

《建筑图表》，第4版
弗兰西斯・D.K.程，John Wiley & Sons公司，2004

第14章 计算机标准与指南

《美国国家CAD标准》，版本3.1
2004; www.nationalcadstandard.org

《AutoCAD使用指南》
Autodesk公司，2001

《AutoCad2006指导》
詹姆斯・A.利奇等，麦格劳・希尔集团，2005

www.nibs.org（国家建筑科学委员会）

www.pcmag.com

3_标准 比例和形式

第15章 人类尺度

《男性和女性尺寸：设计中人的因素》，再版

阿尔文・R.蒂利，John Wiley & Sons公司，2002

《人体尺度，卷7：站着和坐着工作；卷8：个人空间和公共空间规划；卷9：保养、楼梯、灯光和颜色的方法》

尼尔斯・迪夫里恩特、阿尔文・R.蒂利和琼・巴尔达吉，麻省理工学院出版社，1982

以上两本引用过的书集中了来自亨利・德莱弗斯联合会的信息，亨利・德莱弗斯联合会在人体测量数据发展和人体测量数据与设计的关系发展上为主导。

第16章 居住空间

《详细：单身家庭住房》

克里斯琴・史蒂西，Birkhauser出版社，2000

《居住》杂志（双月刊，美国）; www.dwellmag.com

www.residentialarchitect.com

www.nkba.org（国家厨房和浴室联合会）

《内部设计和空间规划省时标准》，第2版

约瑟夫・德拉、尤利乌斯・帕雷诺和马丁・泽尔尼克，麦格劳・希尔集团专业人员，2001

《建筑师手册》

昆廷・皮卡等，布莱克威尔出版社，2002

《详细：内部空间：空间、灯光、材料》

克里斯琴・史蒂西等，巴塞尔出版社，2002

第17章　形式和组织

《建筑：形式、空间和秩序》，第2版
弗兰西斯·D.K.程，John Wiley & Sons公司，1995

《自然、艺术和建筑中的调和比例和形式》
塞缪尔·科尔曼，多佛出版物，2003

第18章　建筑要素

《一本建筑视觉词典》
弗兰西斯·D.K.程，John Wiley & Sons公司，1996

De architectura（《建筑十书》）
马可·维特鲁威·波利奥，大约公元前40年

《建筑四书》
安德烈亚·帕拉第奥，1570

《论建筑》
莱昂·巴蒂斯塔·阿尔伯蒂，1443—1452年

《建筑七书》
塞巴斯蒂亚诺·塞利奥，1537

第19章 建筑规范

《2012国际建筑规范》

国家规范委员会，2012

完整的结集可以在书中或在www.iccsafe.org中以CD-ROM的格式获得。

《建筑规范阐释：指导理解国际建筑规范》，第4版

弗兰西斯・D.K.程和史蒂夫・R.温克尔，John Wiley & Sons公司，2012

《规范检验系列集》

雷德伍德・卡顿、迈克尔・凯西和道格拉斯・汉森，汤顿出版社，不间断出版这套系列集，可以在网站www.codecheck.com上获得。

《图解2009：建筑规范手册》

特里・L.帕特森，麦格劳・希尔集团专业人员，2009

第20章 《美国残疾人法案》和可达性

《ADA无障碍设计标准》

美国司法部

1991年和2010年标准

《ADA和可达性：让我们开始实践》，第2版

米歇尔・S.欧姆，美国公共工程协会，2003

《ADA和可达性规章指导：遵守联邦规定和建模规范要求》

罗恩・伯顿；罗伯特・J.布朗和劳伦斯・G.佩里，BOMA国际，2003

《ADA袖珍指南：〈美国残疾人法案〉对于建筑物和设施的可达性指南》，第2版

埃文・特里联合会，John Wiley & Sons公司，1997

第21章 停车场

《停车场结构：规划、设计、建设、维护和修复》，第3版
安东尼・P.绮瑞斯特等，施普林格，2001

《停车尺寸》
城市土地研究所和国家停车协会，2000

《停车美学：一个图解的指导》
托马斯・P.史密斯，美国规划学会，1988

《停车空间》
马克·蔡尔兹，麦格劳・希尔集团，1999

www.apai.net（洛瓦沥青铺路协会——设计指导）

www.bts.gov（运输服务署）

第22章 楼梯

《楼梯：设计和建造》
卡尔・J.赫伯曼，Birkhauser出版社，2003

《楼梯》
伊娃・吉里克纳；沃森・古普塔尔出版社，2001

《楼梯：比例》
西尔维奥・圣・彼得洛和保罗・加洛，IPS，2002

第23章 门

《建筑建造：窗户、门、防火、楼梯、装修》
R.巴里，布莱克威尔科学出版社，1992

4_概要

第24章 建筑年表

《比较建筑史：写给学生、工匠和业余爱好者》，第16版
班尼斯特·弗莱彻爵士，查尔斯·斯克里布纳尔出版社，1958

《现代建筑：一段批判的历史》
肯尼斯·弗兰普顿，Thames & Hudson，1992

《世界建筑史》
玛丽安·莫菲特等，麦格劳·希尔集团专业人员，2003

《美国建筑源书：从公元10世纪到目前的500座著名的建筑》
G.E.基德·史密斯，普林斯顿建筑出版社，1996

《建筑：从史前到后现代主义》，第2版
马尔文·特拉亨伯格和伊莎贝尔·海曼，普伦蒂斯·霍尔出版社，2003

《20世纪建筑百科全书》
V.M.兰普尼亚尼等，Thames & Hudson，1986

《自1900年以来的现代建筑》
J.R.柯蒂斯，菲登出版社，1996

第25章 词汇表

《建筑学和景观建筑学企鹅词典》，第5版
约翰·弗莱明、修·昂纳和尼古拉斯·佩夫斯纳，企鹅，2000

《建筑词典》，再版
亨利·H.塞勒，John Wiley & Sons公司，1994

《建筑和建造词典》，第3版
西里尔·M.哈里斯，麦格劳·希尔集团专业人员，2000

《米恩斯建造插图词典》
R.S.米恩斯公司，2000

《建筑与建筑行业词典》
R.E.普特南和G.E.卡尔森，美国技术学会，1974

索引

K

L

M

图片版权

吉萨金字塔：埃里希·莱辛，艺术资源，纽约；236

史前巨石阵：阿纳托利·普罗宁，艺术资源，纽约；236

帕台农神庙：福托·马尔堡，艺术资源，纽约；237

罗马圆形大剧场：阿里纳利，艺术资源，纽约；237

埃尔·卡斯蒂洛：瓦尼，艺术资源，纽约；237

圣维塔教堂：斯卡拉，艺术资源，纽约；238

巴黎圣母院：斯卡拉，艺术资源，纽约；238

圣玛莉亚鲜花大教堂：斯卡拉，艺术资源，纽约；239

圣玛丽亚教堂：埃里希·莱辛，艺术资源，纽约；239

罗通达别墅：瓦尼，艺术资源，纽约；239

圣卡洛教堂：斯卡拉，艺术资源，纽约；240

盐厂：瓦尼，艺术资源，纽约；241

水晶宫：维多利亚&阿尔伯特博物馆，艺术资源，纽约；241

马歇尔菲尔德百货批发商店：芝加哥历史协会/巴尼斯·克罗斯比；241

巴塞罗那德国馆：现代艺术博物馆/已得到斯卡拉的许可，艺术资源，纽约 ©2006艺术家权利协会（ARS），纽约/VG图像艺术，波恩；242

爱因斯坦塔：埃里希·莱辛，艺术资源，纽约；242

包豪斯：瓦尼，艺术资源，纽约。©2006艺术家权利协会（ARS），纽约/VG图像艺术，波恩；242

流水别墅：芝加哥历史协会/比尔·赫德里奇，赫德里奇·布莱辛；242

母亲之家：罗林·R.拉·弗朗斯，文丘里，斯科特·布朗和合作人；243

西雅图公共图书馆：LMN建筑师公司/普拉格南希·帕瑞克豪；243

鸣谢

特别感谢安娜·布卓利特斯、亚当·巴拉班、丹·德怀尔、约翰·麦克莫罗、瑞克·史密斯和罗·恩维特。

我们已尽最大努力来列明所有参考资料；如有的参考书目被遗漏了，请联系我社以便在随后的版本中加以改正。

关于作者

朱莉娅・麦克莫罗曾设计过大范围的项目类型，包括为波士顿、堪萨斯城、纽约和俄亥俄州哥伦布市的建筑公司设计过医院、图书馆和学校。目前，她是APT工作室的合伙人，协助进行设计和研究，她还是密歇根大学建筑学院实践领域的副教授。她取得了堪萨斯大学建筑学学士学位，还是哥伦比亚大学建筑学理学硕士。

赠言

为了沃尔特、马修和约翰。